网页设计与制作（第3版）

——Web前端开发

主　编◎杨　艳

副主编◎郜亚丽　苏文芝

清华大学出版社

北　京

内 容 简 介

本书围绕专题类、商业类、教育类、门户类等主流网站类型，采用项目引导、任务驱动的编写方式，全面、翔实地介绍了 Web 前端开发的流程及相关技术，包括 HTML5、CSS3、JavaScript、响应式布局、开发网站等内容，并介绍 CMS 网站管理系统以及动态网站技术。

全书共分为 10 个项目，项目的构建由易到难，逐层深入，让学生在模拟的工作情境下切实掌握网页设计与制作的方法和技能，提高动手能力和解决实际问题的能力。

本书适合于高职高专院校计算机、电子商务及相关专业的学生学习使用，也可以作为网页设计与制作初学者和网页制作培训班学员的参考用书。

图书在版编目（CIP）数据

网页设计与制作：Web 前端开发/杨艳主编. —3 版. —北京：清华大学出版社，2021.9
ISBN 978-7-302-58315-8

I. ①网⋯ II. ①杨⋯ III. ①网页制作工具—高等职业教育—教材 IV. ①TP393.092.2

中国版本图书馆 CIP 数据核字（2021）第 107311 号

责任编辑：邓　艳
封面设计：刘　超
版式设计：文森时代
责任校对：马军令
责任印制：沈　露

出版发行：清华大学出版社
　　　网　　址：http://www.tup.com.cn，http://www.wqbook.com
　　　地　　址：北京清华大学学研大厦 A 座　　　　　邮　　编：100084
　　　社 总 机：010-62770175　　　　　　　　　　　邮　　购：010-62786544
　　　投稿与读者服务：010-62776969，c-service@tup.tsinghua.edu.cn
　　　质量反馈：010-62772015，zhiliang@tup.tsinghua.edu.cn
印 装 者：三河市龙大印装有限公司
经　　销：全国新华书店
开　　本：185mm×260mm　　　印　　张：23　　　　字　　数：558 千字
版　　次：2011 年 7 月第 1 版　　2021 年 9 月第 3 版　　印　　次：2021 年 9 月第 1 次印刷
定　　价：69.00 元

产品编号：088239-01

前　　言

随着 Web 2.0 技术的广泛应用，标准化的网页设计方式正逐渐取代传统的布局方式，Web 2.0 标准的最大特点是采用 HTML+CSS+ JavaScript 的技术将网页内容、外观样式及动态效果彻底分离，从而减少页面代码、提高网速，便于分工设计和代码重用。云技术、移动设备的发展和普及又为网站动态化、移动 Web 开发提出了更高的要求。

本书有如下几个特点。

（1）项目驱动

教材以 Web 前端核心技术 HTML5、CSS3、JavaScript、响应式布局为知识主线，以项目需求重构知识体系，通过项目描述分析→项目知识点→项目实现→知识链接→拓展学习，在项目实践中强化知识的理解与创新应用，从而提升学习者的问题解决能力、项目开发能力和创新实践能力。

（2）资源丰富

编者在智慧职教 MOOC 学院开通了在线课程，其中包含项目案例的素材及源文件、重点知识点对应的微视频、课件、项目拓展训练等丰富的资源。

（3）注重能力培养

本书编者长期从事"网页设计"和"Web 前端开发"等课程的教学工作，结合国家职业教育"学历证书+若干职业技能等级证书"（简称 1+X 证书）中 Web 前端开发职业技能开发教材。因此，本书是一本以提高动手能力、核心职业能力为目标的教材。

全书共分为 10 个项目，涵盖了商业类、教育类、专题类等主流网站类型。项目的构建由易到难，逐层深入，让学生在模拟的工作情境下，切实掌握网页设计与制作的方法和技能，提高动手能力，并能举一反三。

项目中"项目描述及分析"旨在引领读者从整体上认识项目，学会由上至下地分析和规划一个网站的方法；"项目知识点"首先将项目分解成若干个典型的设计任务，然后引领读者逐步进行制作，在完成一个个页面的同时不知不觉地掌握网页制作中必需、常用的知识和技能；"知识链接"用于补充项目制作过程中一些重要但来不及详细讲解的知识点，加深读者的认识；"拓展学习"则提供了同类型网站的一些设计要点，以开阔读者的视野，使其形成良好的设计习惯和理念。限于篇幅，每个项目中一般只涉及首页或 1～2 个子页的制作，其他页面读者可课后自行练习。

各项目的具体内容及安排如下。

项目 1 通过对一些常见网站的赏析，引出网页设计与制作方面的基础知识，使读者对网页设计有一个基本的认识，主要包括网站的常见类型、网页的组成元素、网页制作常见术语、网页制作相关软件、网站建设的一般流程、网页制作的基本原则等内容。

项目 2 通过制作一个最简单的网页，使读者初步感受网页制作的魅力并熟悉网站制作的基本流程，主要包括进行网站功能设计、使用 Photoshop 制作页面草图、页面草图的切片与导出、使用 Hbuilder 建立站点、申请空间及域名、网站文件的上传等内容，并补充介绍了色彩运用、页面基本元素的常见标准及使用技巧等知识。

项目 3 通过制作一个旅游网站，介绍了文本、图像等页面基本元素的添加、编辑和美化知识，主要包括添加并编辑文本、添加并编辑图像、使用 CSS 样式表美化文本、为页面添加链接等内容，并补充介绍了旅游类网站的设计要点。

项目 4 通过制作一个专题网站，介绍了对于网页制作初学者来说非常重要的 DIV+CSS 布局形式，主要包括盒子模型、浮动与定位、利用 DIV+CSS 进行页面布局、插入 LOGO 和 Banner、设计导航条、输入网页内容及定义 CSS、设计其他版面内容等，并补充介绍了专题类网站的设计要点。

项目 5 通过制作一个服装网站，介绍了列表、表格等知识，主要包括 CSS 对列表样式的控制、对图片的排版及控制，并补充介绍了流行时尚类网站的设计要点。

项目 6 通过制作一个影音网站，介绍了 HTML5 中的多媒体应用，主要包括 HTML5 新增标签、音频标签、视频标签、表单等内容，并补充介绍了音频/视频的方法、属性、事件。

项目 7 通过制作业务类网站，介绍了 JavaScript 基础知识，主要包括 JavaScript 语法、流程控制语句、函数的调用等内容，并补充介绍了业务类网站的设计要点。

项目 8 通过制作一个教育类网站，介绍了 JavaScript 中的对象，主要包括 BOM、DOM、事件处理等、并制作网站的首页，补充介绍了教育类网站的设计要点。

项目 9 是在项目 2 的基础上，通过制作该网站的导航、"盟院快讯"及列表页、内容页，介绍了如何使用 CMS 内容管理系统实现网站内容的动态更新，主要包括认识 CMS、制作网站首页模板、制作列表页和内容明细页模板、配置网站运行环境、进行后台管理、首页的动态化实现、列表页的动态化实现、内容明细页的动态化实现等内容，并补充介绍了网站数据的备份和还原技术。

项目 10 是在项目 9 的基础上，通过首页的响应式开发，介绍了 Bootstrap 框架、栅格系统、CSS 排版、响应式开发等内容。

本书内容详尽，讲解清晰，适合于高职高专院校计算机相关专业以及电子商务专业的学生学习使用，也可以作为网页设计与制作初学者、网站开发人员和网页制作培训班学员等的参考用书。

书中所用实例的素材和源代码可以在清华大学出版社网站（http://www.tup.tsinghua.edu.cn）上下载。

本书由杨艳任主编，郜亚丽、苏文芝任副主编。其中，杨艳编写了项目 3、项目 9、项目 10，郜亚丽编写了项目 4 和项目 5，苏文芝编写了项目 7 和项目 8，田江丽编写了项目 1、项目 2 和项目 6。全书由杨艳进行统稿。此外，在编写本书的过程中，清华大学出版社的邓艳老师也提出了很多宝贵的意见，为这本书的出版付出了很多的努力。在此，编者一并表示衷心的感谢。

由于编者学识有限且时间仓促，本书在很多方面还需要进一步提高和改进，对于不足和错误之处，恳请广大读者批评指正。

编　者

目　　录

项 **1** 目

网页制作基础知识

知识目标

➢ 认识网页、网站。

➢ 掌握网页相关名词。

➢ 了解 Web 标准、响应式 Web 设计及基本概念。

➢ 掌握网站建设流程。

➢ 熟悉 HTML5、CSS3 及 JavaScrip 基础知识。

➢ 了解常见浏览器。

技能目标

➢ 掌握网站建设流程。

1.1 项目描述及分析

如今，电子商务、电子银行、网络宣传等网络活动使人们足不出户便可知天下事，给人们带来全新的生活体验。巨大的网络市场对网站设计与制作人员的需求越来越大。

本项目将通过赏析一组网站，引导读者认识网页和网站，掌握网页设计与制作的入门知识，掌握网站建设的一般流程等知识。

项目名称

主流网站赏析

项目描述

浏览下述网站，分析它们在结构和设计上的差异。

新浪网（www.sina.com）。

京东商城（www.jd.com）。

香奈儿中文网（www.chanel.com）。

IBM 官方网（www.ibm.com.cn）。

项目分析

❖ 仔细浏览上述网站，会发现它们涉及内容不同，网站类型也不相同。

❖ 不同类型的网站，面对的是不同的群体，因此在设计风格和功能实现上也各有侧重，对其赏析主要从网站定位、功能设计、页面布局、色彩搭配、内容、导航方式、文图动画效果、浏览人群等方面入手。

❖ 互联网上有许多优秀的网站，读者应多浏览不同的网站，通过不断地借鉴、对比、学习和实践，加深对网站设计的认识，厚积而薄发，逐步提高自己的设计水平。

1.2 任务 1 优秀网站赏析

浏览网站时，在浏览器中看到的页面就是网页（又称为 Web 页），包括多种多样的网页元素，如文本、图像、动画和音乐等。网站（Website）则是一个或多个网页的集合，是指在互联网上根据一定的规则，使用 HTML 等语言编写的用于展示特定内容的相关网页集合，如新浪网、中国教育科研网等。

采用不同的分类标准，可以将网站划分为不同的类型。大致来说，常见的主流网站有展示型网站、内容型网站、电子商务型网站、门户型网站等几大类。由于不同类型网站的主要定位和所要面向的群体有一定差异，因此在设计风格上各有偏重。

1. 展示型网站

展示型网站以展示形象为主，其重点在于形象宣传，对内容要求不高。因此，这类网站的文本一般较少，但对美工的要求很高，艺术设计的成分较多，如一些流行时尚类网站和一些美术、摄影类工作室等。展示型网站更注重视觉效果，通常以宽幅的精美图片为主要展示手段，时尚气息较浓。如图 1-1 所示为 IBM 官方网和香奈儿的官方网站首页。

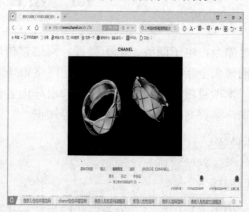

图 1-1 展示型网站

2. 内容型网站

内容型网站以内容为重点，多为价值较高的及时性信息。用内容吸引人，如信息服务型网站和企业网站等。

信息服务型网站以提供某一领域的内容为主，如文学类、下载类、新闻类网站等。这类站点在内容方面更侧重于某个专业领域，页面设计要简洁大方，注重实用性，不需要太多花哨的元素。企业网站一般用于企业形象宣传，通常提供该企业相关的产品或服务信息、企业动态、招聘信息等，结构上更为简单，设计上更加简洁。如图 1-2 所示为榕树下文学网站和华军软件园网站的首页。

图 1-2　内容型网站

3. 电子商务型网站

电子商务型网站是以从事电子商务为主的站点，如京东商城、淘宝网等。该类网站对安全性、稳定性要求很高。一般情况下，该类站点的设计既要简洁大方，又要给人一种前沿、时尚、有生活气息的感觉，通常有较多的图片促销信息。如图 1-3 所示为京东商城和淘宝网的首页。

图 1-3　电子商务型网站

4．门户型网站

门户型网站是一种综合性网站，其特点是信息量大、功能全面和受众群体多样化。该类网站与内容型网站比较接近，但又不同于内容型网站。一般内容型网站的内容比较集中于某一领域，而门户型网站的内容更为丰富，更加注重网站与用户之间的互动与交流，如提供信息发布平台等。

对于门户型网站，在设计上首先要突出清晰、便捷的导航功能，使得浏览者能迅速找到自己感兴趣的内容。除了使用导航条外，使用大量的文字、图片等热点链接也是必不可少的，以保证能在第一时间将最新、最热的资讯呈现给用户。如图 1-4 所示为新浪网和腾讯网的首页。

图 1-4　门户型网站

1.3　任务 2　网页基础知识

网页和网站是建立在网络基础之上，以计算机、网络和通信技术为依托，通过一台或多台计算机向访问者提供服务。平时我们所说的访问某个站点，实际上访问的是提供这种服务的一台或多台计算机。

1.3.1　网页和网站的基本概念

1．认识网页

网页又称 Web 页面，是构成网站的基本元素，是一种可以在互联网传输、能被浏览器识别和翻译成页面并显示出来的文件。例如，打开浏览器在地址栏输入百度的网址：http://www.baidu.com，按 Enter 键，这时浏览器界面就会打开百度网站首页，如图 1-5 所示。

人们在浏览器中输入网址打开的页面，一般称为该网站的首页，可以从中了解网站的有关信息和内容，是用户浏览站点的"入口处"，是整个 Web 站点的起始点和汇总点。网页一般由站标、导航栏、广告栏、信息区和版权区等组成。

图 1-5　百度网站首页

2．认识网站

网站(Website)是指在因特网上，根据一定的规则，使用 HTML5 等工具制作的用于展示特定内容的相关网页的集合。简单地说，就是一个网站中包含很多可以切换跳转的网页，它们之间有着包含和嵌套的关系。人们可以通过浏览器来访问网站，以获得自己需要的网络资源和享受网络提供的服务。

1.3.2　网页的组成元素

网页由多种元素组成，其中文本和图像是最基本的元素，是网页主要的信息载体。除文本和图像外，还包括音频、视频等多媒体元素。

1．文本

文本是网页上主要的信息载体之一；网络传输速度很快，用户可以非常方便地浏览和下载。在网页中使用文本时，可以设置文本的字体类型、大小、颜色和对齐等属性，以获得美化页面的效果。

2．图像

图像不但可以提供信息和装饰网页，还可以直观地展示作品的外观。用于网页的图像通常有 GIF、JPEG 和 PNG 三种格式。GIF 和 JPEG 格式的图像应用得最广泛，大多数浏览器都支持这两种图像格式。

3．动画

动画可以使网页效果更加生动。常见的网页动画有 GIF 和 Flash 两种格式。GIF 动画在

5

早期的网页制作中应用非常普遍，它只能表现 256 种颜色，但制作起来非常容易，常见的制作软件是 Fireworks；Flash 动画是逐帧动画，具有极好的显示连贯性，可以加入声音，而且体积较小，比较适合应用于网页，常见的制作软件是 Flash。

4．音频和视频

HTML5 提供了直接的多媒体支持功能，运用 HTML5 的 video 和 audio 标签可以在页面中嵌入视频或音频文件。

5．超链接

超链接是在各个网页之间进行跳转的媒介。可以将一个网页中的文本、图像或按钮等对象设置为超链接，指向另一个网页或某个文档、图像、多媒体文件，可下载软件以及文档内任意位置的对象（包括标题、列表、表、层或框架中的文本或图像），还可以指向互联网上的其他站点。当把鼠标指针放在超链接上时，指针形状会变成手状，单击超链接即可跳转到目标对象。

6．导航栏

导航栏实际上是一组超链接，其链接目标是本站点中的各个网页，作用是引导访问者浏览站点。导航栏既可以是文本链接（见图 1-6），也可以是图形按钮（见图 1-7）。

图 1-6　文本链接导航栏

图 1-7　图形按钮导航栏

7．表单

表单在网页中通常用来连接数据库并接受访问用户在浏览器端输入的数据。表单是访问者与网站实现交互的桥梁。利用服务器的数据库为客户端与服务器端提供更多的互动。网页中的表单通常用来接收用户在浏览器端的输入，然后将这些信息发送到用户设置的目标端，以实现收集浏览者信息并与其进行交互的目的。Internet 上的许多功能都是通过表单来实现的。根据表单功能与处理方式的不同，表单通常可以分为用户反馈表单、留言簿表单、搜索表单和用户注册表单等类型。如图 1-8 所示为一个用户注册表单。

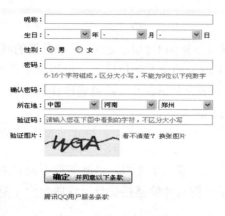

图 1-8　用户注册表单

1.3.3　网页相关名词

1. Internet

Internet 的中文译名为因特网，又叫作国际互联网，指的是全球范围内的计算机系统互联网。它将成千上万个计算机网络连接起来，形成一个庞大的全球性计算机网络系统，并使得各个网络之间可以互相交换信息和共享资源。

因特网是世界上最大的计算机网络，一旦用户将自己的计算机连接到某个 Internet 节点上，就意味着该计算机连入了因特网，可以和世界各地的其他计算机交换信息。目前，因特网的用户遍及全球，每天都有几亿人在同时使用，而且这个数量还在不断地上升。

2. WWW

WWW（World Wide Web）中文名称为万维网。它起源于 1989 年 3 月，是由欧洲量子物理实验室 CERN 发明的一种主从结构分布式超媒体系统。

WWW 是 Internet 上支持 W3C（World Wide Web Consortium，万维网联盟）协议和 HTTP 协议（Hypertext Transfer Protocol，超文本传输协议）的客户机与服务器的集合。它的出现，使得近些年来的因特网发展迅速，用户数量飞速增长。

万维网常被当成因特网的同义词，但事实上，万维网只是依靠因特网运行的一项服务。

3. Intranet

Intranet 又称为企业内部网，是采用 Internet 技术建立的企业内部网络。在 Intranet 中，通常会建立防火墙把内部网和外部因特网分开。当然，Intranet 也可以不和外部 Internet 连接在一起，而是自成一体，作为一个独立的企业内部局域网使用。

与 Internet 相比，Intranet 能够以较低的成本和较短的时间将一个企业内部的大量信息资源高效、合理地传递给每个人。Intranet 为企业提供了一个能充分利用通信线路、经济高效地建立企业内联网的方案。应用 Intranet，企业可以有效地进行财务管理、供应链管理、进销存管理和客户关系管理等。

4. HTML

后缀为.htm、.html 的网页简称为 HTML 文件，是最常见的网页类型。HTML（Hypertext Markup Language）的中文名称为超文本标记语言，该语言主要利用标记来描述网页字体、大小、颜色及页面布局。在 Dreamweaver 中，可以通过代码编辑视图，对某个网页的 HTML 代码进行编辑，以生成相应的网页。

5. 超文本

万维网上的每个网页都对应着一个文件，这些文件不是普通的文本文件，因为它不仅包含有文字信息，还包含了一些具体的链接信息。这些包含了链接信息的文件称为超文本文件。

用户在浏览页面时，正是通过这些链接信息实现页面间的跳转和访问。首先，网络将该页面对应的文件从提供它的计算机中传送到用户的计算机中；然后，再由用户的浏览器将其翻译成一个有文字、图形和声音的页面，并显示出来。

和普通文本文件相比，超文本文件中多了一些对文件内容的注释。这些注释包含了当前文字显示的位置、颜色等信息，有时还会包含一些用户计算机应作出何种反应的说明，经过浏览器的翻译后可在用户计算机上形成不同的操作。为了使各种不同类型的 WWW 服务器都能正确地认识和执行，超文本文件要遵从一个严格的标准，即超文本标识语言（HTML）。用户也可以利用这种语言来编写超文本文件，制作自己的 WWW 主页。

最初提出超文本文件的概念时，其链接的内容主要是源文本中的某个词或词组，但随着多媒体技术的广泛应用，可链接的内容发展到了一幅图像或是图像中的某个部分，且通过链接得到的内容也更加广泛，可以是地球另一端某台计算机上的图片、音乐或电影。因此，"超文本"改名为"超多媒体"也许更合适，但不管叫"超文本"还是"超多媒体"，WWW 上的网页都是通过链接来实现相互间的跳转和访问的。而要使这些访问能正常进行，就必须保证链接准确地指向所要访问的网页，这些定位工作是通过统一资源定位器（URL）来实现的。

6. FTP

FTP（File Transfer Protocol）的中文名称为文件传输协议，主要用于控制 Internet 上文件的双向传输。同时，FTP 也是一个应用程序，用户可以通过它使自己的计算机与世界各地所有运行 FTP 协议的服务器相连，从而可以访问其他服务器上的大量程序和信息。通俗地说，FTP 的主要作用就是让用户连接上一个远程计算机（该计算机上运行着 FTP 服务器程序），查看其中的文件，然后把文件从远程计算机上下载到本地计算机，或把本地计算机中的文件上传至远程计算机。

7. ISP

ISP（Internet Service Provider）指的是互联网服务提供商，即向广大用户提供互联网接入业务、信息业务和增值业务的电信运营商。ISP 是经国家主管部门批准的正式运营企业，享受国家法律保护。

8.　URL

Internet 上的每个网页都有一个名称标识，即 URL（Uniform Resource Locator）地址。这个 URL 地址具有唯一性，可以是本地磁盘，也可以是局域网上的某台计算机，还可以是 Internet 上的某个站点。简单地说，URL 就是 Web 地址，俗称网址。

URL 由协议类型、主机名、路径及文件名 3 部分组成，其常见格式为 "scheme://hostname:port/path"，如 "http://220.166.97.84:8080/user" 就是一个典型的 URL 地址。通过 URL 可以指定 http、ftp、gopher、telnet 和 file 等。

（1）scheme

scheme 指的是所访问站点或资源使用的传输协议。其中，"http://" 表示 WWW 服务器，"ftp://" 表示 FTP 服务器，"gopher://" 表示 Gopher 服务器，而 "new:" 表示 newgroup 新闻组。最常用的是 HTTP 协议，它也是目前 WWW 中应用最广的协议。

（2）hostname

hostname 指的是存放资源的服务器的域名系统（DNS）主机名或 IP 地址。有时，可在主机名前包含连接到服务器上时所需的用户名和密码。其格式是 "username:password"。

（3）port

port 指的是端口号，通常是一个整数。各种传输协议都有默认的端口号，如果输入时省略，则使用默认端口号，如 http 的默认端口号为 80。有时候出于安全或其他考虑，可以在服务器上对端口进行重定义，即采用非标准的端口号，此时 URL 中就不能省略端口号。

（4）path

path 指的是所访问页面的具体路径，是由零或多个 "/" 符号隔开的字符串，一般用来表示主机上的某个目录或文件地址。

9.　IP

为了区别不同的站点，就需要为每个站点分配一个具有唯一性的地址，该地址即称为 IP 地址。IP 地址由 4 个 0～255 的数字组成，如 202.116.0.54。

IP 是每个在线单位（包括网站、用户等）的特定网络地址。通常，当用户连接到网络后，就会立刻获得一个 IP 地址，格式为 "xxx.xxx.xxx.xxx"。对于拨号上网的用户来说，其 IP 地址是全球唯一的。网络通过解析用户的 IP 地址，确定每个用户的身份。

10.　域名

IP 地址由一系列数字组成，非常难记，于是后人发明了一种新方法来代替这种数字表示法，即域名地址。域名由若干个英文单词组成，如 "www.sina.com.cn"，其中，cn 代表中国（China），com 代表商业网，sina 代表新浪，www 代表互联网，合起来就是新浪网站的地址。

用户在访问一个站点时，可以输入其 IP 地址，也可以输入其域名地址。通常情况下，人们会更倾向于输入域名地址，这时，就存在着如何将域名地址转换为对应的 IP 地址的问题。这种域名地址和 IP 地址间的转换，实际上是在域名服务器（DNS）中实现的。当用户输入一个域名地址后，存放在 ISP 中的域名服务器会先将其解析为对应的 IP 地址，然后用户就可以访问相应的站点了。

11．动态网页和静态网页

从浏览者的角度来看，无论是静态网页还是动态网页，都可以展示基本的文字、图片等信息；但从网站的开发、管理和维护的角度来看，两者之间有着很大的差别。

静态网页的网址通常以.htm、.html、.shtml、.xml 等标识为后缀，其一般形式为"www.example.com/eg/eg.htm"。在 HTML 格式的静态网页上，使用 GIF 动画、Flash 动画和滚动字母等，也可以制作出各种动态的效果，但其内容是静态的，即无法根据用户的输入信息做出相应的反应，不能实现自动更新，无法和用户进行互动。

动态网页是采用动态网站技术生成的网页，它通常具有以下一些特点。

❖ 动态网页一般以数据库技术为基础，因此能大大降低网站维护的工作量。

❖ 采用动态网页技术制作的网站可以实现更多的功能，如用户注册、用户登录、在线调查、用户管理和订单管理等。

❖ 动态网页并不是独立存在于服务器上的网页文件，只有当用户请求时服务器才返回一个完整的网页。

动态网页与页面上的动画、滚动字幕等视觉上的动态效果没有直接关系，它既可以是纯文字内容的，也可以包含各种动画。但无论网页是否具有动态效果，采用动态网站技术生成的网页都称为动态网页。

1.3.4 Web 标准

1．Web 标准简介

Web 标准是一些规范的集合，是由 W3C 和其他的标准化组织共同制定的，以用它来创建和解释基于 Web 的内容。这些规范是专门为了那些在网上发布的可向后兼容的文档而设计，使其能够被大多数人所访问。

网页主要由四部分组成：内容（Content）、结构（Structure）、表现（Presentation）和行为（Behavior）。

内容：就是制作者放在页面内真正想要让访问者浏览的东西，比如图片、文本、多媒体（声音、视频、动画）等。

结构：就是网页的框架布局（DIV+CSS 布局的多行多列的结构），用于对网页元素进行整理和分类，使内容更加具有逻辑性和易用性，更清晰易懂，主要有 xml 和 xhtml 两个部分。

表现：用于修饰内容等外观的样式，称为表现，使网页更美观，用于设置网页元素的版式、颜色、大小等外观样式，主要指 CSS。

行为：指网页模型的定义和交互的编写，主要通过脚本语言完成事件和动作，人与计算机之间的交互操作。主要有 DOM 和 ECMASricpt 两个部分。

Web 标准不是某一个标准，而是由 W3C 和其他标准化组织制定的一系列标准的集合，对应的标准有以下 3 方面。

结构化标准语言主要包括 HTML、XHTML 和 XML。

表现标准语言主要包括 CSS（主要指 CSS 定义字体、颜色、背景、边框）。

行为标准主要包括对象模型：W3C DOM、JavaScript 和 ActionScript。

2．Web 标准的作用

❖　更简易的开发与维护。

使用更具有语义和结构化的 HTML，让用户更加容易、快速地理解网页代码。

❖　与未来浏览器的兼容。

使用已定义的标准和规范的代码，解决了向后兼容的文本不能被未来的浏览器识别的后患。

❖　更快的网页下载、读取速度。

简洁的 HTML 代码使网页文件更小、下载速度更快。当浏览器处于标准模式下时，将比它在向下兼容模式下拥有更快的网页读取速度。

❖　更好的可访问性。

语义化的 HTML（结构和表现相分离）将让使用读屏器以及不同的浏览设备的读者都能很容易地看到内容。

❖　更高的搜索引擎排名。

内容和表现的分离使内容成了一个文本的主体。与语义化的标记结合会提高用户在搜索引擎中的排名。

❖　更好的适应性。

一个用语义化标记的文档可以很好的适应于打印和其他的显示设备（像掌上电脑和智能电话），这一切仅仅是通过链接不同的 CSS 文件就可以完成。你同样可以仅仅通过编辑单独的一个文件就完成跨站点般的表现上的转换。

1.3.5　响应式 Web 设计

响应式网站设计是一种网络页面设计布局，其理念是：集中创建页面的图片排版大小，可以智能地根据用户行为以及使用的设备环境进行相对应的布局。此概念于 2010 年 5 月由国外著名网页设计师 Ethan Marcotte 所提出。

响应式网站设计（Responsive Web design）的理念是：页面的设计与开发应当根据用户行为以及设备环境（系统平台、屏幕尺寸、屏幕定向等）进行相应的响应和调整。具体的实践方式由多方面组成，包括弹性网格和布局、图片、CSS media query 的使用等。无论用户正在使用笔记本还是 iPad，我们的页面都应该能够自动切换分辨率、图片尺寸及相关脚本功能等，以适应不同设备。换句话说，页面应该有能力去自动响应用户的设备环境。响应式网页设计就是一个网站能够兼容多个终端——而不是为每个终端做一个特定的版本。这样，我们就可以不必为不断到来的新设备做专门的版本设计和开发了。

随着越来越多的用户使用移动设备来浏览网站和应用，Web 设计人员和开发人员需要确保他们的作品在移动设备上同样能正常运作，并且看上去和在传统台式计算机上一样好。

著名设计师 Luke Wroblewski 主张"移动优先"设计，而不是为桌面端设计完之后再考虑移动端。无论你将移动设备作为主要目标来设计或作为额外目标，你都可以借助强大的 CSS 来保证同样的内容从手机到宽屏高分辨率显示器上，实现跨全部硬件平台访问和适应。

这种方法被称为"响应式 Web 设计"。它的一些策略包括以下几个方面。

（1）流式布局。按照浏览器视窗的百分比来设定所有容器的宽度，从而使容器在浏览器窗口大小变化时自动缩放。

（2）媒体查询。基于显示设备的物理特性（如尺寸、分辨率、宽高比、颜色位深等）来调用不同的样式表。

（3）流式图片。设置图像所占宽度至多为设备的最大宽度。

1.4 任务 3 网站建设的一般流程

创建一个网站并不复杂，但要创建一个优秀的网站并非易事。一个网站项目的确立通常建立在各种各样的需求上，其中客户的需求占了绝大部分。如何更好地理解、分析、明确用户的需求，是一个网站成功的关键，也是每个网站开发人员都需要面临的问题。

1.4.1 确定网站主题

网站制作初期，明确站点的服务对象非常关键。在此基础上，网站设计者必须清楚为什么要建立网站、要建立一个什么样的网站、希望哪些用户访问以及最希望用户从网站上获得什么信息等。明确了这些内容，才能对网站有一个准确的定位，做到有的放矢。

如果是制作个人主页，可以根据自己的兴趣爱好来进行设计。例如，对足球感兴趣的用户可以围绕足球，选择赛事介绍、球星动态、看球心得等内容作为网站的主题。

如果是建立企业网站，则需要深入了解企业的产品、服务、受众及品牌文化特点，在充分理解客户需求的基础上，对网站的主题、风格、结构、布局、内容等进行合理的规划，如网站需要提供哪些功能或服务、设置哪些栏目、收集哪些方面的资料等。

另外，网站的主题应小而精，具有一定的专业性，而不要泛而浅，即什么都有但每样都只有一两项内容，给人一种肤浅、信息含量过低的印象。

1.4.2 规划网站结构

规划网站结构时可从浏览者的角度出发，考虑浏览者如何访问网站，如何从一个页面跳转到另一个页面，怎样防止他们"迷路"。合理的栏目策划可以帮助浏览者快速查找到所需的资源，节省时间。

一般来说，栏目的划分应符合大多数人的理解与习惯，且不宜过多（以 4～6 个为宜），栏目下还可以设置子栏目，以增加栏目的信息容纳量。例如，策划一个企业的网页，其栏目划分如图 1-9 所示。

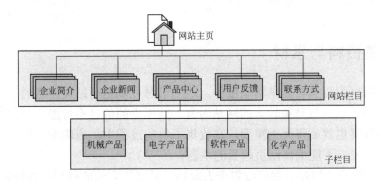

图 1-9 企业网页的栏目

网站结构有层状结构、线性结构和 Web 结构等，用户可根据实际情况进行选择。层状结构类似于目录系统的树型结构，如图 1-10 所示。

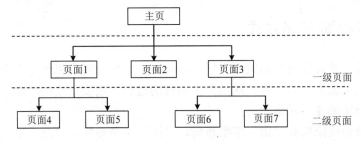

图 1-10 层状结构

线性结构类似于数据结构中的线性表，通常用于组织本身具有线性顺序的信息，其主要特点是可以引导浏览者按部就班地浏览整个网站文件，如图 1-11 所示。

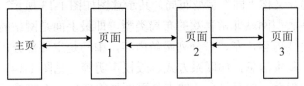

图 1-11 线性结构

Web 结构类似于 Internet 的组成结构，各网页之间形成网状连接，用户访问时可以随意进行跳转，如图 1-12 所示。

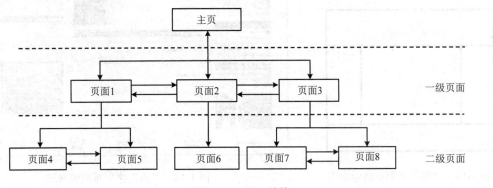

图 1-12 Web 结构

1.4.3 收集资料与素材

网站主要用来为浏览者提供信息服务。这些信息可以是网站设计者的原创，也可以是收集的资料。对于一些信息量较大的网站而言，其提供的信息不可能完全由网站设计者创作，因此收集资料也就显得尤为重要。在收集资料的过程中，应明确资料和网页栏目的关系，做到有的放矢，不能偏离网页栏目的主题。

例如，要制作个人网站，则应收集个人简历、爱好等方面的材料；若想制作影视网站，就需收集大量中外电影的信息以及演员资料；若制作学校网站，则需要提供学校的文字材料，如学校简介、招生对象说明以及与学校有关的图片等。收集资料时应对各种资料进行分类保存，如将视频放在"视频"文件夹中，将文本放在"文本"文件夹中等。

1.4.4 确定版面布局方式

制作网页首先要设计网页的版面布局，即对网页进行布局，以最适合浏览的方式将图像和文字排放在页面的不同位置。这是一个创意的过程，需要一定的经验，当然也可以参考一些优秀的网站来寻求灵感。

常见的网页布局结构有"国"字型布局、"匡"字型布局、"三"字型布局和"川"字型布局等。

1. "国"字型布局

"国"字型布局，又称"同"字型布局，其示意图如图1-13所示。这种结构在网页中非常常见，也是一些大型网站非常喜欢的布局类型，即最上面是网站的标题以及横幅广告条，下面是网站的主要内容，左、右分列两条内容，中间是主要部分，与左、右两列一起到底，最下面是一些基本信息，如联系方式、版权声明等（见图1-14）。"国"字型布局的优点是能充分利用版面，信息量大；缺点是页面显得拥挤，不够灵活。

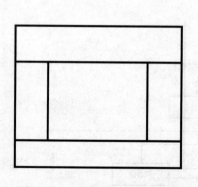

图1-13 "国"字型布局示意图

图1-14 "国"字型布局的网站

2.　"匡"字型布局

"匡"字型布局与"国"字型布局类似，只是去掉了"国"字型布局最右边的部分，使主内容区有更大的视觉空间，其示意图如图 1-15 所示。这种布局结构也非常常见，通常上面是标题及广告横幅，下面左侧是一列超链接，右列则是正文，最下方是网站的一些基本信息，如图 1-16 所示。

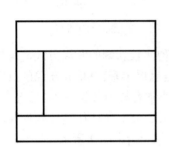

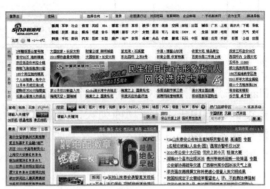

图 1-15　"匡"字型布局示意图　　　　图 1-16　"匡"字型布局的网站

3.　"三"字型布局

"三"字型布局是一种简洁明快的网页布局方式（见图 1-17），国外使用这种页面布局的较多，国内相对较少。"三"字型布局的特点是页面由横向两条色块将网页整体分割为 3 部分，色块中大多放置广告条、更新和版权提示等，如图 1-18 所示。

图 1-17　"三"字型布局示意图　　　　图 1-18　"三"字型布局的网站

4.　"川"字型布局

"川"字型布局的页面在垂直方向上分为 3 列（见图 1-19），网站的内容按栏目分布在这 3 列中，最大限度地突出主页的索引功能。如图 1-20 所示的网站就是一种典型的"川"字型布局结构。

5.　其他布局类型

网页的版面布局类型还包括 Flash 型布局、标题文本型布局和框架型布局。

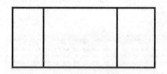

图 1-19 "川"字型布局示意图   图 1-20 "川"字型布局的网站

Flash 布局是指整个网页就是一个 Flash 动画。这是一种比较新潮的布局方式，与封面型结构类似，但由于 Flash 功能强大，因此页面所表达的信息更丰富。Flash 布局的页面一般比较绚丽、有趣，其视觉及听觉效果如果处理得当，会非常有魅力（见图 1-21）。

标题文本型布局是指页面内容以文本为主，这种类型页面最上面往往是标题形式的内容，下面是正文。一些文章或注册页面都采用这种布局形式，如图 1-22 所示。

图 1-21 Flash 型布局的网页   图 1-22 标题文本型布局的网页

常见的框架布局结构有左右框架型、上下框架型和综合框架型。由于受兼容性和美观性等因素影响，目前专业设计人员已较少采用这种布局，不过在一些大型论坛上仍比较受青睐，有些企业网站也采用这种布局类型，如图 1-23 所示。

图 1-23 框架型布局的网页

设计版面的最好方法是先用笔在白纸上将构思的网页草图勾勒出来，然后根据网页草图用 Phoneshop 制作出来网页原型，最后用 HBuilder、Dreamweaver 等网页工具来实现网页。

1.4.5　制作网页

制作网页的过程就是将收集和制作的素材按设计好的网站布局在网页制作软件中进行组合的过程。通常从网站首页做起，可以先使用表格或层对页面进行整体布局，再将需要的内容分别添加到相应的单元格中。在制作过程中，应随时预览网页效果以便进行调整，直到整个页面完成并获得理想的效果。最后使用相同的方法完成整个网站中其他页面的制作。

1. 静态网页的设计与制作

进行网页开发时，首先会进行静态网页的制作，然后再在其中加入脚本、表单等动态内容。静态网页仅用来被动地发布信息，而不具有任何交互功能，是 Web 网页的重要组成部分。制作网页时，要灵活运用模板功能，以提高制作效率。

制作静态网页的流程大致如下。

（1）构建页面框架。针对导航条、主题按钮等将页面有条理地划分为几部分，对页面做宏观的布局。

（2）创建导航条。在网站的任何一个页面上，都需要提供站点的相关主题，以便引导用户有条理地浏览网站，所以创建导航条是非常必要的。一般在网站的上部或左侧位置放置网站的导航条。

（3）填充内容。将网页的内容合理地分配到页面的各个部分，并插入图片和 Flash 动画等。

（4）创建返回主页的超链接。在各个内页页面中设置返回主页的超链接，便于用户快速返回主页面，浏览其他页面。

2. 为网页添加动态效果

静态网页制作完成后，接下来的工作就是为网页添加动态效果，包括设计一些脚本语言程序、数据库程序以及加入动画效果等。

一个真正的网站除了能完成页面浏览的请求之外，还应满足更高层次的需求，如信息收集、数据传递、数据存储、数据查询以及系统维护等。这就需要为其制作后台功能，即开发其动态模块。例如，将网页开发语言与数据库结合，就可以将数据库中的相关数据读取出来并在网页中加以显示。目前主流的动态网页开发语言主要有 ASP、ASP.NET、PHP、JSP 等，至于选择哪种开发技术，应该根据开发语言的特点以及所建网站适用的平台进行综合考虑。常用的数据库有 Access、SQL Server、MySQL 及 Oracle 等。

制作网站时，一般应按照先大后小、先简单后复杂的顺序来进行页面制作。所谓"先大后小"，是指在制作网页时，先设计好大的结构，然后再逐步完善小的结构；所谓"先简单后复杂"，是指应先设计简单的内容，然后再设计复杂的内容，以便在出现问题时修改起来比较方便。

1.4.6　测试与发布网站

制作好的网站不能马上发布，还需要对站点进行测试。站点测试可根据浏览器种类、客户端以及网站大小等要求进行，通常是将站点移到一个模拟调试服务器上进行测试或编辑。

网站测试完毕后，需要将其发布到互联网上。发布的服务器可以是远程的，也可以是本地的。发布网站的一般操作流程如下。

（1）申请域名。有了属于自己的域名，就可以在世界上任何一个地方浏览自己的网站。

（2）申请一个空间服务器。有了域名，还需要有一个空间用以存放网站的内容。对普通的企业网站来说，租用 100MB 的服务器空间就足够了。但对一些大型网站来说，通常需要租用更大的空间甚至购买单独的服务器，以确保客户服务器能够安全、稳定、高速地工作。

（3）绑定域名和空间服务器。

（4）上传程序到服务器中申请的域名下，然后安装调试。一般使用 FTP 进行上传，如 CuteFTP、LeadFTP 等。

（5）备案。

1.4.7　推广网站

如果想使自己的网站在短时间内获得一定的知名度，就需要对网站进行宣传和推广。例如，将网址和网站信息发布到搜索引擎、网上黄页、新闻组、邮件列表上，也可以与其他同类网站进行链接交换等。

为了提高网站的访问量，需要进行网站的宣传及推广。"电子商务师"、"登录奇兵"、"网站世界排名提升专家"及 Active WebTraffic 等软件都是较优秀的网站推广软件。

1.4.8　网站的后期维护

一个网站建成之后，还需要定期对站点进行更新和维护，保持网站内容的新鲜感以吸引更多的浏览者。

如何知道哪些信息需要调整和更新呢？不能靠主观臆断，而是要根据访问者的反馈信息来确定。获得用户反馈信息的方法很多，常用的有计数器、留言板、调查表等，也可以建立系统日志来记录网页的访问情况。

此外，还应定期打开浏览器检查页面元素显示是否正常、各种超链接是否正常等。

1.5　网页制作入门

1.5.1　HTML5 简介

HTML5 是构建 Web 内容的一种语言描述方式。HTML5 是互联网下的一代标准，是构建以及呈现互联网内容的一种语言方式，被认为是互联网的核心技术之一。HTML 产生于 1990 年，1997 年 HTML4 成为互联网标准，并广泛应用于互联网技术的开发。

HTML5 是 Web 中核心语言 HTML 的规范，用户使用任何手段进行网页浏览时看到的内容原本都是 HTML 格式的，在浏览器中通过一些技术处理将其转换成了可识别的信息。HTML5 在 HTML4.01 的基础上进行了一定的改进，虽然技术人员在开发过程中可能不会应用这些新技术，但是对于这些技术的新特性，网站开发技术人员是必须要有所了解的。

1.5.2　CSS3 简介

CSS3 是 CSS（层叠样式表）技术的升级版本，于 1999 年开始制订，2001 年 5 月 23 日 W3C 完成了 CSS3 的工作草案，主要包括盒子模型、列表模块、超链接方式、语言模块、背景和边框、文字特效、多栏布局等模块。

1.5.3　JavaScript 简介

JavaScript 是一种专为与网页交互而设计的脚本语言，由下列 3 个不同的部分组成。

（1）ECMAScript，提供核心语言功能。

（2）文档对象模型（DOM），提供访问和操作网页内容的方法和接口。

（3）浏览器对象模型（BOM），提供与浏览器交互的方法和接口。

JavaScript 的这 3 个组成部分，在当前 5 个主要浏览器（IE、Safari、Firefox、Chrome、和 Opera）中都得到了不同程度的支持。

1.5.4　常见浏览器

浏览器是网页运行的平台，一个制作好的网页文件必须要通过浏览器才能看到网页所呈现的效果。基于某些因素，浏览器不能完全采用统一的 Web 标准，或者说不同的浏览器对同一个 CSS 样式有不同的解析。因此导致了同样的页面在不同浏览器下的显示效果不同。

1. IE 浏览器

IE 浏览器（Internet explorer）图标如图 1-24 所示。IE 浏览器是世界上使用最广泛的浏览器，它由微软公司开发，预装在 Windows 操作系统中。它的内核是由微软独立开发的，简称 IE 内核，该浏览器只支持 Windows 平台。国内大部分的浏览器，都是在 IE 内核基础上提供了一些插件，如 360 浏览器、搜狗浏览器等。

2. Safari 浏览器

Safari 浏览器图标如图 1-25 所示。Safari 浏览器是 Apple 公司为 Mac 系统量身打造的一款浏览器，主要应用在 Mac 和 iOS 系统中。

图 1-24　IE 浏览器图标　　　　　　图 1-25　Safari 浏览器图标

3. Firefox 浏览器

Firefox（火狐）浏览器图标如图 1-26 所示。Firefox 浏览器是一个开源的浏览器，由 Mozilla 资金会和开源开发者一起开发。由于是开源的，所以它集成了很多插件，开源拓展很多功能，方便了用户的使用，支持 Windows 平台、Linux 平台和 Mac 平台。

4. Chrome 浏览器

Chrome 浏览器图标如图 1-27 所示。Chrome 浏览器由 Google 在开源项目的基础上独立开发的一款浏览器，测试版本在 2008 年发布。虽然是比较年轻的浏览器，但是其以良好的稳定性、快速和安全性获得使用者的青睐，市场占有率第一，而且它提供了很多方便开发者使用的插件。Chrome 浏览器不仅支持 Windows 平台，还支持 Linux、Mac 系统，同时它也提供了移动端的应用（如 Android 和 iOS 平台）。

图 1-26　Firefox 浏览器图标　　　图 1-27　Chrome 浏览器图标

5. Opera 浏览器

Opera 浏览器图标如图 1-28 所示。Opera 浏览器是由挪威一家软件公司开发，该浏览器创始于 1995 年，有着快速小巧的特点，还有绿色版的，属于轻灵的浏览器。

6. 360 浏览器

360 浏览器图标如图 1-29 所示。基于 IE 内核开发，360 安全浏览器是互联网上安全好用的新一代浏览器，拥有国内领先的恶意网址库，采用云查杀引擎，可自动拦截挂马、欺诈、网银仿冒等恶意网址。独创的"隔离模式"，让用户在访问木马网站时也不会感染。无痕浏览，能够更大限度保护用户的上网隐私。360 安全浏览器体积小巧、速度快、极少崩溃，并拥有翻译、截图、鼠标手势、广告过滤等几十种实用功能，已成为广大网民上网的优先选择。

图 1-28　Opera 浏览器图标　　　　　　图 1-29　360 浏览器图标

1.6　网页制作常用开发工具简介

1.6.1　网页制作与编辑工具

1．HBuilder

HBuilder（Html Builder）中的 Builder 是建造者的意思。HBuilder 是一个极客工具，追求无鼠标的极速操作。不管是输入代码的快捷设定，还是操作功能的快捷设定，都融入了效率第一的设计思想。程序员究竟是 coder，还是 builder，我们坚持后者。不为输入代码而花费时间，不为字母大小写拼错而调错半天，把精力花在思考上，想清楚后落笔如飞。

支撑这个理念，除了体验上的精细设计，还要求突破很多世界级技术难题，包括语法库、语法结构模型、AST 语法分析引擎。

另一个需要强调的理念是 H。HBuilder 顾名思义是为 HTML 设计的。相对于 java、.net、Object-C 这些主流编程语言，HTML5 需要一款配得上它的地位的高级 IDE，而不再是刀耕火种时代的文本编辑器。所以 HBuilder 主要用于开发 HTML、JS、CSS，同时配合 HTML 的后端脚本语言如 php、jsp 也可以适用，还有前端的预编译语言如 less、markdown 都可以良好的编辑。从 2013 年夏天发布至今，HBuilder 已经成为业内主流的开发工具，拥有几百万开发者。

2．Dreamweaver

Dreamweaver 是梦想编织者的意思，由世界顶级软件厂商 Adobe 推出的一套拥有可视化编辑界面，用于制作并编辑网站和移动应用程序的网页设计软件。

由于它支持代码、拆分、设计、实时视图等多种方式来创作、编写和修改网页，对于初级人员，你可以无须编写任何代码就能快速创建 Web 页面。其成熟的代码编辑工具更适用于 Web 开发高级人员的创作。

3．Notepad++

Notepad++是程序员必备的文本编辑器，软件小巧高效，支持 27 种编程语言，如 C、C++、Java、C#、XML、HTML、PHP、JS。Notepad++可完美地取代微软的记事本。

4．Sublime Text 3

Sublime Text 代码编辑器的界面设置非常人性化，左边是代码缩略图，右边是代码区域，你可以在左边的代码缩略图区域轻松定位程序代码的位置，高亮色彩功能非常利于编程工作。

1.6.2 页面设计与美化工具

1．Photoshop

Photoshop 是 Adobe 公司开发的一款图形处理软件，也是目前公认的最好用的通用平面美术设计软件。它功能全面、性能稳定、使用方便，几乎所有广告、出版和软件公司都首选它进行图像处理和平面制作。

使用 Photoshop 中的滤镜功能，可以制作出一些特殊的艺术效果；使用其匹配颜色功能，可以大大统一整个页面的风格。因此，Photoshop 常用于制作一些高端的图像效果。

2．Fireworks

Fireworks 是由 Macromedia 公司开发的图形处理工具，它的出现使 Web 作图发生了根本性的变化。因为 Fireworks 是第一套专门为制作网页图形而设计的软件，同时也是专业的网页图形设计及制作的解决方案。作为一个图像处理软件，Fireworks 能够自由地导入多种格式的图像进行处理，还能够自动切割图像、生成光标动态感应的 JavaScript 程序等，其内置的许多图像和按钮制作功能也使得网页制作更为方便、快捷。

3．Flash

Flash 是美国 Adobe 公司推出的矢量图形编辑和动画创作的专业软件。它以矢量图方式制作网页动画，放大后的图像不会失真，且具有小巧灵活、生成文件小、传播流畅、表现力丰富、视觉冲击力强等诸多优点。另外，Flash 还提供了用于实现交互功能的 ActionScript 语言，用于响应用户的键盘、鼠标事件，可以将音乐、声音、动画以及富有新意的界面融合在一起，制作出高品质的网页动态效果。

Flash 已成为交互式矢量动画的标准，广泛应用于网页动画制作、教学动画演示和在线游戏等的制作。

1.7 知 识 链 接

1.7.1 网页制作的基本原则

在制作网页的过程中需要遵循一定的原则，分别介绍如下。

（1）进行整体规划。制作网页之前，需对整个站点的内容进行合理的规划，为以后能合理安排站点中的各项内容提供方便。

（2）站点名要有新意。为站点命名时，应在简洁、易记的基础上让人有耳目一新的感觉。通常情况下，有创意的站点名能给浏览者留下较深的印象，更有利于网站的宣传和推广。

（3）主题鲜明。网站的主题内容应抢眼醒目、针对性强。标题内容切忌太长和过于复杂，而应简洁、明了。

（4）导航条要明朗。主页导航条上的链接项目不宜太多和太过烦琐，应只限于几个主要页面，一般用 6～8 个链接比较合适。例如，一个学校网站可以包括学校简介、招生对象和院系介绍等主要链接。

（5）动画不能过多。动画元素虽可以使网页更加生动美观，但由于文件较大，过多的动画会降低网页下载速度，甚至会造成网页打开困难的情况。

（6）优化图像。和动画一样，图片太多也会影响网页下载速度，制作者可对网页中的图片进行优化，在图片大小和质量两方面取得平衡。页面图像文件最好保持在 10KB 以下，主页上的颜色最好不要超过 64 种。

（7）时时更新。要想让浏览者对网站保持一种新鲜感，就要定期更新主页面上的文本、图像或更改主页的样式。

1.7.2   认识图像

1. 图像分辨率

分辨率表示最终打印的图像中每英寸的像素数，它决定着一幅图像的品质。例如，图像的分辨率是 150 像素/英寸，即表示每英寸上有 150 像素，每平方英寸上有 22 500 像素。如果图像中的像素数固定，则增加图像的尺寸将会降低其分辨率。

2. 图像格式

Photoshop 支持 PSD、TIF、BMP、JPEG、GIF 和 PNG 等 20 多种格式的文件。在实际工作中，根据工作性质及要求的不同，使用的文件格式也会有所差异。

常见的图像格式主要有以下 7 种。

（1）PSD（*.PSD）

PSD 格式是 Photoshop 自建的标准文件格式，它是可以保存图像图层、通道及其他图像信息的唯一格式（使用其他格式保存图像时，图层将被合并为一层）；另外，PSD 格式还可保存图像中设置的网格和辅助线等信息（其他格式不能保存）。如果要将 PSD 格式的图像保存为其他的格式，需要先将图层进行合并。

由于 PSD 格式的图像包含图层、通道、路径等较多的图像信息，虽然在保存时会对图像进行压缩以减少占用的磁盘空间，但它仍然比其他格式的图像文件要大得多。

（2）BMP（*.BMP）

BMP（Windows Bitmap）格式是最早应用于 Windows 系统的一种应用非常广泛的标准点阵图像文件格式，它支持 RGB、Indexed Color、灰度和位图色彩模式，但是不支持 Alpha通道。另外，它还支持 24 位、8 位、4 位、1 位的格式。BMP 格式文件的特点是包含的图像信息较丰富，几乎不进行压缩，但占用的磁盘空间比较大。

（3）JPEG（*.JPG）

JPEG 的英文全称是 Joint Photographic Experts Group（联合图片专家组），该格式的图像通常用于预览图像和网页制作。它是目前所有的图像格式中压缩比最高的格式。JPEG 格式的图像所占空间比已压缩的 TIFF 格式的文件少一半，可用较少的磁盘空间存储质量较好的图像。但由于它在保存的过程中丢掉了一些肉眼难以觉察的数据，所以其质量没有原来的图像好，因而在制作印刷品时通常不使用 JPEG 格式保存图像。

（4）GIF（*.GIF）

GIF 格式即图像交换格式，由 CompuServe 提供，它使得通信传输较为经济。GIF 格式也可以使用 LZW 的压缩方式将文件压缩而不会占用太大的磁盘空间，这种压缩格式可以支持 RGB、Indexed Color、灰度色彩模式，适用于高对比图像，可产生比 JPEG 格式更多的图像细节，但其应用范围有一定限制，多用于网页制作。

（5）TIFF（*.TIF）

TIFF（Tagged Image File Format）是标签图像文件格式。它不是专门为某个软件设计的，而是为了方便不同的操作平台及应用程序间保存与交换图像数据信息，所以其应用非常广泛。它支持 RGB、CMYK、Lab、Indexed Color、位图模式和灰度模式，并且在 RGB、CMYK 和灰度模式 3 种色彩模式中支持 Alpha 通道。TIFF 独立于所有的操作系统和文件，大多数扫描仪都可以输出 TIFF 格式的图像文件。

（6）PNG（*.PNG）

PNG 格式由 Netscape 公司开发，是 Fireworks 的默认图像格式，可以用于网络图像。它能够保存 24 位的真彩色，这不同于 GIF 格式的图像只能保存 256 色。另外，它还支持透明背景和消除锯齿边缘的功能，可以在不失真的情况下压缩保存图像。PNG 格式在 RGB 和灰度模式下支持 Alpha 通道，但在索引颜色和位图模式下则不支持 Alpha 通道。

（7）EPS（*.EPS）

EPS（Encapsulated PostScript）格式应用非常广泛，可以用于绘图或排版，是一种 PostScript 格式。其最大的优点是可以在排版软件中以低分辨率预览，将插入的文件进行编辑排版，而在打印时以高分辨率输出，同时兼顾了工作效率和图像输出质量。

EPS 支持 Photoshop 中的所有色彩模式，在位图模式下还可以支持透明功能，但不支持 Alpha 通道。

3．图像模式

图像模式主要包括索引图像、RGB 图像、二进制图像和灰度图像 4 种。

（1）索引图像

索引图像包括图像矩阵和颜色图数组。其中，颜色图是按图像中颜色值进行排序后的数组。对于每个像素，图像矩阵包含一个值，这个值就是颜色图数组中的索引。颜色图为 m×3 的双精度值矩阵，各行分别指定红、绿、蓝（R、G、B）单色值，且 R、G、B 均为区间[0,1]上的实数值。

（2）RGB 图像

RGB 图像与索引图像一样，也是以红、绿、蓝三个亮度值为一组，代表每个像素的颜色。与索引图像不同的是，这些亮度值直接存在图像数组中，而不是存放在颜色图中，图像数组为 m×n×3（m、n 表示图像像素的行列数）。

（3）二进制图像

在二进制图像中，每个点为两个离散值中的一个，这两个值代表开或者关。二进制图像被保存在一个二维的由 0（关）和 1（开）组成的矩阵中。从另一个角度讲，二进制图像可以看作一个仅包括黑与白的特殊灰度图像，也可以看作仅有两种颜色的索引图像。

1.7.3　常见的建站方式

域名注册成功后，要选择托管网络的服务器。服务器类型一般分为两种：实体主机和虚拟主机。实体主机是网站独享一台计算机服务器资源，虚拟主机是通过技术手段将一台服务器虚拟分成许多份，可在一台服务器上同时安装多个网站。后者较为经济，但功能和性能将受到一定限制。

1. 实体主机

实体主机类似于主机租赁服务，是由供应商直接提供一台功能完整的服务器给客户使用，客户对该服务器拥有完整的主机资源和权限。就像自行购买一台主机放到 ISP 的机房代管那样，客户不需要做软硬件的安装和系统的安全、监控等琐事。

实体主机适合于流量大、需要复杂运算、有大量会员或资料进行存取的网站。另外，如果用户想安装特殊的软件，也需要使用独立主机。

2. 主机托管

主机托管指的是客户自身拥有一台服务器，但把它放置在 Internet 数据中心的机房，由客户自行维护或由其他签约人进行远程维护。

主机托管的优点是摆脱了虚拟主机受软硬件资源的限制，能够提供高性能的处理能力，同时能有效降低维护费用和机房设备投入、线路租用等高额费用。客户对设备拥有所有权和配置权。

如果企业想拥有自己独立的 Web 服务器，同时又不想花费更多的资金进行通信线路、网络环境和机房环境的投资，更不想投入人力进行 24 小时的网络维护，可以尝试主机托管形式。主机托管的缺点是投资有限，周期短，且无线路拥塞之忧。

3. 虚拟主机

虚拟主机（Virtual Host Virtual Server）指的是使用特殊的软硬件技术，把一台计算机主机分成若干台虚拟的主机，每台虚拟主机都有独立的域名和 IP 地址（或共享的 IP 地址），具有完整的 Internet 服务器功能。虚拟主机的关键技术在于，在同一台硬件、同一个操作系统上运行着为多个用户打开的不同的服务器程序，且互不干扰；而各个用户拥有自己的一部分系统资源（IP 地址、文档存储空间、内存、CPU 时间等）。虚拟主机之间完全独立，在外界看来，一台虚拟主机和一台单独主机的表现是完全相同的。由于多台虚拟主机共享一台真实主机的资源，每个用户承受的硬件、网络维护和通信线路费用会大幅度降低，使得 Internet 真正成为人人用得起的网络。现在，国内外大部分企业建站时都采用这种服务器硬盘空间租用的方式（虚拟主机），既节省了购买服务器和租用专线的费用，不必再为服务器使用和维护过程中的技术问题担心，更不必拥有专门的服务器管理人员。

实训

浏览下述网站，并分析其各自的特点。

YAHOO 官网（www.yahoo.com）。

中国摄影在线（www.cphoto.net）。

中国教育和科研计算机网（www.edu.cn）。

科讯数码（www.scitel.com.cn）。

项 **2** 目

制作简单网页

 知识目标

- ➤ 熟悉 Photoshop 软件。
- ➤ 熟悉制作页面草图、切片并导出。
- ➤ 熟悉 HBuilder 软件工作界面。
- ➤ 掌握网页框架的搭建。
- ➤ 掌握网站的基本建设流程。
- ➤ 掌握简单网页的制作与上传。

技能目标

- ➤ 掌握网页框架的搭建，制作页面草图，然后切片、导出页面文件，在 HBuilder 中建立一个站点，制作并浏览该页面。

2.1 项目描述及分析

用户浏览网络时，最先接触到的就是"网站""网页"这两个名词。网页就是用户通过浏览器看到的画面，一般来说，用户打开一个网址，首先看到的就是该网站的首页。

本项目通过制作一个教育类网站的首页，介绍网页设计的基本流程：网站功能设计、网页原型的制作、切片及导出、域名空间的申请以及网页的制作与上传等。

网站名称

盟院合作专题网站

项目描述

制作盟院合作专题网站页面，熟悉 Photoshop、HBuilder 软件以及网站的基本建设流程。

项目分析

❖ 本案例是××职业技术学院盟院合作专题网站，设计网站的目的是发布盟院合作的通知公告、各项新闻与宣传，需要包含网站首页、通知公告、政策法规、合作概况、盟院要闻、盟院资讯等栏目。

❖ 由于是初次尝试网页制作，本项目只介绍盟院合作首页框架的搭建，主要学习在 Photoshop 中制作页面原型，然后切片、导出成为一个页面文件，并在 HBuilder 中建立一个站点并浏览该页面。

❖ 在网络上申请网站空间，并让网站在网络上"安家"，实现互联网访问。

项目实施过程

❖ 对网站进行规划设计，使用 Photoshop CC 制作出首页原型，并对效果图进行切片、导出、生成网页。

❖ 利用 HBuilder 对网页进行简单制作，并将制作的简单网页上传到申请的网站空间中，最后进行访问测试。

项目最终效果

项目的最终效果如图 2-1 所示。

图 2-1　盟院合作专题网站首页

2.2　任务 1　进行网站功能设计

盟院合作专题网站的主要功能是向盟院合作用户发布通知、公告、新闻动态等相关的信息，因此在页面设计上无须太过花哨和标新立异，而应注重其实用性，遵循快速、简洁、信息概括能力强、易于导航的原则。

盟院合作专题网站主要用于展示合作效果、宣传相关政策法规和发布一些新闻公告等。因此，在首页上应设置"通知公告"、"政策法规"、"合作概况"、"盟院要闻"和"盟院资讯"等子栏目。

盟院合作专题网站，在整体色调上应以简洁大方为原则，不宜选择有冲击力过强的颜色，如红色、绿色、紫色等，而应选择有行业代表性的色彩作为页面的主色调。

经过与盟院合作双方调研、沟通，确定以蓝色为网站的主色调，并确定了网站的构思创意即总体设计方案，并对网站的整体风格和特色做出了定位。最终确定的盟院合作专题网站的组织结构如图 2-2 所示。

图 2-2　盟院合作专题网站的组织结构

2.3　任务 2　设计网站首页原型

网站的首页也叫主页，是客户在访问网站时直接浏览到的页面，主页的设计能直接反映出一个网站的风格与个性。因此，首页的设计不管从功能上还是从内容上都至关重要。在制作过程中，要考虑到网站整体的布局及网页的容量。

对首次接触网页设计的读者来说，可以根据构思先用 Photoshop CC 制作出盟院合作专题网站的首页原型，然后通过对效果图（与客户沟通，最终确定的原型）利用切片等工具进行处理，最终在 HBuilder 中进行加载，并加以修饰得到简单的页面。

下面就以制作盟院合作专题网站的首页为例，介绍网页原型的设计。

2.3.1　认识 Photoshop

Photoshop 是 Adobe 公司旗下最为著名的一款图像处理软件，集图像扫描、编辑修改、图像制作、广告创意、图像输入与输出等功能于一体，深受广大平面设计人员和电脑美术爱好者的喜爱，也是制作网页时必不可少的网页图像处理软件之一。

打开"开始"菜单，选择"程序"→"Adobe Photoshop CC"命令，启动 Photoshop CC

软件，即可看到其主界面，如图 2-3 所示。

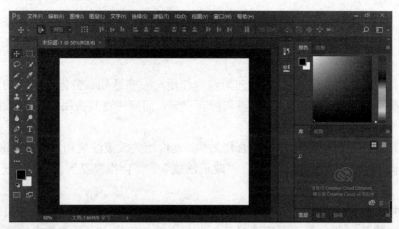

图 2-3　Photoshop CC 主界面

工具栏位于 Photoshop 主界面的左侧，包括选取工具、移动工具、套索工具、快速选择工具、裁剪工具、画笔工具和文字工具等。凡是右下角带有三角形标记的，表示存在子工具。单击三角形标记，即可打开子工具列表。下面重点介绍一下制作网页效果图时经常用到的一些工具。

（1）选取工具集

选取工具集▣包括矩形选框工具、椭圆选框工具、单行选框工具和单列选框工具。

❖ 矩形选框工具：选取该工具后，在图像上拖动，可以确定一个矩形的选取区域。如果在拖动的同时按 Shift 键，则可将选区设定为正方形。在选项面板中，可以将选区设定为固定的大小，此时再在图像上进行拖动，则只能确定一个固定大小的选取区域。

❖ 椭圆选框工具：选取该工具后，在图像上拖动，可以确定一个椭圆形选取区域。如果在拖动的同时按 Shift 键，可将选区设定为圆形。

❖ 单行选框工具：选取该工具后，在图像上拖动，可确定单行（一个像素高）的选取区域。

❖ 单列选框工具：选取该工具后，在图像上拖动，可确定单列（一个像素宽）的选取区域。

（2）移动工具

移动工具�!用于移动选取区域内的图像。

（3）套索工具集

套索工具集▣包括套索工具、多边形套索工具和磁性套索工具。

❖ 套索工具：用于通过鼠标等设备在图像上绘制任意形状的选取区域。

❖ 多边形套索工具：用于在图像上绘制任意形状的多边形选取区域。

❖ 磁性套索工具：用于在图像上具有一定颜色属性的物体轮廓线上设置路径。

（4）快速选择工具集

快速选择工具集▣用于将图像上具有相近属性的像素点设为选取区域。

（5）裁剪工具集

裁剪工具集█包括裁剪工具、透视裁剪工具、切片工具和切片选择工具。

❖　裁剪工具：从图像上裁剪部分图像。

❖　透视裁剪工具：可以裁剪出扭曲变形的效果。

❖　切片工具：选定该工具后在图像工作区拖动，可画出一个矩形的切片区域。

❖　切片选择工具：选定该工具后在切片上单击可选中该切片，如果在单击的同时按 Shift 键，可同时选取多个切片。

（6）污点修复画笔工具集

污点修复画笔工具集█包含污点修复画笔工具、修复画笔工具、修补工具和红眼工具。

（7）画笔工具集

画笔工具集█包含画笔工具和铅笔工具，可用于在图像上作画。

（8）图章工具集

图章工具集█包含仿制图章工具和图案图章工具，用于复制设定的图像。

（9）历史画笔工具集

历史画笔工具集█包含历史记录画笔工具和艺术历史画笔工具。

❖　历史记录画笔工具：用于恢复图像中被修改的部分。

❖　艺术历史画笔工具：用于使图像中滑过的区域产生模糊的艺术效果。

（10）橡皮擦工具集

橡皮擦工具集█包括橡皮擦工具、背景橡皮擦工具和魔术橡皮擦工具。

❖　橡皮擦工具：用于擦除图像中不需要的部分，并在擦过的区域显示背景图层的内容。

❖　背景橡皮擦工具：用于擦除图像中不需要的部分，并使擦过的区域变成透明。

❖　魔术橡皮擦工具：类似于魔棒工具，用于选取色块，通过改变其容差，可以选取不同范围的色块。

（11）油漆桶工具与渐变工具

❖　油漆桶工具：用于在图像的确定区域内填充前景色。

❖　渐变工具█：在工具栏中选中"渐变工具"后，在选项面板中可设置具体的渐变类型。

（12）色调处理工具集

色调处理工具集█包括模糊工具、锐化工具和涂抹工具。

❖　模糊工具：选用该工具后，光标在图像上滑动时，可使滑过的区域变得更模糊。

❖　锐化工具：选用该工具后，光标在图像上滑动时，可使滑过的区域变得更清晰。

❖　涂抹工具：其效果与在一幅未干的油画上用手指涂抹的效果相似。

（13）文字工具

文字工具█用于在图像上添加文字图层或放置文字。

（14）多边形工具集

多边形工具集█包括矩形、圆角矩形、椭圆、多边形、直线、自定形状等图形工具。

❖　矩形工具：选定该工具后，在图像工作区内拖动可产生一个矩形。

❖ 圆角矩形工具：选定该工具后，在图像工作区内拖动可产生一个圆角矩形。

❖ 椭圆工具：选定该工具后，在图像工作区内拖动可产生一个椭圆形。

❖ 多边形工具：选定该工具后，在图像工作区内拖动可产生一个 5 条边等长的多边形。

❖ 直线工具：选定该工具后，在图像工作区内拖动可产生一条直线。

❖ 自定形状工具：选定该工具后，在图形工作区内拖动可产生一个星状多边形。

（15）缩放工具

缩放工具 用于缩放图像处理窗口中的图像，以便进行观察处理。

2.3.2 制作首页原型

制作首页原型的步骤如下。

（1）打开 Photoshop CC，选择"文件"→"新建"命令，在打开的"新建文档"对话框中设置图像名称为"盟院合作原型"，宽度为 1848 像素，高度为 2230 像素。由于网页只用于屏幕显示，所以设置分辨率为 72 像素/英寸，颜色模式为 RGB 颜色，其他参数保持默认设置，如图 2-4 所示。

（2）首先制作首页 Banner。新建图层 1 如图 2-5 所示。

图2-4　Photoshop"新建文档"对话框　　　图2-5　Photoshop"图层"面板

（3）导入盟院合作 LOGO 图像，调整其大小和位置，在右侧输入"深化合作 办出特色 打造品牌"文本，字体大小为 48 点、字体颜色为（#4a97db），Banner 效果如图 2-6 所示。

图2-6　Banner效果

（4）制作导航栏。新建图层，在 Banner 下方绘制一个高度为 74 像素的区域，填充为蓝色（#118def），并输入"网站首页""合作概况""盟院要闻""盟院资讯""盟院简报""盟院讲堂""盟院论坛"文字。利用渐变工具制作出各导航文字之间的分隔线，效果如图 2-7 所示。

| 网站首页 | 合作概况 | 盟院要闻 | 盟院资讯 | 盟院简报 | 盟院讲堂 | 盟院论坛 |

图2-7 "导航栏"效果

📖 注意：制作导航文字时，可适当添加半透明白色，做出水晶按钮的效果。具体制作方法可参考网络上相关资料。

（5）添加学院标志性图片。在素材文件中找到合适的照片，将其打开，然后利用移动工具将其移动到当前文档中。

📖 注意：在对照片等资源进行缩放时，要注意锁定纵横比，以保证图像不变形。

（6）页面其余部分的制作方法与上述操作类似，读者可自行尝试制作。网站首页面原型最终效果如图 2-8 所示。

图2-8 网站首页原型

2.3.3 首页原型的切片与导出

切图是网页设计中非常重要的一环，它可以很方便地标明哪些是图片区域，哪些是文本区域。另外，合理的切图还有利于加快网页的下载速度、设计造型复杂的网页以及对不同特点的图片进行分格式压缩等。切片与导出的步骤如下。

（1）使用工具栏中的切片工具对图像进行切割。切图之前，可将文字以及将来要通过网页制作工具更改的图层部分隐藏起来。

注意：在切片的过程中应遵循的原则：大面积的色块单独切成一块；尽可能在水平方向上保持整齐；内容独立的部分要单独切开；作为背景的图像只需要切其中一部分即可。

（2）在本案例的切图的过程中可参考采用"基于参考线的切片"，如图2-9所示。

图2-9　基于参考线的切片

（3）切片时再根据细节选择小块内容的切片，切片的最终效果如图2-10所示。

图2-10　切片效果

（4）选择"文件"→"导出"→"存储为Web所用格式（旧版）"命令，打开"存储为Web所用格式"对话框。在其右侧"预设"下方的下拉列表框中选择GIF格式，其他参数设置如图 2-11 所示，然后单击"存储"按钮，进行切片保存。

图2-11　设置切片保存参数

📖 注意：在弹出的"将优化结果存储为"对话框中，格式应选择"HTML 和图像"选项。

（5）保存后，会生成一个扩展名为.html 的网页文件和一个名为 images 的文件夹，其中存放的即是所有的切片文件，如图 2-12 所示。

图2-12　生成的images文件夹中的文件

2.4　任务3　网页的制作与上传

2.4.1　认识 HBuilder

　　HBuilder 是 DCloud（数字天堂）推出一款支持 HTML5 的 Web 开发 IDE。"快"是 HBuilder 的最大优势，通过完整的语法提示和代码输入法、代码块及很多配套，HBuilder

能大幅提升 HTML、JS、CSS 的开发效率。

以"快"为核心的 HBuilder，引入了"快捷键语法"的概念，巧妙地解决了困扰许多网页开发者的快捷键过多而记不住的问题。开发者只需要记住几条语法，就可以快速实现跳转、转义和其他操作。

1. HBuilder 简介

HBuilder，H 是 HTML 的缩写，Builder 是建设者的意思。它是为前端开发者服务的通用 IDE，或者称为编辑器。与 vscode、sublime、Webstorm 类似。它可以开发普通 Web 项目，也可以开发 DCloud 出品的 uni-app 项目、5+App 项目、wap2app 项目。老版的 HBuilder 是红色 LOGO，已于 2018 年停止更新，绿色 LOGO 的 HBuilderX 是新版替代品。

除了服务前端技术栈，它也可以通过插件支持 php 等其他语言。相比于竞品，它的优势有以下 3 个方面。

❖ 运行速度快（C++内核）。

❖ 对 markdown、vue 支持更为优秀。

❖ 还能开发 App、小程序，尤其对 DCloud 的 uni-app、5+App 等手机端产品有良好的支持。

2. HBuilder 软件的下载与安装

HBuilder 官方下载地址为：http://www.dcloud.io/，官网首页如图 2-13 所示。

图2-13　HBuilder官网首页

单击"DOWNLOND"下载最新版的 HBuilder，并根据提示安装。HBuilder 目前有两个版本，一个是 Windows 版，一个是 MacOS 版，如图 2-14 所示。

下载的时候根据自己的计算机选择适合自己的版本。该教材的网页开发环境以 Windows 版的 HBuilder 为主。HBuilder 不需要安装，只需要将 Zip 文件解压，解压后打开 HBuilder 文件夹找到"HBuilder.exe"文件即可运行。

图2-14　HBuilder下载页面

2.4.2　HBuilder 入门

1．新建项目

（1）依次选择"文件"→"新建"→"项目"（按 Ctrl+N 可以触发快速新建，然后左键单击 Web 项目），即可打开"新建项目"窗口，如图 2-15 所示。

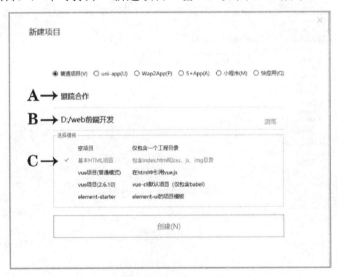

图2-15　HBuilder新建窗口

❖　A 处填写新建项目的名称为"盟院合作"。

❖　B 处填写项目保存路径为"D:/Web 前端开发"。

❖　C 处选择使用的模板为"基本 HTML 项目"。

（2）单击"创建"按钮，即可打开"盟院合作"项目，如图 2-16 所示。

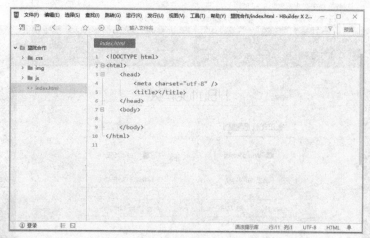

图2-16　HBuilder运行窗口

HBuilder 的工作界面包括菜单栏、文档工具栏、项目资源管理器、源代码编辑区等。

菜单栏：提供了各种操作的标准菜单命令，由"文件""编辑""选择""查找""跳转""运行""发行""视图""工具"和"帮助"10 个菜单命令组成。

2. 打开"盟院合作"原文件

（1）打开 HBuilder，并选择"文件"→"导入"→"从本地目录导入"命令，如图 2-17 所示。

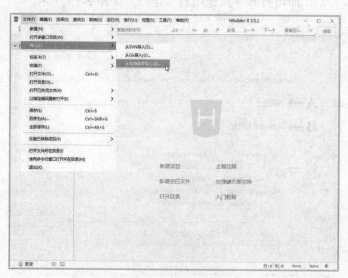

图2-17　导入本地项目

（2）将素材文件夹导入 HBuilder 中，如图 2-18 所示，即可在项目资源管理器中打开"盟院合作"项目的文件，在源代码编辑区中可打开主页文档 index.html 的网页源代码。编辑和修改网页内容的方法将在后面的章节中具体介绍。

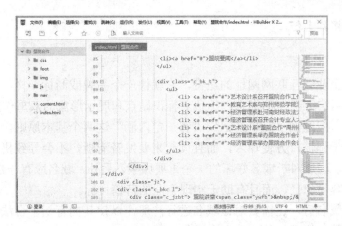

图2-18 "盟院合作"项目窗口

3. 浏览网页

选择"运行"→"运行到浏览器"→"Chrome"命令，网页预览效果如图 2-19 所示。

图2-19 预览页面

2.4.3 域名和空间的申请

网站建成之后，需要将网站"落户"，即为其申请域名和空间，以便让网络上的其他用户也能访问到。在 2.3.4 节中，已经生成了一个网页文件 index.html，下面来学习如何申请域名和空间并将其上传。

1．域名

域名是连接企业和互联网网址的纽带，它就像一个品牌或商标一样，具有重要的识别作用，是企业在网络上存在的标志，担负着标识站点和展示形象的双重作用。

选取域名时，应遵循"简单易记""有一定内涵"这两个基本原则。一个好的域名应该短而顺口，便于记忆，方便输入，而且读起来要发音清晰，不会导致拼写错误，也不会导致同音异义词，这是判断域名好坏的一个重要因素。另外，域名应有一定的内涵和意义，这样的域名不但容易记忆，而且有助于实现企业的营销目标。

当选定一个域名后，还需要对该域名进行注册，以使其拥有一个合法的"身份"。域名的注册一般都是在线进行的，其基本操作流程如下。

（1）在线申请成为某个网络公司（如 http://www.net.cn）的用户。

（2）查询拟注册的域名是否已被别人注册，如未被注册，则可以继续使用。

（3）填写域名资料，并通过购物车进行支付。

（4）支付成功后，该域名注册完毕。

2．空间

对一个大型企业来说，在创建了自己的网站后，可以自建机房，购买服务器、路由器和网络管理软件等，然后配备一定的网络技术人员，并向电信部门申请专线，建立一个属于自己的独立网站。但这样做往往投资较大，而且日常维护费用比较高，对大多数中小型企业来说并不现实。通常情况下，中小型企业可以通过虚拟主机和主机托管的方式创建自己的网站。

虚拟主机，就是将自己的网站放在 ISP 的 Web 服务器上。这是一个比较经济的方案，企业只需将 ISP 提供的 IP 地址与自己申请的域名进行绑定即可。

主机托管，是指企业将自己购买的服务器主机放在 ISP 网络中心的机房里，借助 ISP 的防护设备、网络通信系统接入 Internet。如果企业的网站数据量较大，需要相对较大的空间，可以采用这种方案。

网站建成之后，可在网上申请免费空间，对页面进行测试。网络上有很多提供免费空间的网站，如 3v.cm、5944.net 等，在其注册后，网站会提供一个免费空间和二级域名，以及 FTP 上传地址、账号、密码等资料。登录 FTP，上传数据，进行调试即可。

下面就在"http://www.3v.cm/"上申请一个免费空间，用于网站测试，其具体操作如下。

（1）在浏览器地址栏内输入"http://www.3v.cm/"，打开网站首页，单击左侧"会员登录"栏（见图 2-20）中的"注册"按钮。

（2）根据提示向导，完成免费空间注册后，将打开空间管理页面，如图 2-21 所示。其中的域名（http://hnhsgt.free3v.net）等信息要牢记。

（3）单击页面左侧的"FTP 管理"超链接，将显示上传文件的 FTP 账号、密码等信息，如图 2-22 所示。为了方便测试，这里将 FTP 的密码设置为 123456。

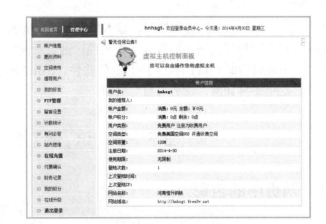

图2-20 "会员登录"栏　　　　　　　　　图2-21 空间管理页面

图2-22 FTP信息

2.4.4 网站文件的上传

域名及空间申请完毕之后，就可以使用 IE 浏览器或 FTP 软件将自己的网站数据上传到指定的 FTP 地址，让自己的网站在网络上"安家"了。

假设已经在 http://www.3v.cm/上申请了一个空间，域名为 http://hnhsgt.free3v.net，FTP 地址为 ftp://002.3vftp.com，账号为 hnhsgt，密码为 123456。下面通过 IE 浏览器来实现网站文件的上传。

（1）打开 IE 浏览器，在地址栏中输入"ftp://002.3vftp.com"，将弹出如图 2-23 所示的"登录身份"对话框。

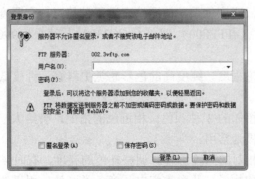

图2-23 "登录身份"对话框

（2）输入正确的用户名和密码后，单击"登录"按钮。

（3）将本地 Web 文件夹下的所有文件复制到指定的文件夹。

（4）进行测试。打开 IE 浏览器，输入域名网站"http://hnhsgt.free3v.net"，观察能否正常链接到已经制作好的网站的首页。如果能，则表示网站文件上传完成。

另外，也可以借助 CuteFTP 等 FTP 上传软件、HBuilder 的站点上传功能来完成网站数据的上传，这里不再详解，读者可自行尝试。

2.5 知 识 链 接

2.5.1 网页中的色彩

色彩的魅力是无限的，它可以让本身平淡无奇的东西瞬间变得灵动起来。所以，一个出色的网页设计者不仅要掌握基本的网站制作技术，还需要掌握网站的风格、配色等设计艺术。

1. 认识色彩

自然界中有很多种色彩，如玫瑰是红色的，大海是蓝色的，橘子是橙色的等，但最基本颜色的只有 3 种——红、黄、蓝。我们称这 3 种色彩为"三原色"，其他色彩都可以由这 3 种色彩调和而成。

色彩可以分为彩色和非彩色。其中，黑色、白色和灰色属于非彩色系列，其他颜色则属于彩色系列。任何一种彩色都具备色相、明度和纯度 3 个特征，而非彩色只有明度一个属性。

色相，指色彩的名称，是色彩最基本的特征，是一种色彩区别于另一种色彩的最主要因素。比如，紫色、绿色、黄色都代表了不同的色相。同一色相的色彩，调整一下亮度，又可成为新的色彩，如深绿、暗绿、草绿、亮绿等。

明度，也叫亮度，指色彩的明暗程度。明度越大，色彩越亮，如一些购物类、少儿类网站，多用一些鲜亮的颜色，让人感觉绚丽多姿、生气勃勃；明度越低，则颜色越暗，如一些游戏类网站多采用低明度色系，使网站充满了神秘感。有明度差的色彩更容易调和，如紫色（#993399）与黄色（#FFFF00）、暗红（#CC3300）与草绿（#99CC00）、暗蓝（#0066CC）与橙色（#FF9933）等。

纯度，指色彩的鲜艳程度。纯度高的色彩感觉更鲜亮，纯度低的色彩感觉更暗淡，含灰色。

相近色，指色环中相邻的 3 种颜色。相近色的搭配，会给人一种舒适、自然的视觉效果，所以在网站设计中极为常用。

互补色，指色环中相对的两种色彩。调整补色的亮度，有时候是一种很好的搭配。

暖色，一般应用于购物类、儿童类和电子商务类网站，用于体现商品的琳琅满目、儿童的纯真活泼等效果。暖色与黑色调和可以达到很好的效果。

冷色，一般应用于一些高科技网站和游戏类网站，主要表达严谨、稳重等主题。绿色、蓝色、蓝紫色等都属于冷色系列。冷色与白色调和可以达到很好的效果。

色彩均衡的网站看上去很舒适、协调。一个网站不可能只运用一种颜色，所以色彩的均衡问题也是设计者必须要考虑的问题。色彩的均衡，包括色彩的位置、每种色彩所占的比例等。例如，鲜艳明亮的色彩面积应该小一些，这样会让人感觉更舒适、不刺眼，这就是一种均衡的色彩搭配。

2. 色彩的作用

每种色彩都会给人一些特殊的感受和心理暗示。因此，在网页中运用合适的色彩，能表达出文字无法表达的视觉效果和心灵冲击力，使一个网站更契合它的主题。色彩所代表的含义如表 2-1 所示。

表 2-1　色彩及其所代表的含义

色　　调	象　征　含　义
白	明快　洁白　纯真　神圣　朴素　清楚　纯洁　清静　信仰
黑	寂静　悲哀　绝望　沉默　黑暗　坚实　不正　严肃　寂寞　罪恶
红	热烈　活力　危险　愤怒　喜悦　爱情　革命　活泼　诚心　幼稚
橙	温暖　快活　华贵　积极　跃动　喜悦　温情　任性　甜蜜
黄	光明　希望　宝贵　朝气　愉快　欢喜　明快　轻薄　冷淡
绿	健康　安静　成长　清新　和平　亲爱　理想　纯情　柔和　安静
蓝	平静　科学　理智　深远　速度　悠久　冥想　真实　可信
紫	优美　神秘　不安　永远　高贵　温厚　温柔　幽雅　轻率

3. 色彩的运用

色彩运用的原则是"总体协调，局部对比"。网页的整体色彩效果应该和谐，只有局部的、小范围的地方可以有一些强烈的色彩对比。在同一页面中，可以使用相近色来设置页面中的各种元素。

（1）确定网站的主色调

一个网站不可能只运用一种颜色，那样会使人感觉单调、乏味，但也不可能将所有颜色都运用到网站中，那样会使人感觉轻浮、花哨。也就是说，一个网站必须有一种或两种主题色，不至于让浏览者迷失方向，也不至于单调、乏味。但尽量不要超过 4 种色彩，因为太多的色彩反而会让人没有侧重感。

确定主色调需从网站的类型以及网站所服务的对象出发。例如，创建旅游类站点可以选用绿色；游戏类站点可以选用黑色；政府类站点可以选用红色和蓝色；新闻类站点可以选用深红色或黑色再搭配高级灰等。

当主色调确定好以后，考虑其他配色时，一定要考虑其与主色调的关系、要体现什么样的效果。另外，要考虑哪种因素占主要地位，是明度、纯度还是色相。

（2）用色的技巧

下面介绍一些用色的技巧，读者可以先了解，然后在今后的学习中通过不断地比较和揣摩，慢慢领会其要义。

❖ 网页中的文字与背景要求有较高的对比度，通常用白底黑字或者淡色背景深色字体。可以先确定背景色，再在背景色的基础上加黑成为文字的颜色。

❖ 站点 LOGO 一般要用深色，要有较高的对比度，而且设计要醒目、明显、易记。

❖ 导航栏所在的区域，通常是把菜单的背景颜色设置得暗一些，然后依靠较亮的颜色、比较强烈的图形元素或独特的字体将网页内容和菜单准确地区分开。

❖ 如果是创建公司站点，还应该考虑公司的企业文化、企业背景、CI、VI 标识系统和产品的色彩搭配等。

❖ 黑、白、灰 3 种颜色是万能色，可以跟任意一种色彩搭配。另外，在同一页面中，要在两种截然不同的色调之间过渡时，也可以在它们中间搭配灰色、白色或黑色，使其能够自然过渡。

❖ 白色是网站最常用的一种颜色，恰当的留白对于协调页面的均衡有着很大的作用，能给人以遐想的空间。因此，很多设计类网站都大量运用留白艺术。

❖ 如果有一些需要突出显示的内容，则可以使用一些鲜艳的颜色来吸引浏览者的视线，获得"万绿丛中一点红"的效果。

2.5.2　网页基本元素的标准和使用技巧

大部分的网页都有 LOGO、Banner、导航栏、按钮、图像和文本等网页元素，这些元素被称为网页的基本元素，下面分别进行讲解。

1．LOGO

LOGO 是网站的"商标"，一般包含网站名称、网址、网站标志和网站理念 4 部分，也可取其中一个部分进行设计。LOGO 一般位于网页页面的左上角，因为这是视觉的焦点，可以给读者留下较深的印象，其尺寸通常为 88×31 像素。

2．Banner

Banner 是指网站中的横幅广告，其常见尺寸有多种，其中 468×60 像素和 88×31 像素的 Banner 应用最多。468×60 像素的 Banner 应大致在 15KB 左右，最好不要超过 22KB；88×31 像素的 Banner 最好在 5KB 左右，不要超过 7KB。

3．导航栏

导航栏的作用是引导浏览者进行网页浏览。根据导航栏放置的位置可分为横排和竖排两种；根据表现形式，导航栏有图像导航、文本导航和框架导航等。导航栏也可以是动态的，如用脚本编写的导航栏或 Flash 导航栏等。

导航栏的制作要点可归纳为以下几个方面。

❖ 图片导航虽漂亮，但占用的空间较大，应少用。

❖ 在导航栏目不多的情况下，通常排为一排；如果导航栏目较多，就要考虑分两排甚至多排进行横向排列。

❖　内容丰富的站点可以使用框架导航，这样不管进入哪个页面都可以快速跳转到另
一个页面的栏目。

4.按钮

按钮的大小没有具体规定，制作按钮时需注意以下两点。

❖　按钮要和网页的整体效果协调，不能太抢眼。一般采用背景较淡、字体较深的颜
色，也可采用有较强对比度的颜色。

❖　对于单调的页面，可以考虑用按钮来点缀。

5.图像

图像比文本更直观和生动，它还可以传递一些文本不能传递的信息，但使用图像时应
考虑它们对网速的影响。一般照片级效果的图像可以采用 JPEG 格式，而色彩不太丰富的
图像应尽量采用 GIF 格式。

6.文本

网页内容中最主要的元素就是文本，文本编辑对网页的整体美感起着决定作用。黑色
宋体字是网页中最常用的中文字体，因为网页背景通常为白色。正文文本的大小通常为 12
像素，文本行间距通常设为 20 像素，而标题文本可设置为 14 像素或 16 像素。文本的样式
可通过对网页文本的属性进行设置修改。

文本制作的技巧如下。

❖　同版面文本样式最好在 3 种以内。

❖　文本的颜色要有别于背景，以便清楚地看到文本。

❖　每行文字的长度最好为 20～30 个中文字（40～60 个英文字母）。段落与段落间
应空一行并首行缩进，以便于阅读。

实训

利用 Photoshop 制作盟院合作专题网站的"公司介绍"子页原型（见图 2-24），并完
成以下工作。

（1）切片，将原型保存为网页文件。

（2）申请空间、域名。

（3）上传网页及相关文档。

（4）测试网站运行情况。

70年前的今天，张澜在离沪赴京前夜号召全体盟员："向共产党学习！"

2020.06.17 来源：上海民盟

第二天清晨，1949年6月18日，张澜、史良、罗隆基等迎着初露的曙光，踏上了前往北平的专列。21日，他们顺利抵达。在那里，他们将和共和国的缔造者一起协商建国大业，掀开人类历史上崭新的一页。

盟院合作专题网站
电话：0391-6621000 传真：0391-6621000 邮箱：admin@admin.com
盟院合作 版权所有

图2-24　网站子页原型

项 3 目

"太阳岛"旅游网站制作

📖 知识目标

➤ 掌握 HTML 文档结构。

➤ 掌握 HTML 常用标签。

➤ 熟悉 HTML 文本标签。

➤ 掌握 HTML 图像标记。

➤ 认识 CSS 样式表。

➤ 创建并使用 CSS 样式。

✏️ 技能目标

➤ 掌握图文混排制作方法。

3.1 项目描述及分析

随着生活水平的提高，旅游成为人们休闲、娱乐的新方式。对于一个景点来说，借助互联网无孔不入的优势宣传自己，是一种既能有效扩大其知名度和美誉度又经济、高效的方式。因此，越来越多的旅游网站建立起来，其丰富多彩的内容不仅为游客提供了了解各处景点及各家旅行社的窗口，而且也为旅行社提供了宣传推广自己、进行网上报名和网上预定的在线平台。

本项目将学习制作一个名为"太阳岛"的旅游网站，重点是编辑网站的首页及"餐饮住宿""旅游宝典"子页。

网站名称

太阳岛旅游网站

项目描述

编辑网站的首页和"餐饮住宿""旅游宝典"子页。

项目分析

❖ 旅游网站可分为景点类网站、旅行社类网站和旅游服务类网站等。不同类的网站，因其受众群体不同，因此在功能设计上有较大的差异。景点类网站，一般以介绍景点的湖光山色、典故传说、风土人情为主，辅以与游客出行相关的衣、食、住、行等资讯信息。因此，本网站可划分为"太阳岛简介""景点介绍""餐饮住宿""旅游宝典""旅游团购""地方特产""团队简介"和"联系我们"等子栏目。

❖ 旅游类网站通常要求图文并茂，以美景美文打动人心。可以选择名胜古迹、风土人情等图片素材，再配以轻松的文字解说，将景点独特的地质、人文、风景、民俗等特点展现出来，让读者未到而先闻，激发其到此一游的兴趣。而且，在主页顶部插入景点和周围的风景图，能很快吸引浏览者的注意力。

❖ 一提到旅游，很容易让人联想到森林、公园和海洋等，因此绿色和蓝色都很适合这类网站。可以用绿色作为本网站的主色调，重点突出"绿色休闲"的主题。使用户一打开该网站，就觉得心旷神怡、身心放松，有一种"天然氧吧"的感觉。

❖ 可以提供一些与游客出行密切相关的资讯信息，如当地的天气预报、交通指南、景区导游、周边风景等，这些都是游客非常关心的信息。另外，还可以提供一些其他游客的自助游或自驾游游记，作为出行建议。

项目实施过程

❖ 在首页中添加并编辑文本，添加并编辑图像，使用 CSS 样式表美化网站文本，创建"餐饮住宿"和"旅游宝典"子页面。

项目最终效果

项目最终效果如图 3-1 和图 3-2 所示。

图3-1 太阳岛网站首页效果

图3-2　"餐饮住宿"子页效果

3.2　任务 1　添加文本

　　一个网页中，虽然漂亮的图像、生动的多媒体、规范的布局和交互式的按钮能吸引人，但文本是支撑网页的基础。下面将向太阳岛旅游网站首页的"全国免费电话"和"最新动态"中添加文本并设置文本格式。

添加文本

　　"免费电话"位于网站首页 LOGO 图片的右侧，"最新动态"位于网站首页的 banner 图下方，主要由文本组成，主要用于发布太阳岛旅游景区的全国热线免费电话和一些重要的活动信息。

　　"免费电话"呈现的文字是蓝色，且文字适当放大以获得醒目的效果，并且在页面的右侧显示。"最新动态"栏，左侧为当前的日期、天气，右侧为一个蓝底白字标识的"最新动态"，后面跟上部分景区的动态新闻标题文字。

　　下面为"免费电话"和"最新动态"块添加文本，具体操作步骤如下。

　　（1）打开 HBuilder，并选择"文件"→"导入"→"从本地目录导入"命令，如图 3-3 所示，将素材文件夹导入 HBuilder 中。如图 3-4 所示，打开主页文档 index.html。

　　（2）我们可以看到页面由一些放置在"< >"内的代码组成。这些代码称为"网站源码"。找到代码<div class="logo"><img src="img/logo.jpg"></div>，在其后添加如下文字内容，如图 3-5 所示。

　　全国免费电话：400-400-4000

图3-3　导入项目

图3-4　打开主页文档

图3-5　添加文本内容

（3）找到代码 `<div class="today_wrap clearfix"> </div>`，在`</div>`之前添加如下文本内容，如图 3-6 所示。

> 今天是 2020 年 6 月 15 日　星期一　农历 闰四月廿四　　25 日　端午节　郑州　晴　39～29℃　最新动态 韩国队将参加风筝旅游节

图3-6　添加文本内容

（4）选择"运行"→"运行到浏览器"→"Chrome"命令，网页浏览效果如图 3-7 所示。

图3-7 文本添加执行效果

我们发现，文本添加后效果达不到设计要求。接下来，我们通过 HTML 标签、CSS 样式的添加来完成项目制作。

3.3 任务 2 认识 HTML

HTML 作为超文本标记语言，主要用通过一系列标签来描述网页中的文字、图像、声音、表格、链接等信息。

3.3.1 HTML 文档基本格式

使用 HBuilder 新建 html 文件会自动生成一些网页源码，如下所示：

```
<!DOCTYPE html>
<html>
    <head>
        <meta charset="utf-8">
        <title></title>
    </head>
    <body>
     <!--这是一条注释-->
    </body>
</html>
```

这些自带的源代码构成了 HTML 文档的标准模板。下面我们对该模板的结构及组成进行详细介绍。

1．<!DOCTYPE>标签

DOCTYPE 是 Document Type（文档类型）的简写，在页面中，用来指定页面所使用的 XHTML（或者 HTML）的版本。<!DOCTYPE>位于文档的最前面，不可省略。该标签可声明三种 DTD 类型，分别表示严格版本、过渡版本以及基于框架的 HTML 文档，感兴趣的读者可查阅相关资料。在 HTML5 中使用<!DOCTYPE html>声明。

2．<html>标签

<html>标签标志着 HTML 文档的开始，</ html>标签标志着 HTML 文档的结束，在它们之间的是文档的头部和主体内容。

3．<head>标签

<head>标签用于定义 HTML 文档头部信息，也称为头部标签，紧跟在<html>标签之后，主要用来封装其他位于文档头部的标签，如<title>、<meta>、<link>及<style>等。用来描述文档的标题、作者以及和其他文档的关系等。一个 HTML 文档只能含有一对<head></head>标签，绝大多数文档头部包含的数据不会作为内容显示在页面中。

4．<body>标签

<body>标签用于定义 HTML 文档所要呈现的内容。浏览器中显示的所有文本、图像、音频和视频等信息都必须位于<body>标签内。一个 HTML 文档只能包含一对<body></body>标签，且<body>标签必须在<html>内，位于<head>头部标签之后，与<head>标签是并列关系。

5．<!---->注释

<!---->是 HTML 注释语句。用来在源文档中插入一些便于阅读和理解但又不需要在页面中显示的注释文字。其基本语法格式如下：

```
<!--注释语句-->
```

3.3.2　认识 HTML 标签

在 HTML 页面中，带有"<>"符号的元素被称为 HTML 标签，如上面提到的<html>、<head>、<body>都是 HTML 标签。所谓标签就是放在"<>"标记符中表示某个功能的编码命令，也被称为 HTML 标记或 HTML 元素，本书统一称作 HTML 标签。

1．单标签和双标签

Web 页面的信息要想通过浏览器呈现出来，必须放在相应的 HTML 标签中，这样才能被浏览器正确解析。大部分的标签都是成对出现的，如<head></head>头部标签，然而也有单个出现的标签。为了方便理解，通常将 HTML 标签分为两大类，分别是"单标签""双标签"。

（1）单标签

单标签也称单标记，是指用一个标记符号即可完整地描述某个功能的标记。其基本语法格式如<标签名 / >。

例如：

<hr/>

<hr/>用于定义一条水平线。

📖 注意：单标签本身就可以描述一个功能，写成双标签显得有点儿多余。

（2）双标签

双标签由开始和结束两个标签符组成，其基本语法格式如下：

<标签名>内容< / 标签名>

该语法中"<标签名>"表示该标签的作用开始，一般称为"开始标签"（start tag），"< / 标签名>"表示该标签的作用结束，一般称为"结束标签"（end tag）。和开始标签相比，结束标签只是在前面加了一个关闭符" / "。

<title>第一个页面</title>

如这行代码，<title>表示页面标题标签的开始，而</title>表示页面标题标签的结束，它们之间便是页面标题的内容。

2．标签的属性

使用 HTML 制作网页的时候，如果想让 HTML 标签提供更多的信息，一种比较直观的方法便是给 HTML 标签添加属性。所谓的属性就是特性，比如文字的颜色、图片的尺寸等。基本语法如下。

<标签名 属性 1="属性值 1" 属性 2="属性值 2"> 内容 </标签名>

（1）标签可以拥有多个属性，必须写在开始标签中，位于标签名后面。
（2）标签名与属性，属性与属性之间均以空格分开。
（3）任何标签的属性都有默认值，省略该属性则取默认值。
（4）属性之间不分先后顺序。

📖 注意：标签中间可嵌套内容。在嵌套结构中，HTML 元素总是遵从"就近原则"，即如果进行属性定义会遵从距离最近的标签的属性。

3．文档头部相关标签

（1）页面标题<title>标签

<title>标签用于定义 HTML 页面的标题，即给网页取一个名字，必须位于<head>标记

之内。一个 HTML 文档只能含有一对<title></title>标记，<title></title>之间的内容将显示在浏览器窗口的标题栏中。其基本语法格式如下：

<title>太阳岛旅游网首页</title>

title 标签对于网站 SEO（Search Engine Optimization 网站搜索引擎优化）至关重要，标题的好坏直接影响网站的 SEO。

如图 3-8 所示，线框内显示的内容即为<title>标签设置的页面标题。

图3-8　设置页面标题

（2）meta 标签

meta 标签用来描述一个 HTML 网页文档的属性，例如作者、日期和时间、网页描述、关键词、页面刷新时间等。

下面的代码介绍常用的几组设置：

<meta charset="utf-8">

其中，规定 HTML 文档的字符编码为 utf-8。HBuilder 自动生成的 HTML5 网页标准模板便使用这个语句。常见的编码方式有以下几种。

❖　utf-8 是目前最常用的字符集编码方式，包含全世界所有国家需要用到的字符。

❖　gb2312 简单中文。

❖　BIG5 繁体中文。

<meta name="description" content="全球最大的中文搜索引擎、致力于让网民更便捷地获取信息，找到所求。百度超过千亿的中文网页数据库，可以瞬间找到相关的搜索结果。">

上述代码用于设置网页描述，百度官网的描述信息如上所示。

其他的头部标签，如<style>用于内嵌 CSS 样式、<link>标签用于引用外部文件、<script>标签用于定义客户端脚本等，这些内容我们将在后面的章节进行介绍。

3.3.3　HTML 常用标签

1．文本控制标签

文本控制标签如表 3-1 所示。

表 3-1　文本控制标签

标　签	描　述	应 用 效 果
内容一\<br /\>内容二	让文本强制换行	内容一 内容二
\<p\>段落一\</p\>\<p\>段落二\</p\>	段落标签	段落一 段落二
\<b\>内容\</b\>	加粗标签	**内容**
\<span\>内容\</span\>	需配合样式使用	内容
\<strong\>内容\</strong\>	加粗标签	**内容**
\<s\>内容\</s\>	删除线样式	~~内容~~
\<em\>内容\</em\>	强调标签，字体被加斜体效果	*内容*
\<i\>内容\</i\>	文字斜体格式	*内容*
\<hn\>标签	标题标签 n 取值为 1~6，\<h1\>最大	

2．文本样式标签

文本样式标签如表 3-2 所示。

表 3-2　文本样式标签

标　签	描　述	应 用 效 果
\<font color="#FF0000"\>设置字体红色\</font\>	设置字体颜色	设置字体红色
\<font size="3"\>设置字体大小\</font\>	设置字体大小等	设置字体大小
\<font face="黑体"\>设置字体黑体\</font\>	设置字体名称等	**设置字体黑体**

3．特殊字符标记

常用特殊字符如表 3-3 所示。

表 3-3　常用特殊字符

HTML 原代码	显 示 结 果	描　述
&lt;	<	小于号或显示标记
&gt;	>	大于号或显示标记
&amp;	&	可用于显示其他特殊字符
&quot;	"	引号
&reg;	®	注册商标
&copy;	©	版权
&trade;	™	商标
		空隔符

4．超链接

超链接是属于网页的一部分，是让网页和网页连接的元素。只有通过超链接把多个网页连接起来之后才能算得上是一个网站。在 HTML 中，使用\<a\>标签来设置超链接，语法格式如下：

<a href="网址、链接地址" target="目标" title="说明">被链接内容</a>

target 属性：该属性是用来定义在何处打开链接，常用的设置有以下两种。

❖ _blank：另起一个窗口打开新网页。

❖ _self：在当前窗口打开新的网页链接（默认）。

5. 图像标签

在 HTML 中，使用<img/>标签来定义图像，"img" 是英文单词 "image" 的缩写，有 "图像" 的意思。从技术上讲，图像并不是插入网页中，而是链接到网页中，<img>标签的作用是为被引用的图像创建占位符。<img>标签在网页中很常用，比如，引入一个 LOGO 图片、轮播图、工具图标等。只要是有图片的地方，源代码中基本都有<img>标签（除一些背景图片以外）。其标签的属性如表 3-4 所示，其基本语法格式如下：

<img src="被引用图像的地址" alt="图像的替代文本"/>

表 3-4 <img/>标签的属性

属　　性	值	描　　述
alt	文本	规定图像的替代文本
src	URL	规定显示图像的 URL
align	top bottom middle left right	不推荐使用。规定如何根据周围的文本来排列图像
border	pixels	不推荐使用。定义图像周围的边框
height	pixels %	定义图像的高度
hspace	pixels	不推荐使用。定义图像左侧和右侧的空白
vspace	pixels	不推荐使用。定义图像顶部和底部的空白
width	pixels %	设置图像的宽度

Src 属性用来设置被引用图片的地址。在 HTML 中，被引用的文件路径地址通常分为：绝对路径与相对路径。

（1）绝对路径

绝对路径就是网页上的文件或目录在硬盘上的真正路径，如 "G:/testworkspace/logo.png"，或完整的网络地址，如 "https://www.baidu.com/img/flexible/logo/pc/result.png"。网页中不推荐使用绝对路径，因为网页制作完成之后我们需要将所有的文件上传到服务器，这时图像文件可能在服务器的 C 盘，也有可能在 D 盘、E 盘，可能在 a 文件夹中，也有可能在 b 文件夹中。

（2）相对路径

相对路径就是相对于当前文件的路径，相对路径不带盘符，通常是以当前 HTML 网页文件为起点，通过层级关系描述目标图像的位置。相对路径的设置分为以下 3 种。

❖ 图像文件和 html 文件位于同一文件夹：只需输入图像文件的名称即可，如<img src="logo.png"/>。

❖ 图像文件位于 html 文件的下一级文件夹：输入文件夹名和文件名，之间用"/"隔开，如<img src="img/img1/logo. png"/>。

❖ 图像文件位于 html 文件的上一级文件夹：在文件名之前加入"../"，如果是上两级，则需要使用"../../"，以此类推，如<img src="../img/logo. png"/>。

6．div 标签

div 是英文 division 的缩写，意为"分割、区域、块"。<div>标签简单而言就是一个区块容器标签，可以将网页分割为独立的、不同的部分，以实现网页的规划和布局。<div>与</div>之间相当于一个容器，可以容纳段落、标题、表格、图像等各种网页元素，也就是说大多数 HTML 标签都可以嵌套在<div> 标签中，<div>中还可以嵌套多层<div>。后面的章节我们会做重点讲授。

📖 注意：<div>标签最大的意义在于和浮动属性 float 配合，进行网页布局，这就是常说的 DIV+CSS 网页布局。

3.4　任务 3　编辑文本

学习了 HTML 常用标签，下面我们为 3.2 中对太阳岛旅游网添加的文字进行相应的设置。

3.4.1　全国免费电话文本设置

（1）将文本放置到 span 标签中。

（2）在 span 标签内侧添加<font face="黑体" size="6" color="#4796d8"></font>标签，如图 3-9 所示。运行到浏览器的显示效果如图 3-10 所示。

图3-9　文本添加并编辑

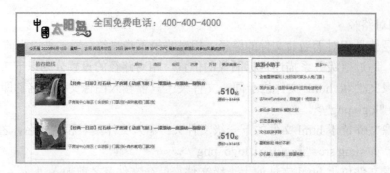

图3-10　浏览器显示效果

（3）给 span 标签添加右浮动。将文本显示到浏览器的右侧。将<span>修改为<span style="float:right">。运行到浏览器的最终显示效果如图 3-11 所示。

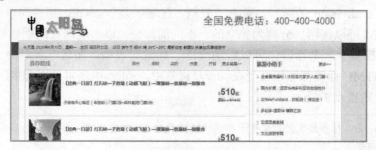

图3-11　最终显示效果

注意：我们用到了<span style="float:right">来实现文字的右浮动，其中 style="float:right"是 CSS 样式的行内式定义，将在 3.5 节进行介绍。

3.4.2　最新动态行文本编辑

（1）在<!-- 添加日期、最新动态信息开始 --><!-- 添加日期、最新动态信息结束 --> 之间添加文字：今天是 2020 年 6 月 15 日星期一农历闰四月廿四 25 日端午节郑州晴 39～29℃最新动态韩国队将参加风筝旅游节。

（2）在需要空格分隔的地方添加特殊字符" "，如图 3-12 所示。

```
<!-- 添加日期、最新动态信息开始 -->
今天是  2020年6月15日  星期一  农历  闰四月廿四  25日  端午节  郑州  晴  39～29℃最新动态  韩国队将参加风筝旅游节
<!-- 添加日期、最新动态信息结束 -->
```

图3-12　添加特殊字符

（3）在"端午节"外侧添加<b><font color="#F60"></font></b>标签，让文本突出显示。运行到浏览器后如图 3-13 所示。

图 3-13　文本突出显示

（4）给"最新动态韩国队将参加风筝旅游节"添加 标签。将最新动态文字块右对齐。

（5）"最新动态"突出显示。给最新动态四个字添加标签：<font color="#FFF">最新动态</font>。"最新动态"文本效果如图 3-14 所示。

> 注意：width:100px;height:30px;设置了文字块的宽度和高度；line-height:30px;设置了行高；
> text-align:center；设置文本水平居中对齐；background-color: #33B2E7;设置块的背景颜色；
> display:inline-block;将 width、height 属性不能生效的行内元素更改为行内块元素。

运行效果如图 3-14 所示。

图3-14　"最新动态"文本效果

3.5　任务 4　认识 CSS

前面我们提到，Web 标准是一系列标准的集合。网页主要由三部分组成：结构（Structure）、表现（Presentation）和行为（Behavior）。对应的标准也分三方面：结构化标准语言主要包括 HTML 和 XML，表现标准语言主要包括 CSS，行为标准主要包括对象模型、ECMAScript 等。3.4 节中，将表现和结构混合在一起，不符合 Web 标准。本节将简要介绍 CSS 样式。

3.5.1　认识 CSS 样式表

CSS（Cascading Style Sheet）的中文名称是"层叠样式表"或"级联样式表"，其作用主要是控制网页元素的外观显示样式。

CSS 以 HTML 为基础，提供了丰富的功能，如字体、颜色、背景控制及整体排版等，而且还可以针对不同的浏览器设置不同的样式。

1996 年 12 月 W3C 发布了第一个有关样式的标准 CSS1，又在 1998 年 5 月发布了 CSS2，目前最新的版本是 CSS3。该版本提供了更加丰富且实用的规范，如列表模块、超链接、语言模块、背景和边框、颜色、文字特效、多栏布局、动画等。

1.　在 HTML 中引入 CSS 的方式

在 HTML 中引入 CSS 的方式主要有以下 3 种。

（1）行内式

行内式是通过标签的 style 属性来设置元素的样式，3.4 节中的文本样式便是通过这种方式实现的。行内式不推荐使用，因为不能重用，且代码冗长，其基本语法格式如下：

```
<标签名 style="属性 1:属性值 1;属性 2:属性值 2;属性 3:属性值 3;">内容</标签名>
```

（2）内嵌式

内嵌式是将 CSS 代码集中写在 HTML 文档的<head>头部标签中，并且用<style>标签定义，其基本语法格式如下。内嵌式可以在当前页面重用，在学习时经常使用，实际工作中不推荐使用，因为不能多个页面共用。

```
<style>
选择器{属性 1:属性值 1;属性 2:属性值 2;属性 3:属性值 3}
</style>
```

<style>标签一般位于<head>标签中<title>标签之后，由于浏览器是从上到下解析代码的，把 CSS 代码放在头部便于提前被下载和解析。

（3）链入式

链入式是将所有的样式放在一个或多个以 css 为扩展名的外部样式表文件中，通过<link>标签将外部样式表文件链接到 HTML 文档中。链入式是使用频率最高，也最实用的引入方式。它将 HTML 代码和 CSS 代码分离为两个或多个文件，实现了结构和表现的分离，使得网页的前期制作和后期维护都十分方便。其基本语法格式如下：

```
<link href="CSS 文件的路径" type="text/css" rel="stylesheet"/>
```

该语法中，<link/>标签需要放在<head>头部标签中，并且指定<link />标签的 3 个属性，具体如下。

❖　href：定义所链接外部样式表文件的 URL，可以是相对路径，也可以是绝对路径。

❖ type：定义所链接的文档类型，"text/css"表示链接的外部文件为 css 样式表。

❖ rel：定义当前文档与被链接文档之间的关系，在这里需要指定为"stylesheet"，表示被链接的文档是一个样式表文件。

📖 注意：优先级（多种引入方式操作同一个标签，以哪个为准），行内式优先级最高；内嵌式和链入式同时存在时则遵从就近原则；标签默认效果优先级最低。

2. 认识 CSS 选择器

要想将 CSS 样式应用于特定的 HTML 元素，首先需要找到该目标元素。在 CSS 中，执行这一任务的样式规则部分被称为选择器。CSS3 中，常见的选择器如下。

（1）标签选择器

一个完整的 HTML 页面是由很多不同的标签组成，而标签选择器，是指用 HTML 标签名称作为选择器。其基本语法格式如下：

标记名{属性 1:属性值 1;属性 2:属性值 2;属性 3:属性值 3;}

如我们的项目中，有如下样式定义：

body{color:#666;font-size:12px;}

上述样式用于设置 HTML 中所有的文本默认样式为字体大小 12 像素、文字颜色为深灰色。

（2）类选择器

类选择器使用"."（英文点）进行标识，后面紧跟类名，其基本语法格式如下：

.类名{属性 1:属性值 1;属性 2:属性值 2;属性 3:属性值 3;}

该语法中，类名即为 HTML 元素的 class 属性值，大多数 HTML 元素都可以定义 class 属性。类选择器最大的优势是可以为元素对象定义单独或相同的样式。下面通过一个案例来学习类选择器的使用，具体代码如下：

```
<!DOCTYPE html>
<html>
    <head>
        <meta charset="utf-8">
        <title>类选择器</title>
        <style>
            .demoDiv{color:#FF0000;}
        </style>
    </head>
    <body>
        <div class="demoDiv">
```

```
        这个区域字体颜色为红色
        </div>
        <p class="demoDiv">
        这个段落字体颜色为红色
        </p>
    </body>
</html>
```

在案例中，对 div 和段落标签应用 class="demoDiv"，并通过类选择器设置文本的颜色为红色，运行效果如图 3-15 所示。

图3-15　类选择器的使用效果

📖 注意：类名的第一个字符不能使用数字，并且严格区分大小写。

（3）id 选择器

id 选择器使用 "#" 进行标识，后面紧跟 id 名，其基本语法格式如下：

#id 名{属性 1:属性值 1;属性 2:属性值 2;属性 3:属性值 3;}

该语法中，根据元素 id 来选择元素，具有唯一性，这意味着同一 id 在同一文档页面中只能出现一次。出于一个好的编程习惯，同一个 id 不要在页面中出现第二次。下面通过一个案例来学习 id 选择器的使用，具体代码如下，运行效果如图 3-16 所示。

```
<!DOCTYPE html>
<html>
    <head>
        <meta charset="utf-8">
        <title>类选择器</title>
        <style>
            #demoDiv{color:#FF0000;}
        </style>
    </head>
    <body>
        <div id="demoDiv">
            这个区域字体颜色为红色
```

```
            </div>
            <div>
                这个区域没有定义文字颜色
            </div>
        </body>
</html>
```

运行效果如图 3-16 所示。

图 3-16　id 选择器的使用效果

（4）通用选择器

通用选择器用*来表示，它是所有选择器中作用范围最广的，能匹配页面中的所有元素。其基本语法格式如下：

```
*{属性 1:属性值 1;属性 2:属性值 2;属性 3:属性值 3;}
```

例如下面的代码，通过使用通用选择器定义 CSS 样式，清除所有 HTML 标签的默认内外边距。

```
*{
    margin:0px;
    padding:0px;
}
```

3.5.2　创建并使用 CSS 样式优化网页源码

通常情况下，我们会将一个网站用到的 CSS 样式制作成一个 CSS 样式文件，然后在需要的网页中添加链接引入。

下面介绍在创建太阳岛旅游网站首页中文字用到的 CSS 样式。

1. 创建外部 CSS 文件

在 HBuilder 中选择"文件"→"新建"→"6.css 文件"命令，在出现的新建 CSS 文件对话框中设置文件名，如 text.css。选择保存位置，本例中保存到 CSS 文件夹下，如图 3-17 所示。

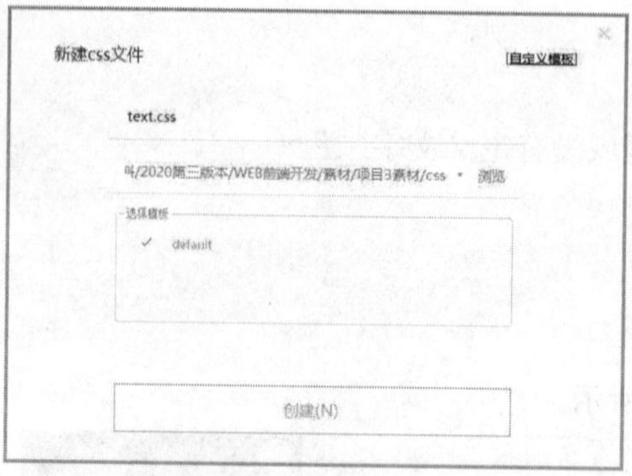

图3-17　创建CSS文件

2. 将创建的 CSS 文件引入网页中

打开 html 文件，在<head></head>标签之间，插入以下语句：

```
<link href="css/text.css" rel="stylesheet" type="text/css" />
```

3. 优化原有的文字

优化原有的文字部分代码如下：

```
<!-- 添加免费电话开始 -->
<div class="rx_line">全国免费电话：400-400-4000</div>
<!-- 添加免费电话结束 -->


    <!-- 添加日期、最新动态信息开始 -->
        <div class="today_info">
            今天是  2020 年 6 月 15 日  星期一  
农历  闰四月廿四  25 日  <b>端午节</b>  
郑州  晴  39~29℃
        </div>
        <div class="today_add">
            <span>最新动态</span>韩国队将参加风筝旅游节
            </div>
        <!-- 添加日期、最新动态信息结束 -->
```

4. 在 text.css 中定义 CSS 样式

在 text.css 中定义 CSS 样式代码如下：

```
.rx_line{
   float:right;
```

```
        height:75px;
        line-height:75px;
        font-size:30px;
        color: #4796d8;
        }
.today_info{float:left;}
.today_add{float:right;}
.today_info b{color:#f60;}
.today_add span{
        background-color:#33B2E7;
        display:inline-block;
        color:#fff;
        text-align:center;
        width:100px;
        height:30px;
        line-height:30px;
        }
```

📖 注意：.today_info b，.today_add span 为后代选择器。用来选择特定元素或元素组的后代，将父元素的选择器放在前面，子元素的选择器放在后面，中间加一个空格分开。

5. 在首页中添加 banner 图片

在<div class="banner"> </div>标签之间添加如下代码：

```
<div class="banner">
    <!-- 添加 banner 图片开始 -->
    <img src="img/banner1.jpg" alt="太阳岛大图"/>
    <!-- 添加 banner 图片结束 -->
</div>
```

6. 给最新动态文字部分添加链接

给文字部分添加链接，将原来的最新动态部分代码修改如下：

```
<div class="today_add">
    <span>最新动态</span><a href="fzly.html" target="_blank">韩国队将参加风筝旅
游节</a>
    </div>
```

首页部分基本补充完整。

3.6 任务 5 设计网站子页

网页是通过超链接的方式联系起来的。超链接就是当单击一些文字、图片或其他网页元素时，浏览器就会根据其指示载入一个新的页面或跳转到页面的其他位置。与超链接相关的一个概念是定位点（也称锚点），它指明了网页中一个确定的位置，以便进行超链接跳转定位。

下面来制作网站的二级页面——"餐饮住宿"子页面。通常，首页和二级页面的内容风格是统一的，但又各自有着不同的功能。"餐饮住宿"子页的最终效果如图 3-18 所示。

制作"餐饮住宿"子页的操作步骤如下。

（1）打开素材中的 cyzssc.html

本例中，我们只完成主体部分制作。我们先来分析下网页结构。如图 3-19 所示，主体部分分为 5 行。

图3-18 子页运行效果

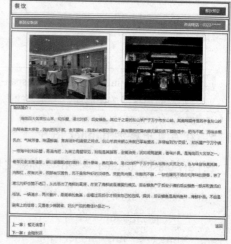

图3-19 结构分析

样式分析：主体部分每一行的文字效果都略有差异，如第一行"餐饮"两个字的字号较大，"餐饮预定"文字为白色，背景为红色等。

（2）搭建结构

在<div class="clumn_r"> </div>标签内添加 HTML 代码，具体如下：

```
        <div class="clumn_r">
        <!-- 内容开始 -->
        <div  class="cr_tit"><b>餐饮</b><span><a  href="#">餐饮预定</a></span></div>
        <div class="cr_wrap">
```

```
                <div class="cr_t"><div class="ct">新延安饭店</div> <span>咨询电
话：0323-******</span></div>
                    <div class="cr_con">
                        <div class="cr_p clearfix">
                            <ul>
                                <li><img src="img/cyxq1.jpg"/></li>
                                <li><img src="img/cyxq2.jpg"/></li>
                            </ul>
                        </div>
                        <div class="intro">
                            <p><b>饭店简介：</b></p>
                            <p style="text-indent:2em;">文字略...</p>
                        </div>
                    </div>
                </div>
                <div class="next_w clearfix">
                    <div class="next">
                        <p><b>上一家：</b> <a href="#">暂无信息！</a></p>
                        <p><b>下一家：</b> <a href="#">金隆饭店</a></p>
                    </div>
                    <div class="back"><a href="#">返回</a></div>
                </div>
                <!-- 内容结束 -->
            </div>
```

（3）控制样式

在样式表文件 common.css 中书写 CSS 样式代码。具体如下：

```
.clumn_r{border:1px solid #dddddd;border-top:2px solid #419703;width:710px;
background:#fff;float:right;}
.cr_tit{border-bottom:1px solid #ddd;height:40px;line-height:40px;}
.cr_tit b{float:left;color:#666;font-size:16px;padding-left: 15px;}
.cr_tit span{
float:right;background-color:#F44400;width:85px;height:25px;line-height:25px;text-align:
center;margin:15px 15px 0 0;
}
.cr_tit span a{color:#fff;}
.cr_wrap{padding:15px;}
.cr_t{background:#6c9f29;color:#fff;height:30px;line-height:30px;margin-bottom:15px;}
```

```
.cr_t .ct{padding-left:15px;float:left;}
.cr_t span{padding-right:15px;float:right;}
.cr_con{color:#666;}
.cr_p li{
    float:left;
}
.cr_con .cr_p img{
    width:250px;height:200px;margin-left:40px;padding:8px;border:solid 1px #ccc;border-
radius: 5px;
}
.intro{border-bottom:1px solid #ddd;padding-bottom:15px;}
.intro p{line-height:34px;}
.next_w{padding:0 15px 15px 15px;}
.next_w .next{float:left;color:#666;}
.next_w .next p{line-height:26px;height:26px;}
.back{float:right;}
```

至此，"餐饮住宿"子页面制作完毕。

3.7 知识链接——CSS 控制文本样式

1. 字体样式属性

为了更方便地控制网页中各种各样的字体，CSS 提供了一系列的字体样式属性。具体如下。

（1）font-size 属性

font-size 属性用于设置字号，该属性的值可以使用相对长度单位，也可以使用绝对长度单位，具体如表 3-5 所示。

表 3-5 CSS 长度单位

相对长度单位	说　　明
em	相对于当前对象内文本的字体尺寸
px	像素，最常用，推荐使用
绝对长度单位	说明
in	英寸
cm	厘米
mm	毫米
pt	点

（2）font-family 属性

font-family 属性用于设置字体。网页中常用的字体有宋体、微软雅黑、黑体等。可以同时指定多个字体，中间以逗号隔开，如果浏览器不支持第一种字体，则会尝试下一个。

（3）font-weight 属性

font-weight 属性用于定义字体的粗细，其属性值如表 3-6 所示。

表 3-6 font-weight 属性值

值	描　　述
normal	默认值。定义标准的字符
bold	定义粗体字符
bolder	定义更粗的字符
lighter	定义更细的字符
100～900（100 的整数倍）	定义由细到粗的字符。其中 400 等同于 normal，700 等同于 bold，值越大字体越粗

2．CSS 文本外观属性

使用 HTML 可以对文本外观进行简单的控制，但是效果并不理想。为此 CSS 提供了一系列的文本外观属性，具体如下。

（1）color：文本颜色

color 属性用于定义文本的颜色，其取值方式有如下 3 种。

❖ 预定义的颜色值，如 red、green、blue 等。

❖ 十六进制，如#FF0000、#F60 等。实际工作中，十六进制是最常用的定义颜色的方式。

❖ RGB 代码，如红色可以表示为 rgb（255,0,0）或 rgb（100%,0%,0%）。

📖 注意：十六进制颜色值是由#开头的 6 位十六进制数值组成，每 2 位为一个颜色分量，分别表示颜色的红、绿、蓝 3 个分量。当 3 个分量的 2 位十六进制数都各自相同时，可使用 CSS 缩写，例如#FF6600 可缩写为#F60。

（2）line-height：行间距

line-height 属性用于设置行间距，所谓行间距就是行与行之间的距离，即字符的垂直间距，一般称为行高。line-height 常用的属性值单位有 3 种，分别为像素 px、相对值 em 和百分比%。实际工作中使用最多的是像素 px 和相对值 em。

（3）text-decoration：文本装饰

text-decoration 属性用于设置文本的下画线、上画线、删除线等装饰效果，其可用属性值如下：

none：没有装饰（正常文本默认值）。

underline：下画线（链接文本默认值）。

Overline：上画线。

line-through：删除线。

text-decoration 后可以赋多个值，用于给文本添加多种显示效果，例如希望文字同时有下画线和删除线效果，就可以将 underline 和 line- through 同时赋给 text- decoration 。

（4）text-align：水平对齐方式

text-align 属性用于设置文本内容的水平对齐，相当于 html 中的 align 对齐属性。其可用属性值如下。

❖ Left：左对齐（默认值）。

❖ Right：右对齐。

❖ Center：居中对齐。

（5）text-indent：段落首行文字缩进

text-indent 属性用于设置段落首行文字缩进，其属性值可以为不同单位的数值、em 字符宽度的倍数、或相对于浏览器窗口宽度的百分比%。

如中文习惯中的首行缩进两个汉字，我们可以通过如下代码实现：

```
p{text-indent:2em;}
```

3.8 拓展学习——旅游类网站的设计要点

3.8.1 旅游类网站的类型

旅游网站通常提供三方面内容：一是旅游信息的汇集、传播、检索和导航，信息内容一般涉及旅游目的地、景点、旅馆、交通旅游线路和旅游常识；二是旅游产品（服务）的在线销售，网站提供旅游及其相关产品（服务）的各种优惠和折扣，包括机票、旅馆、汽车租赁服务的检索和预订等；三是个性化定制服务，即根据旅游者的特点和需求定制旅游产品，提供个性旅游线路建议等。

目前，旅游网站主要可以分为以下 4 种类型。

1. 景点类网站

景点类网站主要针对某一景点进行宣传，如山东泰山、河南少林寺、黄河小浪底等。景点类网站是由相关部门进行策划、组织宣传的一种方式，其风格主要与景点的特色文化和建筑风格等相关。如图 3-20 所示为山东泰山旅游网站首页。

2. 旅行社网站

旅行社网站主要对旅行社推出的线路、酒店等相关产品进行介绍与宣传，以吸引更多的旅游者。这类网站主要根据旅行社的 VI 设计并结合旅游的特点进行制作，如图 3-21 所示为中国国际旅行社的网站首页。

图3-20 山东泰山旅游网

图3-21　中国国际旅行社网站首页

3．户外运动俱乐部网站

户外运动俱乐部由旅游爱好者组建，不定期地组织网友进行户外运动。此类俱乐部有很多类别，比如徒步旅游、单车旅游和驾车旅游等。网站的风格自由，通常都比较有个性、时尚。如图 3-22 所示为重庆山水户外运动俱乐部网站的首页。

图3-22　重庆山水户外运动俱乐部网站的首页

4. 旅游服务类网站

旅游服务类网站为旅游者提供全方位的服务，如酒店预订、旅游线路预订、机票预订、接送服务和租车服务等，且其提供的产品通常有比较大的优惠。此类网站的制作风格类型接近于正统的商业网站，但带有旅游网站活泼、轻快的特点。如图 3-23 所示为途牛旅游网网站的首页。

图3-23　途牛旅游网网站的首页

3.8.2　旅游类网站的设计要点

一提到旅游，很容易让人联想到森林、公园和海洋等，因此绿色和蓝色都很适合旅游类网站。但网站最终风格及配色方案的确定，应与景点的特色相吻合。例如，介绍香山红叶时，也可以采用与枫叶接近的红色作为主色调。

图片是旅游网站营造气氛的重要手段，通过大量精美的风景照片和一些介绍风土人情的图片，可以让浏览者直观地感受到景点的美丽与其独特的文化底蕴，吸引其注意力，激发其前去游玩的兴趣。

除了图片，旅游网站还可以提供很多丰富的信息，如关于景点的传说典故，当地的民风民俗以及景点周边的食宿、交通等详尽信息。除此之外，还可以提供一些关于自助游的信息，如驴友日记、自驾游方案推荐等，这些资讯通常都是游客非常关注的。

另外，很多旅游网站中都使用了背景音乐，这些音乐使得视觉设计更加完美，给浏览者留下深刻的印象。

实训

1. 完成"太阳岛简介"页面的制作，文字使用默认样式，效果如图 3-24 所示。

图3-24 "太阳岛简介"页面

2. 完成"旅游宝典"页面的制作，效果如图 3-25 所示。

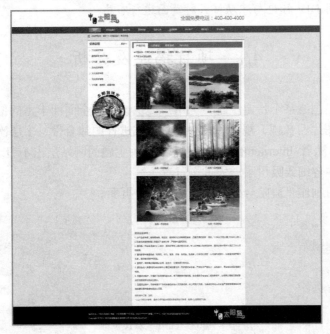

图 3-25 "旅游宝典"页面

项 **4** 目

"盟院合作" 专题网站制作

 **知识目标**

> ➢ 了解盒子模型的概念。
> ➢ 掌握盒子的相关属性。
> ➢ 掌握元素的浮动与定位。
> ➢ 掌握清除浮动的方法。

技能目标

> ➢ 能够使用 DIV 标记与浮动样式对页面进行布局。

4.1 项目描述及分析

专题网站是指围绕某个特定主题，为用户提供该主题全面而丰富的信息资源的网站，可以综合文字、图片、音频、视频等多种信息形式进行的综合性、多层次、多角度的信息汇总和集中报道。随着 Internet 的普及与发展，各种主题的网站层出不穷，其中专题网站由于其主题明确、内容细致吸引了一大批浏览者。

本项目将学习制作"盟院合作"专题网站的首页面。

网站名称

盟院合作专题网站

项目描述

编辑网站的首页。

项目分析

❖ 首先要明确网站的主题。网站主题是"盟院合作"。"盟院合作"是河南省探索高等职业教育的新品牌和新模式，即以济源职业技术学院为主体，以 N 个民盟企业为支撑，调动各级民盟组织和社会力量支持地方高职院校发展的崭新模式。为此,学院专门建设了盟院合作专题网站,用于宣传盟院合作的职教发展模式。

❖ "盟院合作网站"首页面从上到下可以分为 3 个模块,页眉模块、主体模块和页脚模块。

❖ 由于是专题类网站,网站主题已明确,因此网站的整体风格简洁大方、层次清晰。选用蓝、白等比较有科技感的颜色作为网站的主色调,在信息资源的组织上以方便教师、学生或科研工作者使用为原则,信息资源的选择上力求丰富、多样、实用性强。

❖ 本项目采用 DIV+CSS 技术进行页面的设计和制作。DIV+CSS 是一种符合 Web 标准的布局方式。

项目实施过程

❖ 进行页面布局分析,确定其 DIV 结构,然后编写首页的 HTML 代码,再分别编写各部分的代码,并为每部分设置相应的 CSS 样式。

项目最终效果

项目最终效果如图 4-1 所示。

图4-1 "盟院合作"专题网站首页最终效果

4.2 任务 1 认识盒子模型

盒子模型是网页布局的基础,只有掌握了盒子模型的各种规律和特征,才可以更好地控制网页中各个元素所呈现的效果。

日常生活中，我们经常要用到盒子（或箱子）。盒子有一定厚度（即有"边框"属性），盒子中要装东西（即有"内容"属性）；为防止盒子中的东西破损，通常要添加泡沫塑料、报纸等填充物（即有"填充"属性）；多个盒子摆放时，不同盒子间应预留一定的空隙，以保持通风和取放方便（即有"边界"属性）。

所谓盒子模型就是把 HTML 页面中的元素看作是一个矩形的盒子，也就是一个盛装内容的容器。每个矩形都由元素的内容（content）、填充即内边距（padding）、边框（border）和边界即外边距（margin）组成。其中填充、边框和边界都包含上下左右 4 个方向，如图 4-2 所示。

图4-2　CSS盒子模型

熟悉了盒子模型的概念，接下来就对盒子模型的相关属性进行详细讲解。

4.3　盒子模型相关属性

4.3.1　盒子边框属性

为了分割页面中不同的盒子，常常需要给元素设置边框效果。在 CSS 中边框属性包括边框样式属性（border-style）、边框宽度属性（border-width）、边框颜色属性（border-color）。

1. 设置边框样式

边框样式（border-style）用于定义页面中边框的风格，常用属性值如下。

❖　none：没有边框。
❖　solid：边框为单实线。
❖　dashed：边框为虚线。
❖　dotted：边框为点线。
❖　double：边框为双实线。

使用 border-style 属性综合设置四边样式时，必须按上右下左的顺时针顺序，省略时采用值复制的原则，即一个值为四边，两个值为上下/左右，三个值为上/左右/下。如 border-top-style：上边框样式。

下面通过一个案例对边框样式属性进行演示，具体代码如下：

```
<!DOCTYPE html>
<html>
    <head>
    <meta charset="utf-8">
    <title>设置边框样式</title>
    <style type="text/css">
    h2{border-style:solid;}                    /*4 条边框相同——单实线*/
```

```
        .one{border-style:dotted double;}          /*上下为点线左右为双实线*/
        .two{border-style:dashed dotted solid;}     /*上虚线、左右点线、下实线*/
            </style>
        </head>
        <body>
        <h2>边框为单实线</h2>
        <p class="one">上下边框为点线，左右边框为双实线</p>
        <p class="two">上边框虚线、左右边框点线、下边框实线</p>
        </body>
        </html>
```

运行案例代码，效果如图 4-3 所示。图 4-3 所示的就是盒子分别指定单实线、双实线、单实线、虚线、点线后的边框效果。

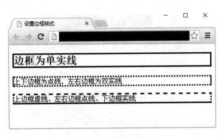

图4-3 边框样式效果

2. 设置边框宽度

设置边框宽度（border-width）的方法如下。

❖ border-top-width：上边框宽度。

❖ border-right-width：右边框宽度。

❖ border-bottom-width：下边框宽度。

❖ border-left-width：左边框宽度。

❖ border- width：上边框宽度 [右边框宽度 下边框宽度 左边框宽度]。

综合设置四边宽度必须按上右下左的顺时针顺序采用值复制，即一个值为四边，两个值为上下/左右，三个值为上/左右/下。

下面通过一个案例对边框宽度属性进行演示，具体代码如下：

```
<!DOCTYPE html>
<html>
    <head>
        <meta charset="utf-8">
        <title>设置边框宽度</title>
        <style type="text/css">
```

```
        p{
            border-style: solid;
            border-width:5px 1px 1px;
            }
        </style>
    </head>
    <body>
        <p>边框宽度：上 5px，下左右 1px，边框样式：单实线</p>
    </body>
</html>
```

运行后效果如图 4-4 所示。

图4-4 设置边框宽度

3. 设置边框颜色

设置边框颜色（border-color）的方法如下。

❖ border-top-color：上边框颜色。

❖ border-right-color：右边框颜色。

❖ border-bottom-color：下边框颜色。

❖ border-left-color：左边框颜色。

❖ border-color：上边框颜色[右边框颜色 下边框颜色 左边框颜色]。

其取值可为预定义的颜色值、#十六进制、rgb（r,g,b）或 rgb（r%,g%,b%），实际工作中最常用的是#十六进制。

边框的默认颜色为元素本身的文本颜色，对于没有文本的元素，例如只包含图像的表格，其默认边框颜色为父元素的文本颜色。

综合设置四边样式时，必须按上右下左的顺时针顺序，省略时采用值复制的原则，即一个值为四边，两个值为上下/左右，三个值为上/左右/下。

下面通过一个案例对边框颜色属性的设置进行演示，具体代码如下：

```
<!DOCTYPE html>
<html>
    <head>
        <meta charset="utf-8">
        <title>设置边框颜色</title>
```

```
<style type="text/css">
p{
    border-style:solid;              /* 综合设置边框样式 */
    border-color:#ccc #ff0000;       /*设置边框颜色*/
}
</style>
</head>
<body>
<p>设置边框颜色</p>
</body>
</html>
```

运行后效果如图 4-5 所示。

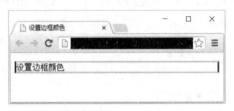

图4-5　设置边框颜色

4.3.2　内边距属性

内边距指的是元素内容与边框之间的距离，也常常称为内填充。在 CSS 中，padding 属性用于设置内边距，其相关设置方法如下。

❖　padding-top：上内边距。

❖　padding-right：右内边距。

❖　padding-bottom：下内边距。

❖　padding-left：左内边距。

❖　padding：上内边距[右内边距　下内边距　左内边距]。

在上面的设置中，padding 相关属性的取值可为 auto 自动（默认值）、不同单位的数值、相对于父元素（或浏览器）宽度的百分比%，实际工作中最常用的是像素值 px，不允许使用负值。

同边框相关属性一样，使用复合属性 padding 定义内边距时，必须按上右下左的顺时针顺序采用值复制：一个值为四边、两个值为上下/左右，3 个值为上/左右/下。

接下来通过案例演示元素内边距的设置方法，具体代码如下：

```
<!DOCTYPE html>
<html>
    <head>
```

```
<meta charset="utf-8">
<title>设置内边距</title>
<style type="text/css">
.border{border:5px solid #F60;}        /*为图像和段落设置边框*/
img{
    padding:80px;                      /*图像 4 个方向内边距相同*/
    padding-bottom:0;                  /*单独设置下内边距*/
    }                                  /*上面两行代码等价于 padding:80px 80px 0;*/
p{padding:5%;}                         /*段落内边距为父元素宽度的 5%*/
</style>
</head>
<body>
<img class="border" src="images/pic2.png" alt="2016 课程马上升级" />
<p class="border">段落内边距为父元素宽度的 5%。</p>
</body>
</html>
```

运行案例代码，效果如图 4-6 所示。

图4-6　设置内边距

4.3.3　外边距属性

外边距指的是元素边框与相邻元素之间的距离。在 CSS 中 margin 属性用于设置外边距，设置方法如下。

❖　margin-top：上外边距。

❖　margin-right：右外边距。

❖　margin-bottom：下外边距。

❖　margin-left：左外边距。

❖　margin：上外边距 [右外边距　下外边距　左外边距]。

margin 相关属性的值，以及复合属性 margin 取 1~4 个值的情况与 padding 相同。外边距可以使用负值，使相邻元素重叠。

下面通过一个案例来演示外边距属性的用法和效果，具体代码如下：

```
<!DOCTYPE html>
<html>
    <head>
        <meta charset="utf-8">
        <title>设置外边距</title>
        <style type="text/css">
        *{
            padding:0;
            margin:0;
        }
        img{
            width:300px;
            border:5px solid red;
            float:left;              /*设置图像左浮动*/
            margin-right:50px;       /*设置图像的右外边距*/
            margin-left:30px;        /*设置图像的左外边距*/
        }                            /*上面两行代码等价于 margin:0 50px 0 30px;*/
        p{
            font-size:14px;
            line-height:26px;
            text-indent:2em;
        }
        </style>
    </head>
    <body>
        <img src="images/pic3.png" alt="2016 全新优化升级课程" />
        <p>
        前端开发工程师（或者说"网页制作""网页制作工程师""前端制作工程
师""网站重构工程师"），这样的一个职位的主要职责是与交互设计师、视觉设计师协
作，根据设计图用 HTML 和 CSS 完成页面制作。同时，在此基础之上，对完成的页面进行
维护和对网站前端性能做相应的优化。
        </p>
    </body>
</html>
```

运行案例代码，效果如图 4-7 所示。

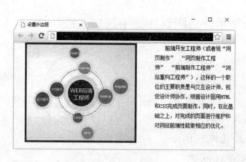

图4-7　设置外边距

4.3.4　背景属性

在网页中，合理使用背景图像会给读者留下深刻的印象，因此在网页设计中，合理控制背景颜色和背景图像至关重要。

（1）设置背景颜色

设置背景颜色需通过 background-color 属性实现。可使用预定义的颜色、十六进制 #RRGGBB、RGB 代码 rgb（r,g,b），默认为 transparent 透明。

（2）设置背景图像

在 CSS 中，不仅可以将网页元素的背景设置为某一种颜色，还可以将图像作为网页元素的背景，通过 background-image 属性实现。

接下来通过案例演示元素背景图像的设置方法，具体代码如下：

```
<!DOCTYPE html>
<html>
    <head>
        <meta charset="utf-8">
        <title>设置背景图像</title>
        <style type="text/css">
            body{
                    background-color:#CCC;
                    background-image:url(images/bj01.gif);
                    }
        </style>
    </head>
    <body>
    <h2>设置页面背景图像</h2>
</body>
</html>
```

运行案例代码，效果如图 4-8 所示。

图4-8　设置网页元素的背景图像

在图 4-8 中，背景图像自动沿着水平和竖直两个方向平铺，充满整个网页，并且覆盖了<body>的背景颜色。

（3）设置背景图像平铺

默认情况下，背景图像会自动向水平和竖直两个方向平铺。如果不希望背景图像平铺，或者只沿着一个方向平铺，可以通过 background-repeat 属性来控制，具体使用方法如下。

❖　repeat：沿水平和竖直两个方向平铺（默认值）。

❖　no-repeat：不平铺（图像位于元素的左上角，只显示一次）。

❖　repeat-x：只沿水平方向平铺。

❖　repeat-y：只沿竖直方向平铺。

例如，希望上面例子中的图像只沿着水平方向平铺，可以将 CSS 代码更改如下：

```
body{
        background-color:#CCC;                    /*设置网页的背景颜色*/
        background-image:url (images/bj01.gif);    /*设置网页的背景图像*/
        background-repeat：repeat-x；              /*设置网页图像的平铺*/
    }
```

（4）设置背景图像的位置

如果希望背景图像出现在指定位置，就需要另一个 CSS 属性—background-position 设置背景图像的位置。

在 CSS 中，background-position 属性的值通常设置为两个，中间用空格隔开，用于定义背景图像的元素在水平和垂直方向的坐标，例如"right bottom"。background-position 属性默认为"0 0"或"top left"，即背景图像位于元素的左上角。

例如可以把案例中 CSS 代码更改如下：

```
body{
        background-image:url (images/bj01.gif);    /*设置网页的背景图像*/
        background-repeat:no-repeat;               /*设置网页图像不平铺*/
        background-position:50px 80px;             /*用像素控制背景图像的位置*/

    }
```

保存 HTML 页面，运行案例代码，效果如图 4-9 所示。

图4-9　控制背景图像的位置

4.3.5　盒子的宽与高

网页是由多个盒子排列而成的，每个盒子都有固定的大小，在 CSS 中使用宽度属性 width 和高度属性 height 可以对盒子的大小进行控制。

下面通过案例演示 width 和 height 属性的使用，具体代码如下：

```
<!DOCTYPE html>
  <html>
    <head>
        <meta charset="utf-8">
<title>盒子模型的宽度与高度</title>
<style type="text/css">
div{
    width:200px;
    Height:50px;
    padding:20px;
    border:10px solid red;
    margin:10px;
    }
</style>
</head>
<body>
<div>盒子模型的宽度与高度</div>
</body>
</html>
```

运行以上代码，效果如图 4-10 所示。

图4-10　控制盒子的宽度与高度

在上例中，盒子的实际宽度为：10px+10px+20px+200px+20px+10px+10px=280px。高度同理。

CSS 规范的盒子模型的总宽度和总高度的计算原则：

盒子的总宽度 ＝width＋左右内边距之和＋左右边框宽度之和＋左右外边距

盒子的总高度 ＝height＋上下内边距之和＋上下边框宽度之和＋上下外边距

注意：宽度属性 width 和高度属性 height 仅适用于块级元素，对行内元素无效。

4.4　浮动与定位

4.4.1　元素的浮动

1. 定义浮动

在 CSS 中，通过 float 属性来定义浮动，其基本语法格式如下：

选择器{float:属性值;}

在上面的语法中，常用的 float 属性值有 3 个，分别表示不同的含义，具体如下。

❖　left：元素向左浮动。

❖　right：元素向右浮动。

❖　none：元素不浮动（默认值）。

下面通过一个案例来学习 float 属性的用法，具体代码如下：

```
<!DOCTYPE html>
<html>
    <head>
        <meta charset="utf-8">
        <title>浮动的应用</title>
        <style type="text/css">
        .one{
            width:100px;
            height:100px;
            background:pink;
```

```
            }
        .two{
            width:150px;
            height:150px;
            background:red;
        }
        .three{
            width:200px;
            height:200px;
            background:blue;
        }
        </style>
        </head>
        <body>
        <div class="one"></div>
        <div class="two"></div>
        <div class="three"></div>
        </body>
        </html>
```

运行案例代码，效果如图 4-11 所示。

图 4-11 为未添加浮动属性前的布局样式，三个盒子依次由上而下排列。接下来，修改第一个盒子的样式代码，为其添加左浮动样式，具体代码如下：

```
float: left;
```

保存 HTML 文件后，刷新页面，效果如图 4-12 所示。

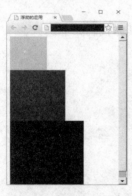 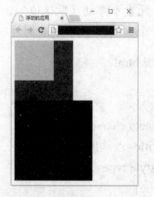

图4-11 浮动的应用1   图4-12 浮动的应用2

在图 4-12 中可以看出，由于第一个盒子设置了左浮动样式，因此使其脱离标准文档流，其后的元素会自动向上流，直到上边缘与第一个盒子重合。

接下来为第二个盒子和第三个盒子的样式添加如下代码：

float: left;

保存 HTML 文件后，刷新页面，效果如图 4-13 所示。

如图 4-13 所示的效果与预期效果有所不同，第三个盒子没有移动到第二个盒子的右侧，原因是第二个盒子右侧所预留的空间不能够满足第三个盒子的宽度，此时，浮动的盒子会自动换行到下方显示。调整浏览器窗口的宽度后，效果如图 4-14 所示。三个盒子在同一行显示，且依次从左向右排列。

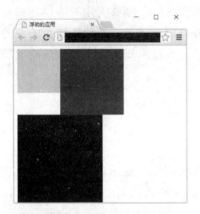

图4-13　浮动的应用3

图4-14　浮动的应用4

float 的另一个属性值 "right" 在网页布局时也会经常用到，它与 "left" 属性值的用法相同但方向相反。

2. 清除浮动

在 CSS 中，clear 属性用于清除浮动，其基本语法格式如下：

选择器{clear:属性值;}

在上面的语法中，clear 属性的常用值有 3 个，分别表示不同的含义，具体如下。

❖ left：不允许左侧有浮动元素（清除左侧浮动的影响）。
❖ right：不允许右侧有浮动元素（清除右侧浮动的影响）。
❖ both：同时清除左右两侧浮动的影响。

下面总结了常用的三种清除浮动的方法。

（1）只清除左侧浮动的影响

下面通过一个案例来学习 clear 属性的用法，具体代码如下：

```
<!DOCTYPE html>
<html>
    <head>
        <meta charset="utf-8">
```

```
          <title>清除浮动的应用</title>
          <style type="text/css">
          div{float:left;}
          </style>
          </head>
          <body>
          <div><img src="images/yjx.jpg"/></div>
          <p>依托于安防领域丰富的设计及实施经验，业界领先的技术研发优势，畅思
网络作为一个专业从事安防设备研究及生产的设备供应商，能够为用户提供各种从简单到
高效集成的安防解决方案。在原有网络产品和服务供应基础上，不断拓展新的业务发展领
域，畅思网络组建了一支具有丰富安防产品背景和专业技术知识完善的高素质安防研发队
伍，成功研制出技术领先的安防产品。</p>
          </body>
          </html>
```

运行案例代码，效果如图 4-15 所示。

由于为<div>设置了左浮动，因此，段落标记会围绕图片显示。如果想让段落文本不受浮动的影响，则需通过清除浮动实现，为<p>标记添加样式代码，具体如下：

```
P{clear:left;}
```

保存 HTML 文件后，刷新页面，效果如图 4-16 所示。

图4-15　左侧浮动效果图　　　　　　图4-16　清除左侧浮动效果

📖 注意：清除浮动永远是针对浮动元素后面的那个元素来说的。

（2）只清除右侧浮动的影响

在上述案例的<style></style>之间添加如下代码：

```
<style type="text/css">
    div{float:right;}
</style>
```

保存网页后运行得到如图 4-17 所示的效果。

由于为<div>设置了右浮动，因此，段落标记会围绕图片显示。如果想让段落文本不受浮动的影响，则为<p>标记添加如下的样式代码：

P{clear:right;}

保存 HTML 文件后，刷新页面，效果如图 4-18 所示。

图4-17　右侧浮动效果

图4-18　清除右侧浮动后的效果

（3）同时清除左右两侧浮动的影响

下面通过一个案例来演示同时清除左右两侧浮动的方法，具体代码如下：

```
<!DOCTYPE html>
<html>
    <head>
        <meta charset="utf-8">
        <title>左右两侧同时清除浮动</title>
        <style type="text/css">
        .one,.two,.three{
            float:left;
            width:100px;
            height:100px;
            margin:10px;
            background: pink;
        }
        .box{
            border:1px solid #ccc;
            background: green;
        }
        </style>
        </head>
        <body>
        <div>
```

```
<div class="box">
    <div class="one">div1</div>
    <div class="two">div2</div>
    <div class="three">div3</div>
    <p>我是p标记我是p标记我是p标记我是p标记我是p标记我是p标记</p>
</div>
</div>
</body>
</html>
```

运行案例代码，效果如图 4-19 所示。

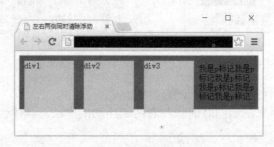

图4-19 未清除浮动时的效果

为<p>标记添加如下的样式代码：

P{clear:both;}

保存 HTML 文件后，刷新页面，效果如图 4-20 所示。

图4-20 清除左右两侧浮动后的效果

3．overflow 属性

overflow 属性是 CSS 中的重要属性。除了用于清除浮动之外，当盒子内的元素超出盒子自身的大小时，用于定义溢出内容的显示方式。其基本语法格式如下：

选择器{overflow:属性值;}

在上面的语法中，overflow 属性的常用值有 visible（默认）、hidden、auto 和 scroll 4 个。

（1）"overflow:visible;"样式

设置"overflow:visible;"样式后，盒子溢出的内容不会被修剪，而呈现在元素框之外。下面通过案例来演示 overflow:visible;"属性的用法，具体代码如下：

```html
<!DOCTYPE html>
<html>
    <head>
        <meta charset="utf-8">
        <title>overflow 属性</title>
        <style type="text/css">
            div{
                margin-top:10px;
                margin-left:10px;
                width:400px;
                height:100px;
                background-color:pink;
                overflow:visible;
            }
        </style>
    </head>
    <body>
        <div>
            <p>超出设定的高度之后的内容显示</p>
            <p>超出设定的高度之后的内容显示</p>
            <p>超出设定的高度之后的内容显示</p>
            <p>超出设定的高度之后的内容显示</p>
            <p>超出设定的高度之后的内容显示</p>
        </div>
    </body>
</html>
```

运行案例代码，效果如图 4-21 所示。

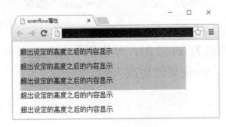

图4-21　定义"overflow:visible;"样式效果

93

由图 4-21 可见，里面的内容超出了盒子指定的高度，盒子溢出的内容不会被修剪，而呈现在元素框之外。"overflow:visible;"为默认样式。

（2）"overflow:hidden;"样式

设置"overflow:hidden;"样式后，盒子溢出的内容将会被修剪且不可见。

在案例中把 div 样式 overflow 属性更改为如下代码：

```
overflow:hidden;
```

保存文件，运行效果如图 4-22 所示。

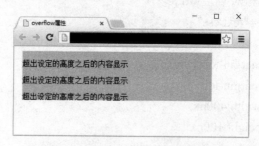

图4-22　定义"overflow:hidden;"效果

（3）"overflow:auto;"样式

设置"overflow:auto;"样式后，元素框能够自适应其内容的多少，在内容溢出时，产生滚动条；否则，不产生滚动条。

在案例中把 div 样式 overflow 属性更改为如下代码：

```
overflow:auto;
```

保存文件，运行效果如图 4-23 所示。定义"overflow:auto;"效果后，在内容溢出时，产生滚动条；反之，不产生滚动条。

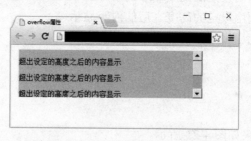

图4-23　定义"overflow:auto;"效果

（4）"overflow:scroll;"样式

当定义 overflow 的属性值为 scroll 时，元素框中会产生水平和竖直方向的滚动条。

在案例中把 div 样式 overflow 属性更改为如下代码：

```
overflow:scroll;
```

保存文件，运行效果如图 4-24 所示。

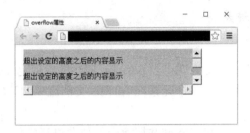

图4-24   定义"overflow:scroll;"效果

与"overflow:auto;"不同，当定义"overflow:scroll;"时，不论元素是否溢出，元素框中的水平和竖直方向滚动条都始终存在。

4.4.2   元素的定位

浮动布局虽然灵活，但是无法对元素的位置进行精确地控制。在 CSS 中，通过 CSS定位可以实现网页元素的精确定位。

1. 元素的定位属性

元素的定位属性主要包括定位模式和边偏移两部分。

（1）定位模式

在 CSS 中，position 属性用于定义元素的定位模式，其基本语法格式如下：

选择器{position:属性值;}

在上面的语法中，position 属性的常用值有 4 个，分别表示不同的定位模式，具体如下。

❖　static：自动定位（默认定位方式）。

❖　relative：相对定位，相对于其原文档流的位置进行定位。

❖　absolute：绝对定位，相对于其上一个已经定位的父元素进行定位。

❖　fixed：固定定位，相对于浏览器窗口进行定位。

（2）边偏移

通过边偏移属性 top、bottom、left 或 right，来精确定义定位元素的位置，其取值为不同单位的数值或百分比，具体如下。

❖　top：顶端偏移量，定义元素相对于其父元素上边线的距离。

❖　bottom：底部偏移量，定义元素相对于其父元素下边线的距离。

❖　left：左侧偏移量，定义元素相对于其父元素左边线的距离。

❖　right：右侧偏移量，定义元素相对于其父元素右边线的距离。

所有有 position:absolute、relative、fixed 的元素，都能够用 top、right、bottom、left 四个属性来进行定位，但参考点不一样。

两两一组，如：top、left / bottom、right。

2. 常见的几种定位模式

（1）静态定位

静态定位是元素的默认定位方式，当 position 属性的取值为 static 时，可以将元素定位于静态位置。所谓静态位置就是各个元素在 HTML 文档流中默认的位置。

（2）相对定位

相对定位是将元素相对于它在标准文档流中的位置进行定位，当 position 属性的取值为 relative 时，可以将元素定位于相对位置其格式如下：

```
position:relative;
```

下面通过一个案例来演示相对定位的方法和效果，具体代码如下：

```
<!DOCTYPE html>
<html>
    <head>
        <meta charset="utf-8">
        <title>相对定位的应用</title>
        <style type="text/css">
        div{
            width:100px;
            height:50px;
            background: pink;
            margin-bottom: 10px;
        }
        .div1{
            position: relative;
            left: 150px;
            top:100px;
        }
        </style>
        </head>
        <body>
        <div class="div1">div1</div>
        <div class="div2">div2</div>
        <div class="div3">div3</div>
        </body>
        </html>
```

运行案例代码，效果如图 4-25 所示。

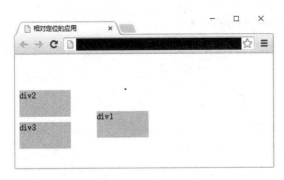

图4-25　相对定位效果

在图 4-25 中，div1 相对于其自身的默认位置进行偏移，但是它在文档流中的位置仍然保留。

（3）绝对定位

绝对定位是将元素依据最近的、已经定位（绝对、固定或相对定位）的父元素进行定位，若所有父元素都没有定位，则依据 body 根元素（浏览器窗口）进行定位。

当 position 属性的取值为 absolute 时，可以将元素的定位模式设置为绝对定位，格式如下：

```
position:absolute;
```

下面通过一个案例来演示相对定位的方法和效果，具体代码如下：

```
<!DOCTYPE html>
<html>
    <head>
        <meta charset="utf-8">
        <title>绝对定位的应用</title>
        <style type="text/css">
        .father{
            margin:0 auto;
            width:300px;
            height:200px;
            background:yellow;
            position:relative;
            left:0;
            top:0;
        }
        .div1,.div2,.div3{
            width:100px;
            height:50px;
```

```
                background: pink;
                margin-bottom: 10px;
            }
            .div1{
                position: absolute;
                left:150px;
                top:100px;
            }
        </style>
</head>
<body>
<div class="father">
    <div class="div1">div1</div>
    <div class="div2">div2</div>
    <div class="div3">div3</div>
</div>
</body>
</html>
```

运行案例代码，效果如图 4-26 所示。

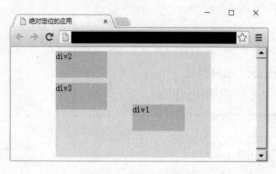

图4-26　绝对定位效果

在图 4-26 中，设置为绝对定位的元素 div1 依据其父盒子进行绝对定位。并且，div2占据了 div1 的位置。此时，无论如何拖曳浏览器窗口，div1 相对父盒子的位置都不会变化。

（4）固定定位

固定定位是绝对定位的一种特殊形式，它以浏览器窗口作为参照物来定义网页元素。当 position 属性的取值为 fixed 时，即可将元素的定位模式设置为固定定位。格式如下：

position:fixed;

当对元素设置固定定位后，它将脱离标准文档流的控制，始终依据浏览器窗口来定义自己的显示位置。

（5）z-index 层叠等级属性

z-index 层叠等级属性是给已经定位了的元素设置叠放次序的。

在 CSS 中，要想调整重叠定位元素的堆叠顺序，可以对定位元素应用 z-index 层叠等级属性，其取值可为正整数、负整数和 0。z-index 的默认属性值是 0，取值越大，定位元素在层叠元素中越居上。格式如下：

z-index:序列号；

注意：z-index 属性仅对定位元素生效。

4.5 项 目 制 作

下面来制作"盟院合作专题网站"的首页面。

4.5.1 页面布局及定义基础样式

1. 页面布局

"盟院合作专题网站"首页面整体上分为头部、中部和尾部 3 个大盒子，即"页眉"模块、"主体"模块、"页脚"模块三部分。页眉主要包括网站的 LOGO、导航条部分，中间是主体部分，包括一个 banner 图，今日关注、主要内容 3 部分。页脚则提供了网站的版权信息，如图 4-27 所示。

图4-27 "盟院合作专题网站"首页布局

页面中的各个模块居中显示，宽度为 1200px，因此，页面的版心为 1200px，另外，页面中的所有字体均为微软雅黑，字体大小为 14px。

打开 HBuilder，并选择"文件"→"导入"→"从本地目录导入"命令，将素材文件夹导入 HBuilder 中。并在该目录（书中为 ch4 目录）下新建主页文档 index.html。

然后使用\<div\>标记对页面进行布局，具体代码如下：

```
<!DOCTYPE html>
<html>
<head>
<meta charset="utf-8" />
<title>盟院合作专题网站</title>
</head>
<body>
<div class="head"></div>          /*定义页眉的 LOGO */
<div class="nav"></div>           /*定义页眉的导航 */
<div id="banner"></div>          /*定义主体的 banner */
<div class="hot"> </div>          /*定义主体的热点 */
<div class="cont"></div>          /*定义主体内容*/
<div class="foot"></div>          /*定义页脚 */
</body>
</html>
```

2. 定义基础样式

在站点根目录下的 css 文件夹内新建样式表文件 index.css，使用链入式 CSS 在 index.html 文件中引入样式表文件，具体代码如下：

```
* {
    margin: 0;
    padding: 0;
    list-style: none;
    text-decoration: none;
    font-family: "Microsoft YaHei";
    color:#666;
    font-size: 14px;
}
.clearfix{
    zoom: 1;
    clear: both;
```

```
}
.clearfix:after, .clearfix:before{
    display: table;
    content: "";
}
.clearfix:after{
    clear: both;
}
a {
    color: #3C3C3C;
    font-size: 14px;
    font-family: "微软雅黑";
}
```

4.5.2 页眉制作

页眉部分主要包括网站的 LOGO、导航条。

1. 搭建结构

（1）LOGO 部分制作

打开目录 ch4 下的 index.html 文件。在其代码<div class="head"> </div>之间插入如下代码：

```
<div class="jz"> <a href="#" class="l p_sj"><img src="./img/index_01.jpg" alt="盟院合作专题网站"></a>
    <div class="fw r">深化合作  办出特色  打造品牌</div>
 </div>
```

（2）导航条部分制作

打开目录 ch4 下的 index.html 文件。在其代码<div class="nav"> </div>之间插入如下代码：

```
<div class="jz">
    <ul class="nav_main">
        <li class="yiji_li"> <a class="wh_wbd" href="#">网站首页</a> </li>
        <li class="yiji_li"> <a class="wh_wbd" href="#">通知公告</a> </li>
        <li class="yiji_li"> <a class="wh_wbd" href="#">政策法规</a></li>
        <li class="yiji_li"> <a class="wh_wbd" href="#">合作概况</a></li>
        <li class="yiji_li"> <a class="wh_wbd" href="#">盟院要闻</a></li>
```

```
<li class="yiji_li"> <a class="wh_wbd" href="#">盟院资讯</a></li>
<li class="yiji_li"> <a class="wh_wbd" href="#">史笔春秋</a></li>
<li class="yiji_li"> <a class="wh_wbd" href=#">联系我们</a> </li>
</ul>
</div>
```

2. 控制样式

在 css 目录下打开样式表文件 index.css，在文件中书写页眉模块各个部分对应的 CSS
样式代码，具体如下：

```css
.jz {
    width: 1200px;
    margin: 0 auto;
}
.l {
    float: left;
}
.r {
    float: right;
}
.head {
    width: 100%;
    height: 120px;
    background: #fff;
    position: relative;
    z-index: 999;
}
.head .jz .p_sj {
    display: block;
    width: 354px;
    height: 120px;
    line-height: 120px;
}
.head .jz .fw {
    width: 567px;
    height: 120px;
    font-family: "微软雅黑";
    font-size: 30px;
```

```
        line-height: 120px;
        font-weight: bold;
        color: #4796d8;
        text-align: right;
}
.nav {
        height: 50px;
        width: 100%;
        background: #108DEE;
        position: relative;
        z-index: 998;
}
.nav_main li {
        float: left;
        border: 1px solid #2899F0;
        border-top: none;
        border-bottom: none;
}
.nav_main li.yiji_li:hover {
        top: 50px;
        transition: 0.6s 0.1s top ease;
}
.nav_main li a{
        display: block;
        height: 50px;
        line-height: 50px;
        width: 131px;
        text-align: center;
        color: #fff;
        background: #108DEE;
        transition: 0.3s 0.1s background ease;
}
.nav_main li a:hover {
        background: #1286DB;
        transition: 0.3s 0.1s background ease;
}
```

在 index1.html 文件的<head></head>部分引入样式表文件 index.css，具体代码如下：

```
<link rel="stylesheet"  href="./css/index.css">
```

保存文件，选择"运行"→"运行到浏览器"→"Chrome"命令，页眉部分显示效果如图4-28所示。

图4-28　页眉部分显示效果

4.5.3　"主体"模块制作

主体部分主要包括一幅 banner 图片、热点部分和主要内容。主要内容又分为盟院快讯、盟院讲堂、盟院资讯和友情链接四大模块。

1. 搭建结构

（1）banner 部分制作

打开目录 ch4 下的 index.html 文件。在其代码<div id="banner"> </div>之间插入如下代码：

```
<img src="img/banner1.jpg"  alt="...">
<div id="banner_text">深化合作 办出特色 打造品牌</div>
```

（2）今日关注部分制作

打开目录 ch4 下的 index.html 文件。在其代码<div class="hot"> </div>之间插入如下代码：

```
<div class="jz">
        <div class="hot_gz l"> 今日关注  <span>2020-06-17</span> </div>
        <div class="hot_news">
        <div  class="h_bt">70 年前的今天，张澜在离沪赴京前夜号召全体盟员："向
共产党学习！</div>
        <div>1949 年 6 月 18 日，张澜、史良、罗隆基等在沪民盟中央领导人，应中
共中央之邀启程赴北平参加新政协筹备会。在 17 日出发前夜，民盟上海市支部假座清华同
学会，由支部主委彭文应主持……</p>  </div>
        </div>
</div>
```

（3）"盟院快讯"模块的制作

主要内容部分由于篇幅所限，这里只详细讲解"盟院快讯"模块。

"盟院快讯"模块由最外层 class 为 jz 的大盒子整体控制。其内部包含 2 个小盒子，用于存储图片和文本信息。

打开目录 ch4 下的 index.html 文件。在其代码<div class="cont"> </div>之间插入如下代码：

```
<div class="jz">
        <div class="c_bka l">
        <img src="img/1-lg.jpg"   alt="..."/>
        <div class="c_bka_t">
            学院与河南科技大学开展盟院合作对接
        </div>
        </div>
        <div class="c_bkb l">


            <ul class="c_bkb_top clearfix">
                <li class="active"><a href="#">盟院快讯</a></li>
                <li><a href="#">合作动态</a></li>
                <li><a href="#">盟院要闻</a></li>
            </ul>
            <div class="c_bk_t">
                <ul>
                    <li> <a href="#">艺术设计系召开盟院合作工作推进会</a>
<span class="r">2019-09-18</span> </li>
                    <li> <a  href="#">教育艺术系与郑州师范学院深入洽谈盟
院合作工</a> <span class="r">2019-09-18</span> </li>
                    <li> <a  href="#">经济管理系赴河南财经政法大学会计学
院进行盟</a> <span class="r">2019-09-18</span> </li>
                    <li> <a  href="#">经济管理系召开会计专业人才培养方案
专家论证</a> <span class="r">2019-09-18</span> </li>
                    <li> <a href="#">艺术设计系"盟院合作"禹州行</a> <span
class="r">2019-09-18</span> </li>
                    <li> <a  href="#">经济管理系举办盟院合作会计专业对口
帮扶研讨</a> <span class="r">2019-09-18</span> </li>
                    <li> <a  href="#">经济管理系举办盟院合作会计专业对口
帮扶研讨</a> <span class="r">2019-09-18</span> </li>
                </ul>
            </div>
        </div>
    </div>
```

2．控制样式

在 css 目录下打开样式表文件 index.css，在文件中书写 CSS 样式代码，具体如下：

```
#banner img
{
    border: 0px;
    width: 100%;
}
#banner_text
{
    position: absolute;
    z-index: 3;
    right: 40%;
    bottom:180px;
    font-size: 45px;
    color: #fff;
    text-align: center;
    font-weight: bold;
    text-shadow: 1px 2px 2px #000;
}
.hot {
    height: 115px;
    background: #F5F5F5;
    margin-bottom:10px;
}
.hot .hot_gz {
    width: 130px;
    font-size: 25px;
    text-align: center;
    line-height: 40px;
    padding-top: 20px;
    color: #077EDF;
    font-weight: bold;
    float: left;
}
.hot .hot_gz span {
    width: 100px;
    display: block;
```

```
        height: 27px;
        background: #077EDF;
        color: #fff;
        text-align: center;
        line-height: 27px;
        -Webkit-border-radius: 3px;
        font-size: 12px;
        font-weight: normal;
        margin-left: 15px;
}
.hot .hot_news {
        overflow: hidden;
        width: 800px;
        padding-top: 22px;
        padding-left: 60px;
}
.hot .hot_news .h_bt {
        display: block;
        font-size: 18px;
        height: 40px;
        line-height: 40px;
        font-weight: bold;
}
.cont {
        margin-top: 20px;
        overflow: hidden;
}
.cont .c_bka {
        height: 325px;
        width: 520px;
        border: 1px solid #E4E4E4;
        float:left;
        padding:5px;
        position:relative;
}
.c_bka img{
        width:520px;
}
```

```css
.c_bka .c_bka_t{
    position:absolute;
    left:5px;
    right:0px;
    bottom:0px;
    height:40px;
    line-height:40px;
    width:520px;
    text-align:center;
    color:#fff;
    background-color: rgba (0,0,0,0.5);
}
.c_bka .c_bka_t a{
    color:#fff;
}
.c_bkb{
    width:600px;
    margin-left:20px;
}
.c_bkb_top{
    margin-bottom:10px;
}
.c_bkb_top   .active{
    background-color:#108DEE ;
}
.c_bkb_top   .active a{
    color:#fff;
}
.c_bkb_top li{
    width:200px;
    height:40px;
    line-height:40px;
    text-align: center;
    float:left;
    border-radius: 5px;
}
.c_bk_t li {
    height: 40px;
```

```
        line-height: 40px;
        border-bottom: 1px dashed #F5F5F5;
        background: url ("./img/index_08.jpg") no-repeat left center;
        padding-left: 20px;
    }
.cont .c_bkb {
        margin-top: 20px;
        overflow: hidden;
    }
```

保存文件，选择"运行"→"运行到浏览器"→"Chrome"命令，效果如图 4-29 所示。

图4-29　主体模块部分显示效果

主体部分的其他模块读者可在实训操作中练习。由于篇幅所限，这里不再详解。

4.5.4　页脚制作

页脚部分主要包括网站的导航和版权信息。结构相对简单。

1. 搭建结构

打开目录 ch4 下的 index.html 文件。在其代码<div class="foot"> </div>之间插入如下代码：

```
<div class="jz">
    <div class="foot_1">
        <ul class="dbdh">
        <li><a href="#">通知公告</a></li><li><a href="#">政策法规</a></li><li><a
href="#">合作概况</a></li><li><a href="#">盟院要闻</a></li><li><a href="#">盟院资讯
</a></li><li><a href="#">盟院讲堂</a></li><li><a href="#">联系我们</a></li>
        </ul>
    </div>
```

```
    <div class="ewm">
        <img src="./img/index_51.jpg"   alt="二维码">
        <div  class="lxwm"> 盟院合作专题网站<br/>电话：0391-6621000<br/>传真：
0391-6621000<br/>邮箱：admin@admin.com<br/>地址：济源市济源大道 88 号   </div>
    </div>
    <div  class="dbxx  clearfix">Copyright © 2004-2019 ****职业技术学院 版权所有
<ahref="http://www.dede58.com/" target="_blank">Power by DeDe58</a>       备案号：豫 ICP
备 12022503 号 </div>
    </div>
```

2. 控制样式

在 css 目录下打开样式表文件 index.css，在文件中添加页脚部分的 CSS 样式代码，具
体如下：

```
.foot {
    width: 100%;
    height: 220px;
    background-color:rgba (8,42,88,0.5);
    padding-top: 20px;
}
.foot_1 {
    height: 40px;
    line-height: 40px;
    overflow: hidden;
}
.dbdh li {
    float: left;
    padding-right:100px;
}
.dbdh li a {
    color: #fff;
}
.ewm {
    margin-top:20px;
    padding-left:100px;
}
.ewm img {
    width:120px;
```

```
        float:left;
    }
.ewm .lxwm {
        float: left;
        padding-left: 40px;
        font-size: 16px;
        font-family: "Microsoft YaHei";
        color: #fff;
        height: 30px;
        display: block;
        width:400px;
        text-align:center;
    }
.dbxx {
        font-size: 14px;
        color: #fff;
        padding-top:20px;
        text-align:center;
    }
.dbxx a {
        color: #fff;

    }
```

保存 index.html 与 index.css 文件，选择"运行"→"运行到浏览器"→"Chrome"命令，页脚部分显示效果如图 4-30 所示。

图4-30   页脚显示效果

至此，"盟院合作专题网站"首页面制作完毕。

4.6   知识链接——补充 CSS 选择器

一个网页可能包含成千上万的元素，如果仅使用 CSS 基础选择器，不可能很好地组织页面样式。为此 CSS 提供了几种复合选择器，实现了更强、更方便的选择功能。

111

1. CSS 复合选择器

复合选择器是由两个或多个基础选择器，通过不同的方式组合而成的，具体如下。

（1）交集选择器

交集选择器（标签指定式选择器），由两个选择器构成，其中第一个为标记选择器，第二个为 class 选择器或 id 选择器，两个选择器之间不能有空格，如 h3.special 或 p#one。其表示形式为

标签名.class 名　　　或　　　　标签名#id 名

（2）并集选择器

并集选择器（逗号选择器）是各个选择器通过逗号连接而成的，任何形式的选择器都可以作为并集选择器的一部分。若某些选择器定义的样式完全或部分相同，可利用并集选择器为它们定义相同的样式，代码如下：

h2,h3,p{font-size:18px;}

（3）后代选择器

后代选择器（包含选择器）用来选择元素或元素组的后代，其写法就是把外层标记写在前面，内层标记写在后面，中间用空格分隔。当标记发生嵌套时，内层标记就成为外层标记的后代，代码如下：

P strong{color:red;font-size:18px;}

2. CSS 层叠性、继承性与优先级

（1）CSS 层叠性

所谓层叠性是指多种 CSS 样式的叠加。CSS 全称是 Cascading StyleSheet（层叠式样式表），其中的层叠就是指层叠性。

（2）CSS 继承性

所谓继承性是指编写 CSS 样式表时，一旦父标记被设定，那么它的子标记、孙子标记……都会自动地继承这个属性。

能够被继承的属性有：color、font（集合属性）、font-family（设置字体的）、font-size、font-weight、text-decoration、text-indent、list-style。

注意：并不是所有的 CSS 属性都可以继承。例如边框属性、内边距属性、外边距属性、元素宽高属性、背景属性、定位属性、布局属性都不具有继承性。

（3）优先级

所谓优先级是指在定义 CSS 样式时，经常出现两个或更多规则应用在同一元素上，这时就会出现优先级的问题。其实 CSS 为每一种基础选择器都分配了一个权重，其中，标记选择器具有权重 1，类选择器具有权重 10，id 选择器具有权重 100。这样 id 选择器就具有

最大的优先级。

层叠时优先级的顺序：行内样式>id 选择器>class 选择器>标签选择器

4.7 拓展学习——专题网站制作的设计要点

1. 专题网站的类型

（1）事件类专题网站

事件类专题以报道新近发生的重大新闻事实为主要内容，着重于对报道主题的延伸性挖掘，需要及时添加、更新大量的新闻事实，追踪整个事件的发展态势，同时提供大量的背景材料佐证事件的意义，满足受众获取信息的需求。如图 4-31 所示为新华网"抗击新冠肺炎疫情"专题网首页。

图4-31 新华网"抗击新冠肺炎疫情"专题网首页

（2）主题类专题网站

主题类专题网站一般源于可预见的主题，如某个人或事件，是能够展示主题内容及其发展面貌，并对用户提供可操作性策略的网站。主题类专题网站的内容涵盖时政、国际、军事、教育、娱乐等众多领域。如图 4-32 所示为新浪网娱乐专题网站首页。

图4-32 新浪网娱乐专题网站首页

113

（3）资讯服务类专题网站

资讯服务类专题网站一般围绕特定主题以向网民提供具有指导性的实用信息为主，具有较强的传播知识与提供服务的功能，如投资理财类专题、旅游类专题、导购类专题等都属于此类。如图4-33所示为搜狐网清凉夏日用车宝典专题网。

图4-33　搜狐网清凉夏日用车宝典专题网

2．专题网站的设计要点

专题网站的设计应注意以下几个方面。

（1）主题选择

主题选择是设计专题网站的第一步，也是至关重要的一步，一个适当主题，需要设计者对社会需注、时代发展以及主题大小、知识结构、难易、程序、受关注程度等因素进行综合的考虑、分析所选主题的意义。

（2）网站内容

专题网站的内容应强调融合性，能对某一主题作较全面、详尽、深入的反映，内容组织上更为精细和集中。

（3）页面设计

专题网站的页面设计要从"便于阅读"和"突出美感"两方面入手。首先要结构清晰、层次分明；其次要注意整体风格和印象，通过色彩和亮度等元素的搭配使用，形成网页的层次。

实训

1．根据书中提供的素材，使用DIV+CSS完成主体部分"盟院讲堂"模块的制作，效果如图4-34所示。

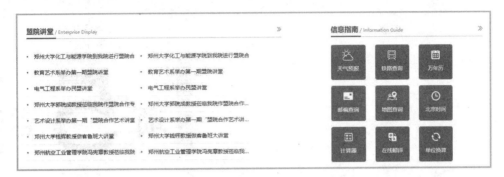

图4-34 "盟院讲堂"模块效果

2．根据书中提供的素材，使用 DIV+CSS 完成"盟院资讯"和"友情链接"模块的制作，效果如图 4-35 所示。

图4-35 "盟院资讯"和"友情链接"模块效果

115

项 5 目

"艾上乐品" 服装网站制作

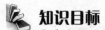
知识目标

➢ 掌握无序列表、有序列表及定义列表。
➢ 掌握列表的嵌套。
➢ 熟悉列表样式的控制。
➢ 掌握表格相关标记及属性。
➢ 掌握 CSS 控制表格样式。

技能目标

➢ 能够运用 CSS 控制列表样式。

5.1　项目描述及分析

时尚是人们对美的一种判断，所以以"时尚"为主题的网站在设计上必须体现出一种整体的美感，在页面配色、布局设计以及素材的甄选上都需要特别注意。

本项目将学习制作一个名为"艾上乐品"的时尚服装网站首页面。

网站名称

"艾上乐品"服装网站

项目描述

编辑网站的首页。

项目分析

❖ "艾上乐品"服装网专注于时尚搭配，因此网站的整体风格优雅、简洁、时尚。页面背景为浅橙色，用大量的图片显示增强网站的视觉效果。

❖ 页面布局采用较经典的"三"字型结构，页面整体上分为"导航"模块、"主体"模块、"版权信息"模块三部分。其中,主体模块又可以分为"banner"模块、"精品展示"模块、"潮流穿搭"模块三部分。

❖ 页面"导航"模块和"版权信息"模块通栏显示,主体模块宽 980px 且居中显示。

项目实施过程

❖ 通过应用列表来布局页面,应用 CSS 样式来控制列表,并使用超链接标记链接子页面。

项目最终效果

项目的最终效果如图 5-1 所示。

图5-1　"艾上乐品"服装网站首页效果

5.2　任务 1　列表标记及嵌套

为了使网页更易读,我们经常需要将网页信息以列表的形式呈现。HTML 语言提供了 3 种常用的列表,分别为无序列表、有序列表和定义列表,下面将对这 3 种列表进行详细的讲解。

5.2.1　列表标记

1. 无序列表 ul

无序列表是网页中最常用的列表,之所以称为"无序列表",是因为其各个列表项之间没有顺序级别之分,通常是并列的。定义无序列表的基本语法格式如下:

```
<ul>
    <li>列表项 1</li>
```

117

```
        <li>列表项 2</li>
        <li>列表项 3</li>
            …
</ul>
```

下面通过一个案例来演示无序列表的使用，具体代码如下：

```
<!DOCTYPE html>
<html>
    <head>
        <meta charset="utf-8">
        <title>无序列表</title>
        </head>
        <body>
        <h2>信息工程系</h2>
        <ul>                            <!--对 ul 应用 type=circle-->
            <li>计算机网络</li>
            <li>计算机应用</li>
            <li>平面设计</li>
        </ul>
        </body>
        </html>
```

在上面的代码中，<ul></ul>标记用于定义无序列表，<li></li>标记嵌套在<ul></ul>标记中，用于描述具体的列表项，每对<ul></ul>中至少应包含一对<li></li>。

运行案例代码，效果如图 5-2 所示。

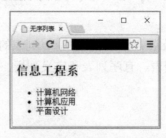

图5-2　无序列表效果展示

图 5-2 中，无序列表默认的列表项目符号为"●"。

在无序列表中 type 属性的常用值有 3 个，它们呈现的效果如下：

❖　disc（默认样式）：显示"●"。

❖　circle：显示"○"。

❖　square：显示"■"。

注意：<ul></ul>中只能嵌套<li></li>，<li>与</li>之间相当于一个容器，可以嵌套其他元素。

2. 有序列表 ol

有序列表即为有排列顺序的列表，其各个列表项按照一定的顺序排列。定义有序列表的基本语法格式如下：

```
<ol>
    <li>列表项 1</li>
    <li>列表项 2</li>
    <li>列表项 3</li>
        …
</ol>
```

下面通过一个案例来演示无序列表的使用，具体代码如下：

```
<!DOCTYPE html>
<html>
    <head>
        <meta charset="utf-8">
        <title>有序列表</title>
    </head>
    <body>
        <h2>最新电影排行榜</h2>
        <ol>
            <li>美人鱼</li>
            <li>寻龙诀</li>
            <li>老炮儿</li>
        </ol>
    </body>
</html>
```

运行案例代码，效果如图 5-3 所示。

图5-3 有序列表效果

从图 5-3 中可以看出，有序列表默认的列表项目符号为数字，并且按照"1. 2. 3. …"的顺序排列。

> 注意：有序列表 ol 和列表项 li 拥有 type、start 和 value 属性，不赞成使用，一般通过 CSS 样式
> 属性替代，读者了解即可。

3. 定义列表 dl

定义列表常用于对术语或名词进行解释和描述，与无序和有序列表不同，定义列表的列表项前没有任何项目符号。定义列表的基本语法格式如下：

```
<dl>
    <dt>名词 1</dt>
    <dd>名词 1 解释 1</dd>
    <dd>名词 1 解释 2</dd>
        …
<dt>名词 2</dt>
    <dd>名词 2 解释 1</dd>
    <dd>名词 2 解释 2</dd>
        …
 </dl>
```

在上面的语法中，<dl></dl>标记用于指定定义列表，<dt></dt>和<dd></dd>并列嵌套于<dl></dl>中，其中，<dt></dt>标记用于指定术语名词，<dd></dd>标记用于对名词进行解释和描述。

一对<dt></dt>可以对应多对<dd></dd>，即可以对一个名词进行多项解释。

下面通过一个案例来演示无序列表的使用，具体代码如下：

```
<!DOCTYPE html>
<html>
    <head>
        <meta charset="utf-8">
        <title>定义列表</title>
        </head>
        <body>
        <dl>
            <dt>计算机</dt>              <!--定义术语名词-->
            <dd>用于大型运算</dd>         <!--解释和描述名词-->
            <dd>可以上网冲浪</dd>
            <dd>工作效率高</dd>
        </dl>
```

```
    </body>
    </html>
```

运行案例代码，效果如图 5-4 所示。

在网页设计中，定义列表常用于实现图文混排效果，其中<dt></dt>标记中插入图片，<dd></dd>标记中放入对图片解释说明的文字。例如，下面的"艺术设计"模块就是通过定义列表来实现的，其 HTML 结构如图 5-5 所示。

图5-4 定义列表效果   图5-5 图文混排结构

5.2.2 列表的嵌套

在网上购物商城中浏览商品时，经常会看到某一类商品被分为若干小类，这些小类通常还包含若干的子类，要想在列表项中定义子列表项就需要将列表进行嵌套。

下面通过一个案例来演示列表的嵌套，具体代码如下：

```
<!DOCTYPE html>
<html>
    <head>
        <meta charset="utf-8">
        <title>列表嵌套</title>
    </head>
    <body>
    <h2>服装</h2>
    <ul>
        <li>男装
            <ol>                          <!--有序列表的嵌套-->
                <li>衬衫</li>
                <li>西服</li>
            </ol>
        </li>
        <li>女装
            <ul>                          <!--无序列表的嵌套-->
                <li>连衣裙</li>
```

121

```
            <li>打底衫</li>
        </ul>
    </li>
</ul>
```

运行案例代码，效果如图 5-6 所示。

图 5-6　列表嵌套

5.3　任务 2　CSS 控制列表样式

定义无序或有序列表时，可以通过标记的属性控制列表的项目符号，但是这种方式实现的效果并不理想，这时就需要用到 CSS 中一系列的列表样式属性。下面对这些属性进行详细的讲解。

1．list-style 复合属性

使用 list-style 复合属性设置列表样式的语法格式如下：

list-style:列表项目符号 列表项目符号的位置 列表项目图像;

使用 list-style 复合属性时，通常按上面语法格式中顺序书写，各个样式之间以空格隔开，不需要的样式可以省略。但在实际网页制作过程中，为了更高效地控制列表项目符号，通常将 list-style 的属性值定义为 none，然后通过为<li>设置背景图像的方式实现不同的列表项目符号。

2．背景图像定义列表项目符号

由于列表样式对列表项目图像的控制能力不强，所以实际工作中常通过为<li>设置背景图像的方式实现列表项目图像。

下面通过一个案例来演示背景属性定义列表项目符号的使用，具体代码如下：

```
<!DOCTYPE html>
<html>
    <head>
```

```
<meta charset="utf-8">
<title>背景属性定义列表项目符号</title>
<style type="text/css">
li{
        list-style:none;                           /*清除列表的默认样式*/
        height:26px;
        line-height:26px;
        background:url(images/book.png) no-repeat left center;
                                                    /*为 li 设置背景图像 */
        padding-left:25px;
}
</style>
</head>
<body>
<h2>传智播客原创教材</h2>
<ul>
        <li>Photoshop CS6 图像设计案例教程</li>
        <li>网页设计与制作（HTML+CSS）</li>
        <li>PHP 网站开发实例教程</li>
        <li>C 语言开发入门教程</li>
</ul>
</body>
</html>
```

运行案例代码，效果如图 5-7 所示。

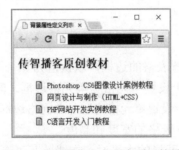

图5-7　背景图像定义列表项目符号

在案例代码中，定义了一个无序列表，其中通过使用"list-style:none;"属性清除列表的默认显示样式，通过为<li>设置背景图像的方式来定义列表项目符号。

在图 5-7 所示的页面中，每个列表项前都添加了列表项目图像，如果需要调整列表项目图像只需更改<li>的背景属性即可。

5.4 任务 3 认识表格标记

为了使网页中的元素有条理地显示，也需要使用表格对网页进行规划。

5.4.1 表格标记

1．创建表格

创建表格的基本语法格式如下：

```
<table>
    <tr>
        <td>单元格内的文字</td>
        …
    </tr>
    …
</table>
```

对上述语法的具体解释如下。

❖ <table></table>：用于定义一个表格。

❖ <tr></tr>：用于定义表格中的一行，必须嵌套在<table></table>标记中，在 <table></table>中包含几对<tr></tr>，就表示该表格有几行。

❖ <td></td>：用于定义表格中的单元格，必须嵌套在<tr></tr>标记中，一对<tr></tr> 中包含几对<td></td>，就表示该行中有多少列（或多少个单元格）。

2．<table>相关标记的属性

（1）<table>标记

❖ border 属性：用于设置表格的边框，默认值为 0。

❖ cellspacing 属性：用于设置单元格与单元格边框之间的空白间距，默认为 2px。

❖ cellpadding 属性：用于设置单元格内容与单元格边框之间的空白间距，默认为 1px。

❖ width 与 height 属性：表格的宽度和高度。

❖ align 属性：用于定义元素的水平对齐方式，其可选属性值为 left、center、right。

❖ bgcolor 属性：用于设置表格的背景颜色。

❖ background 属性：用于设置表格的背景图像。

（2）<tr>标记

通过对<table>标记应用各种属性，可以控制表格的整体显示样式，但是制作网页时，有时需要表格中的某一行特殊显示，这时就可以为行标记<tr>定义属性，其常用属性如下。

- ❖ height：设置行高度，常用属性值为像素值。
- ❖ align：设置一行内容的水平对齐方式，常用属性值为 left、center、right。
- ❖ valign：设置一行内容的垂直对齐方式，常用属性值为 top、middle、bottom。
- ❖ bgcolor：设置行背景颜色，预定义的颜色值、十六进制#RGB、rgb（r,g,b）。
- ❖ background：设置行背景图像，url 地址。

（3）<td>标记

- ❖ width：设置单元格的宽度。
- ❖ height：设置单元格的高度。
- ❖ align：设置单元格内容的水平对齐方式。
- ❖ valign：设置单元格内容的垂直对齐方式。
- ❖ bgcolor：设置单元格的背景颜色。
- ❖ background：设置单元格的背景图像。
- ❖ colspan：设置单元格横跨的列数（用于合并水平方向的单元格）。
- ❖ rowspan：设置单元格竖跨的行数（用于合并竖直方向的单元格）。

（4）<th>标记

设置表头非常简单，只需用表头标记<th></th>替代相应的单元格标记<td></td>即可。
下面通过一个案例来演示表格及其相关标记属性的使用，具体代码如下：

```
<!DOCTYPE html>
<html>
    <head>
        <meta charset="utf-8">
        <title>表格相关属性</title>
        </head>
        <body>
        <table border="1" width="300" height="200" align="center">
            <tr height="60" align="center" valign="middle" bgcolor="yellow">
                <th>学校名称</th>
                <th colspan="2">南京市希望小学</th>
            </tr>
            <tr align="center">
                <td>年级</td>
                <td>科目</td>
                <td>平均分数</td>
            </tr>
            <tr align="center">
                <td rowspan="3">二年级</td>
                <td>语文</td>
```

```
            <td>80</td>
        </tr>
        <tr align="center">
            <td>数学</td>
            <td>89</td>
        </tr>
        <tr align="center">
            <td>英语</td>
            <td>86</td>
        </tr>
    </table>
    </body>
    </html>
```

运行案例代码，效果如图 5-8 所示。

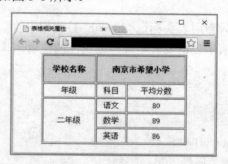

图5-8 表格相关属性效果

5.4.2 CSS 控制表格样式

下面通过制作"流行商品比价表"来讲解如何用 CSS 控制表格的样式。

1. CSS 控制表格边框样式

"流行商品比价表"的基本结构代码如下：

```
<!DOCTYPE html>
<html>
    <head>
        <meta charset="utf-8">
        <title>CSS 控制表格边框样式</title>
            <style type="text/css">
                table{
                    width:400px;
```

```
                    height:150px;
                    border:1px solid #F00;           /*设置 table 的边框*/
                    }
            </style>
        </head>
        <body>
            <table>
                <caption>2018—2020 年流行商品比价表</caption>
                <tr>
                    <th>商品名称</th>
                    <th>2018 年</th>
                    <th>2019 年</th>
                    <th>2020 年</th>
                </tr>
                <tr>
                    <td>时尚眼镜</td>
                    <td>220.00</td>
                    <td>230.00</td>
                    <td>260.00</td>
                </tr>
                <tr>
                    <td>流行女包</td>
                    <td>550.00</td>
                    <td>700.00</td>
                    <td>660.00</td>
                </tr>
                <tr>
                    <td>运动女鞋</td>
                    <td>580.00</td>
                    <td>480.00</td>
                    <td>500.00</td>
                </tr>
            </table>
        </body>
    </html>
```

运行案例代码，效果如图 5-9 所示。

从代码可以看出，虽然通过 CSS 设置了表格的边框样式，但是单元格并没有添加任何边框效果。所以，在设置表格的边框时，还要给单元格单独设置相应的边框，在 CSS 样式中添加如下代码：

td,th{border:1px solid #F00;}　　　　　　　　　　/*为单元格单独设置边框*/

保存文件，刷新网页，效果如图 5-10 所示。

图5-9　未用CSS控制表格时的网页

图5-10　CSS控制表格边框效果1

去掉单元格之间的空白距离，制作细线边框效果，在 table 样式中添加如下代码：

border-collapse:collapse;

保存文件，运行效果如图 5-11 所示。

2. CSS 控制单元格边距

设置单元格内容与边框之间的距离，可以对<td>标记应用内边距样式属性 padding 和外边距 margin 样式，在"流行商品比价表"CSS 样式中加入如下代码：

td{padding-left:20px;}

保存文件，运行效果如图 5-12 所示。

图5-11　CSS控制表格边框效果2　　　　　图5-12　CSS控制单元格边距效果

3. CSS 控制单元格宽高

通过<td>标记的 width 属性和 height 属性可以设置单元格的宽度和高度。例如下面的语句可以设置单元格的宽度和高度：

td{width:100px;height:30px;}

5.5　项　目　制　作

下面来制作"艾上乐品"服装网站的首页面。

5.5.1　页面布局及定义基础样式

1.　页面布局分析

"艾上乐品"服装网站的首页面，整体上分为头部、中部和尾部 3 个大盒子，即"导航"模块、"主体"模块、"版权信息"模块三部分。其中，主体模块又可以分为 banner 模块、"精品展示"模块、"潮流穿搭"模块三部分，如图 5-13 所示。

图5-13　"艾上乐品"服装网首页布局

打开 HBuilder，并选择"文件"→"导入"→"从本地目录导入"命令，将素材文件夹导入到 HBuilder 中。并在该目录（书中为 ch5 目录）下新建主页文档 index.html。

然后使用<div>标记对页面进行布局，具体代码如下：

```
<!DOCTYPE html>
<html>
<head>
<meta charset="utf-8">
<title>艾上乐品时尚服装网</title>
</head>
<body>
```

```
<div id="header">
</div>
<div id="content">
</div>
<div id="footer">
</div>
</body>
</html>
```

在上述代码中，定义了 class 为 header、content 和 footer 的三对<div>来分别搭建"导航"模块、"主体"模块和"版权信息"模块的结构，将页面整体上分为三部分。

2. 定义基础样式

在站点根目录下的 CSS 文件夹内新建样式表文件 style01.css，使用链入式 CSS 在 index.html 文件中引入样式表文件：

```
<link href="css/style01.css" type="text/css" rel="stylesheet" />
```

然后定义页面的基础样式，具体如下：

```
/*重置浏览器的默认样式*/
*{margin:0; padding:0;list-style: none;}
/*全局控制*/
body{background:#fff9ed; font-family:"微软雅黑"; font-size:14px; }
a:link,a:visited{ text-decoration:none; color:#fff; font-size:16px;}
```

5.5.2 制作"头部"导航模块

1. 搭建结构

在 index.html 文件内<div id="header"></div>标签之间添加如下代码：

```
<ul class="nav">
        <li class="logo"><img src="images/logo.png" /></li>
        <li><a href="#">艾上乐品</a></li>
        <li><a href="#">明星着装</a></li>
        <li><a href="#">新品速递</a></li>
        <li><a href="#">时尚搭配</a></li>
        <li><a href="#">联系我们</a></li>
    </ul>
```

定义 id 为 header 的<div>来搭建导航的整体结构。另外，使用无序列表<ul>整体定义"导航"模块，并通过<li>搭建导航中各个子栏目的结构。此外，通过超链接标记<a>来设置点击导航链接时的跳转地址。

2. 控制样式

在样式表文件 style01.css 中书写 CSS 样式代码，用于控制"导航"模块，具体如下：

```css
#header{
    width:100%;
    height:90px;
    background:url (../images/head_bg.jpg) repeat-x;
    border-bottom:3px solid #d5d5d5;
}
.nav{
    width:980px;
    margin:0 auto;
    }
li{float:left;}
li a{
    display:inline-block;
    height:91px;
    width:119px;
    text-align:center;
    line-height:70px;
    }
li a:hover{background:url (../images/xuanfu.png) center center;}
```

保存 style01.css 样式文件，运行文件 index.html 效果如图 5-14 所示。

图5-14　"导航"模块效果

5.5.3　制作 banner 模块和"精品展示"模块

1. 搭建结构

在 index.html 文件中，<div id="content"></div>标记之间书写 banner 模块和"精品展示"模块的 HTML 代码，具体如下：

```html
<div class="banner"><img src="images/banner.jpg" /></div>
```

```
<div class="style_bg">
    <div class="style">
        <dl>
            <dt class="left1"></dt><dd class="left2"><a href="#">艾上乐品</a></dd>
            <dt class="left3"></dt><dd class="left4"><a href="#">时尚达人</a></dd>
        </dl>
        <dl>
        <dt class="center1"></dt><dd class="center2"><a href="#">流行搭配</a></dd>
        <dt class="center3"></dt><dd class="center4"><a href="#">精选秀场</a></dd>
        </dl>
        <dl class="third">
            <dt class="right1"></dt><dd class="right2"><a href="#">时尚街拍</a></dd>
        </dl>
    </div>
</div>
```

在上述代码中，分别定义了 class 为 banner、style_bg 的两对<div>，来搭建 banner 模块和"精品展示"模块的结构。使用三对<dl>标记来定义"精品展示"模块中的左、中、右三部分。最后，通过定义 id 为 content 的大盒子，整体控制"主体"模块的结构。

2. 控制样式

在样式表文件 style01.css 中书写 CSS 样式代码，用于控制 banner 模块和"精品展示"模块，具体如下：

```css
#content{
    width:980px;
    margin:0 auto;
}
.style_bg{
    width:908px;
    height:330px;
    background:#f7a007;
    padding:10px 36px 5px;
}
.style{
    width:892px;
    height:314px;
    background:#fff;
    padding:8px 10px 8px 6px;
```

```
    }
.style dl{
    width:279px;
    height:313px;
    float:left;
    margin-left:4px;
}
.style .third{width:322px;}
.style dt,.style dd{float:left;}
.style .left1,.style .left3,.style .center1,.style .center3{width:162px;}
.style .left2,.style .left4,.style .center2,.style .center4,.style .right2{width:117px;}
.style .left1,.style .left2,.style .center1,.style .center2{ margin-bottom:8px;}
.style .left1{
    height:169px;
    background:url (../images/pic1.jpg) no-repeat;
}
.style .left2{
    height:169px;
    line-height:169px;
}
.style .left3{
    height:137px;
    background:url (../images/pic2.jpg) no-repeat;
    }
.style .left4{
    height:137px;
    line-height:137px;
    }
.style .center1{
    height:117px;
    background:url (../images/pic3.jpg) no-repeat;
}
.style .center2{
    height:117px;
    line-height:117px;
}
.style .center3{
    height:188px;
```

```
        background:url(../images/pic4.jpg) no-repeat;
    }
    .style .center4{
        height:188px;
        line-height:188px;
    }
    .style .right1{
        width:205px;
        height:314px;
        background:url(../images/pic5.jpg) no-repeat;
    }
    .style .right2{
        height:314px;
        line-height:314px;
    }
    .style a{
        display:block;
        background:#242424;
        text-align:center;
        }
    .style a:hover{ background:#ea6c46;}
```

保存文件，运行页面效果如图 5-14 所示。

图5-14 banner模块和"精品展示"模块效果

"潮流穿搭"模块也是利用列表来组织，读者可在实训项目中进行操作，这里不再讲解。

5.5.4　制作"版权信息"模块

1. 搭建结构

在 index.html 文件内书写"版权信息"模块的 HTML 代码，具体如下：

```
<div id="footer">
    <p>Copyright © 2010—2020 艾上乐品时尚网, All rights reserved.</p>
</div>
```

2. 控制样式

在样式表文件 style01.css 中书写 CSS 样式代码，用于控制"版权信息"模块，具体如下：

```
#footer{
    width:100%;
    height:40px;
    background:#020202;
    color:#fff;
    line-height:26px;
    text-align:center;
    padding-top:20px;
    margin-top:30px;
    }
```

保存 style01.css 样式文件，刷新页面，效果如图 5-15 所示。

图5-15　"版权信息"模块效果

5.6　知识链接——浏览器兼容性

1. 什么是浏览器兼容性问题

所谓的浏览器兼容性问题，是指因为不同的浏览器对同一段代码有不同的解析，造成页面显示效果不统一的情况。浏览器的兼容性问题是前端开发人员经常会碰到和必须要解决的。

2. 常见的 IE 6 兼容性问题

（1）IE 6 双边距问题

当对浮动的元素应用左外边距或右外边距（margin-left 或 margin-right）时，在 IE 6 浏览器中，元素对应的左外边距或右外边距将是所设置值的两倍，这就是网页制作中经常出现的 IE 6 双倍边距问题。

IE 6 双边距问题解决方法为：为浮动块元素定义"_display:inline;"样式。

（2）IE 6 图像不透明问题

透明图片在网页中使用得比较多，一般大家都使用 GIF 格式图片，但它也有一定的局限性，就是在图片中出现透明渐变时，GIF 图像会显得很难看。这时候 PNG 图片就可以补 GIF 的空缺了。

PNG 是一种图像文件存储格式，其目的是试图替代 GIF 和 TIFF 文件格式，同时增加一些 GIF 文件格式所不具备的特性。它强于 GIF 的最大方面就是透明渐变。

在透明渐变方面用 PNG 替代 GIF，Firefox、Opera、Safari、Google Chrome 等现代浏览器都可以正常显示。当使用 IE 6 查看 PNG 图像时，透明的部分会变成难看的灰色。

IE 6 浏览器存在的图像不透明问题有多种解决方法，有兴趣的读者可以在网上搜索"IE 6 PNG 修复"进行了解。

（3）IE 6 图片间隙问题

在 IE 6 中，当一张图片插入与其大小相同的盒子中时，图片底部会多出 3 像素的间隙。针对 IE 6 这种兼容性问题有两种解决办法，具体如下。

① 将<img>标记与<div>标记放在同一行，代码如下：

```
<div><img src="images/jd.gif" /></div>
```

② 为<img />定义"display:block;"样式，该部分代码如下：

```
img{ display:block;}
```

在实际工作中建议使用第二种方法，因为第一种方法中代码的书写不便于阅读。

（4）IE 6 元素最小高度问题

由于 IE 6 浏览器有默认的最小像素高度，因此它无法识别 19px 以下的高度值。

IE 6 中，使用 CSS 定义 div 的高度时经常遇到这个问题，就是当 div 的最小高度小于一定的值以后，无论你怎么设置最小高度，div 的高度会固定在一个值不再发生变动，

IE 6 元素最小高度问题解决方法是给该盒子指定"font-size:0;"样式。

（5）IE 6 显示多余字符问题

在 IE 6 中，当浮动元素之间加入 HTML 注释时，会产生多余字符。

针对 IE 6 的这种兼容性问题，有 3 种解决办法，具体如下。

① 去掉 HTML 注释。

② 不设置浮动 div 的宽度。

③ 在产生多余字符的那个元素的 CSS 样式中添加"position:relative;"样式。

（6）IE 6 中的 3 像素漏洞（bug）

在 IE 6 中，当文本或其他非浮动元素跟在一个浮动元素之后时，文本或其他非浮动元素与浮动元素之间会多出 3 像素的间距，这就是 IE 6 非常典型的 3 像素漏洞。

针对 IE 6 的这种兼容性问题，可以通过对盒子运用负外边距的方法来解决，即在 CSS 样式中增加如下代码：

```
_margin-right:-3px;                    /* 注意要使用 IE 6 的属性 Hack */
```

5.7 拓展学习——流行时尚类网站的设计要点

时尚流行类网站指的是提供时尚产品和发布时尚资讯的一类网站。该类网站包括的范围很广，涉及与时尚相关的各行各业，如美容、时装、家具和娱乐等，是近十年来飞速发展的一个互联网新生力量。

1. 时尚类网站的分类

（1）流行服饰类

流行服饰类网站主要用来介绍流行的服装和饰品等，宣扬某个品牌，是最能体现时尚的网站之一。此类网站通常采用大幅的模特照片，用极富现场感的图片给人以强烈的视觉冲击，如图 5-16 所示为天猫 VERSACE JEANS COUTURE 官网首页。

（2）流行影视、音乐类

流行影视、音乐类网站主要用于介绍影视、歌曲等年轻人追逐的时尚产品。

很多电影、电视剧的拍摄方或发行方会通过官方网站对影视进行宣传，影视类网站在设计上往往不拘一格，大量使用动画、在线音频/视频等元素。流行音乐类网站则通常用于介绍流行文化、流行音乐艺人或者宣传流行音乐专辑。如图 5-17 所示为经典老歌网站首页，用淡黄色突出了温馨与怀旧的主题。

图5-16　VERSACE JEANS COUTURE官网首页　　　　图5-17　经典老歌网站首页

137

（3）时尚美容类

时尚美容类网站通常以介绍美容知识、提供美容方法、推荐美容产品为主要内容，其服务的对象主要为女性。这类网站通常很重视页面效果，如图 5-18 所示为雅诗兰黛的官方网站首页，简洁的版面、配色使整个网站看起来典雅、高贵、大气，也非常契合雅诗兰黛化妆品的定位。

图5-18　雅诗兰黛的官方网站首页

（4）时尚运动类

时尚运动类网站主要用于介绍一些新兴的街头体育运动。这些运动新潮且动感十足，很受年轻人的追捧。很多爱好者建立了介绍与推广这些运动的网站。设计这类网站，可以使用一些大胆的线条或斑点等流行时尚元素。如图 5-19 所示为 hi 运动网站的主页面。

图5-19　hi运动网站的主页面

（5）综合时尚信息类

综合时尚信息类网站提供的时尚信息非常广泛，涉及各种流行的产品及资讯。设计这类网站需要注意，栏目划分应合理，板块布局要清晰，以方便访问者查询需要的信息。综合时尚信息类网站的布局不必过于个性化，且颜色搭配不应过于古板，可使用一些活泼的颜色。如图 5-20 所示为 YOKA 时尚生活网的主页面。

图5-20 YOKA时尚生活网的主页面

2. 时尚类网站的设计要点

时尚类网站的内容是一些流行时尚信息，因此整个网站首先要给人一种时尚的感觉，要体现出一种潮流性的美。开发时尚类网站必须注意以下几点。

（1）设计上要体现美感。时尚是人对美的一种判断，所以以"时尚"为主题的网站，在设计上必须能够体现一种整体的美感。这需要在网页配色、页面布局以及页面素材的应用上都特别注意。

（2）配色上要有一定的独特性。在设计时尚类网站时，可以大胆采用一些在其他类型的网站中比较少见的配色方案，使网站能紧紧抓住人的视觉，让访问者感到耳目一新。

（3）信息要及时更新。时尚类网站主要用于提供时尚动向和潮流发展趋势，而流行本身有着非常大的时效限制，因此，介绍时尚流行信息的网站的信息更新速度必须非常快。另外，部分页面还可以根据当下的流行风向经常更换风格。

实训

1. 请结合给出的素材，做出以下效果，并在浏览器测试，效果如图 5-21 所示。

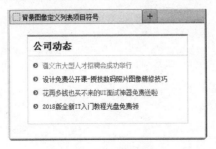

图5-21 实训效果图

要求如下。

（1）鼠标经过时文字变为橙色并带有下画线。

（2）应用背景属性定义列表项目符号。

2. 完成"艾上乐品"服装网站"主体"潮流穿搭"模块部分的制作。要求利用列表来布局页面，完成后效果如图5-22所示。

图5-22 "潮流穿搭"模块效果图

项 6 目

影音网站制作

 知识目标

- ➤ 熟悉 HTML5 多媒体特性。
- ➤ 了解 HTML5 支持的音频和视频格式。
- ➤ 掌握 HTML5 中视频的相关属性,能够在 HTML5 页面中添加视频文件。
- ➤ 掌握 HTML5 中音频的相关属性,能够在 HTML5 页面中添加音频文件。
- ➤ 了解 HTML5 中视频、音频的一些常见操作,并能够应用到网页制作中。
- ➤ 掌握 HTML5 中表单的应用。

技能目标

- ➤ 掌握网页制作中多媒体的嵌入方法与技巧。

6.1 任务 1 了解 HTML5 多媒体的特性

HTML5 中的 5 代表版本号,我们可以简单地理解为第五代 HTML 标准,实际在 HTML5 之前有非常多的次要版本更新,这一代标准提出了很多重大的更新功能,例如,直接的多媒体支持。

在 HTML5 出现之前并没有将视频和音频嵌入页面的统一标准方式,多媒体内容在大多数情况下都是通过第三方插件或集成在 Web 浏览器的应用程序置于页面中,Web 页面访问音视频主要是通过 Flash,Activex 插件,还有微软后来推出的 silverlight 来展现的。目前最流行的方法是通过 Adobe 公司的 Flash Player 插件将音频和视频嵌入网页,并播放多媒体内容,如图 6-1 所示。

图6-1　Flash Player插件安装界面

尽管 Flash 曾经风靡全球，通过第三方插件来播放音频、视频，这种实现方式的代码复杂且冗长。随着互联网的不断发展，进入移动时代以后，Flash 的风头渐渐被 HTML5 替代，主要原因是 Flash 经常爆出漏洞，安全性令人担忧，性能方面较差，对网络浏览和设备的电池也消耗比较大；同时，Adobe 宣布 2020 年正式停止支持 Flash，因其无法适应移动时代的特点，越来越多的网站使用 HTML5。HTML5 直接的多媒体支持功能便很好地避免了这一问题，因此 HTML5 是未来 Web 多媒体的主要方向，提供了<video>和<audio>标签来支持多媒体内容，可以直接观看网页中的多媒体内容。

6.2　任务 2　了解 HTML5 常用的多媒体格式

虽然 HTML5 更新了直接的多媒体支持功能，运用 HTML5 的 video 和 audio 标签可以在页面中嵌入视频或音频文件，如果想要在页面中加载播放视频和音频文件，还需要设置正确的多媒体格式。

6.2.1　音频格式

音频格式是指要在计算机内播放或是处理音频文件。主要有以下几种常用格式。

Vorbis: 免费音乐格式 Vorbis 为了防止 MP3 音乐公司收取的专利费用上升，GMGI 的 iCast 公司的程序员开发了一种新的免费音乐格式 Vorbis，是用于替代 MP3 的下一代音频压缩技术，是类似 AAC 的另一种免费、开源的音频编码。

MP3：是一种音频压缩技术，其全称是动态影像专家压缩标准音频层面 3（Moving Picture Experts Group Audio Layer III），简称为 MP3。

WAV：微软公司（Microsoft）开发的一种声音文件格式，录音时用的标准的 WINDOWS 文件格式，文件的扩展名为“WAV”，数据本身的格式为 PCM 或压缩型，属于无损音乐格式的一种。WAV 打开工具是 WINDOWS 的媒体播放器，声音文件质量和 CD 相差无几。

6.2.2　视频格式

视频格式包含视频编码、音频编码和容器格式。主要有以下几种常用格式。

Ogg：一种开源的视频封装容器，其视频文件扩展名为 ogg，里面可以封装 vobris 音频编码或者 theora 视频编码，同时 ogg 文件也能将音频编码和视频编码进行混合封装。Ogg 是一种新的、完全免费、开放和没有专利限制的音频压缩格式。

MPEG4：目前最流行的视频格式，MPEG4 是一个影音串流视讯压缩技术及商业标准格式，继 MPEG2、MP3、VCD、DVD 之后，MPEG4 之优势压缩比（最大可达 4000：1），低位元速率，较少的核心程式空间，加强运算功能，及强大的通信应用整合能力，其视频文件扩展名为 mp4。

WebM：是以 Matroska（就是我们熟知的 MKV）容器格式为基础开发的新容器格式，里面包括了 VP8 视频编码和 Ogg Vorbis 音频编码。

6.3　任务 3　HTML5 多媒体的实现

HTML5 新增了直接的多媒体支持功能，新增了两个标签——audio 标签与 video 标签，其中 video 标签专门用来播放网络上的视频或电影，而 audio 标签专门用来播放网络上的音频数据。使用这两个标签，就不需要再使用其他插件了，只要使用支持 HTML5 的浏览器就可以了，同时在开发的时候不再需要书写复杂的 object 标签和 embed 标签。

6.3.1　audio 标签

1. 定义和用法

<audio>标签定义声音，比如音乐或其他音频流。其基本格式如下：

```
<audio src="音频文件路径" controls=" controls ">
</audio>
```

在上面的基本格式中，src 属性用于设置音频文件路径，controls 属性用于为音频提供播放控件。

> 📖 提示：可以在 <audio> 和 </audio> 之间放置文本内容，这些文本信息将会被显示在那些不支持 <audio> 标签的浏览器中。

2. 常用属性

在<audio>标签中还可以添加其他属性，来进一步优化音频的播放效果，具体如表 6-1 所示。

表 6-1　<audio>标签常用属性

属　　　性	值	描　　　述
autoplay	autoplay	如果添加该属性，则音频在就绪后马上播放
controls	controls	如果添加该属性，则向用户显示控件，比如播放按钮

续表

属　　性	值	描　　述
loop	loop	如果添加该属性，则每当音频结束时重新开始播放
preload	preload	如果添加该属性，则音频在页面加载时进行加载，并预备播放 如果使用"autoplay"，则忽略该属性
src	url	要播放的音频的 URL

6.3.2　video 标签

1. 定义和用法

<video>标签定义视频，比如电影片段或其他视频流。其基本格式如下：

```
<video src="视频文件路径" controls="controls">
</video>
```

在上面的基本格式中，src 属性用于设置视频文件路径，controls 属性用于为视频提供播放控件。

> 📖 提示：可以在 < video > 和 </ video > 之间放置文本内容，这些文本信息将会被显示在那些不支持 < video > 标签的浏览器中。

2. 常用属性

在<video>标签中还可以添加其他属性，来进一步优化视频的播放效果，具体如表 6-2 所示。

表 6-2　<video>标签常用属性

属　　性	值	描　　述
autoplay	autoplay	如果添加该属性，则视频在就绪后马上播放
controls	controls	如果添加该属性，则向用户显示控件，比如播放按钮
height	pixels	设置视频播放器的高度
loop	loop	如果添加该属性，则当媒介文件完成播放后再次开始播放
preload	preload	如果添加该属性，则视频在页面加载时进行加载，并预备播放 如果使用"autoplay"，则忽略该属性
src	url	要播放的视频的 URL
width	pixels	设置视频播放器的宽度

6.3.3　source 标签

1. 浏览器支持的音、视频格式

虽然 HTML5 支持 Ogg、MPEG 4 和 WebM 的视频格式以及 Vorbis、MP3 和 Wav 的音

频格式，由于版权等原因，各浏览器对这些格式却不完全支持，不同的浏览器可支持播放的格式是不一样的。当前，各浏览器对于 audio 标签支持音频格式情况如表 6-3 所示。

表 6-3　浏览器支持的音频格式

	IE 9	Firefox 4.0	Opera 10.6	Chrome 6.0	Safari 3.0
Ogg vorbis		支持	支持	支持	
MP3	支持			支持	支持
Wav		支持	支持		支持

当前，各浏览器对于 viedo 标签支持视频格式情况如表 6-4 所示。

表 6-4　浏览器支持的视频格式

	IE 9	Firefox 4.0	Opera 10.6	Chrome 6.0	Safari 3.0
Ogg		支持	支持	支持	
MPEG4	支持			支持	支持
WebM		支持	支持	支持	

2．source 标签定义及使用说明

<source>标签为媒体标签（比如<video>和<audio>）定义媒体资源。

<source>标签允许规定两个视频/音频文件共浏览器，根据它对媒体类型或者编解码器的支持进行选择。

HTML5 中的<source>新属性如表 6-5 所示。

表 6-5　HTML5 中的<source>新属性

属　　性	值	描　　述
media	media_query	规定媒体资源的类型，供浏览器决定是否下载
src	URL	规定媒体文件的 URL
type	MIME_type	规定媒体资源的 MIME 类型

3．多浏览器支持的解决方案

为了使音频、视频能够在各个浏览器中正常播放，往往需要提供多种格式的音频、视频文件。在 HTML5 中，运用 source 标签可以为 video 标签或 audio 标签提供多个备用文件，允许浏览器根据它对媒体类型或者编解码器的支持进行选择所支持格式的音频、视频文件。运用 source 标签添加音频的基本格式如下：

```
<audio controls>
<!--通过 source 标签指定多格式音频文件>
< source src="音频文件路径" type="媒体文件类型/格式">
< source src="音频文件路径" type="媒体文件类型/格式">
…
</audio>
```

source 标签添加视频的方法与音频类似，只需要把 audio 标签换成 video 标签即可，基本格式如下：

```
<video controls>
<!--通过 source 标签指定多格式音频文件>
< source src="视频文件路径" type="媒体文件类型/格式">
< source src="视频文件路径" type="媒体文件类型/格式">
…
</video>
```

6.4 任务 4 HTML5 表单的应用

6.4.1 认识表单

1. 表单的概念

表单主要负责采集用户输入的信息，相当于一个控件集合，由文本域、复选框、单选按钮、菜单、文件地址域、按钮等表单元素组成。最常见的表单应用有用户注册页面、用户登录页面、用户留言页面等。

<form>标签用于创建一个表单，其基本语法格式如下：

```
< form action="ur1 地址" method="提交方式"name="表单名称">
各种表单控件
</form>
```

在上面的语法中，action、method、name 为<f orm>标签的常用属性：

action 属性：用于指定接收并处理表单数据的服务器 url 地址。

method 属性：用于设置表单数据的提交方式，其取值可以为 get 或 post，默认为 get。采用默认值 get 时，提交的数据将显示在浏览器的地址栏中，保密性差且有数据量限制；而使用 post 不但保密性好，还可以提交大量的数据。

name 属性：用来区分一个网页中的多个表单。

2. 表单的核心元素

表单的 3 个核元素——表单标签（form）、表单域（input）和表单按钮（button），具体说明如下。

表单标签：包含处理表单数据所用 CGI 程序的 URL 以及数据提交到服务器的方法。

表单域：包含了文本框、密码框、隐藏域、多行文本框、复选框、单选按钮、下拉选择框和文件上传框等。

表单按钮：包括提交按钮、复位按钮和一般按钮，用于将数据传送到服务器上的 CGI

脚本或者取消输入，还可以用表单按钮来控制其他定义了处理脚本的处理工作。

6.4.2　HTML5 新增的表单属性

1．autocomplete 属性

autocomplete 属性用于指定表单是否有自动完成功能。所谓"自动完成"是指将表单控件输入的内容记录下来，当再次输入时，会将输入的历史记录显示在一个下拉列表里，以实现自动完成输入。

autocomplete 属性有 2 个值，具体如下。

on：表单有自动完成功能。

off：表单无自动完成功能。

2．novalidate 属性

novalidate 属性用于指定在提交表单时取消对表单进行有效的检查。为表单设置该属性时，可以关闭整个表单的验证，这样 form 内的所有表单控件不被验证。

6.4.3　HTML5<input>标签

表单中最为核心的就是<input>标签，使用<input>标签可以在表单中定义文本输入框、单选按钮、复选框、重置按钮等，其基本语法格式如下：

```
< input type="控件类型"/>
```

在上面的语法中，type 属性为其最基本的属性，取值有多种，用来指定不同的控件类型除 type 属性外，还可以定义很多其他属性，常用属性如 name，values 等，如表 6-6 所示。

表 6-6　<input>标签相关属性

属　　性	允 许 取 值	取 值 说 明
type	text	单行文本输入框
	password	密码输入框
	radio	单选按钮
	checkbox	复选框
	button	普通按钮
	submit	提交按钮
	reset	重置按钮
	image	图像形式的提交按钮
	hidden	隐藏字段
	file	文件域
	Email	E-mail 地址的输入域
	url	URL 地址的输入域
	Number	数值的输入域

续表

属　　性	允 许 取 值	取 值 说 明
type	range	一定范围内数字值的输入域
	Date pickers（date，month，week，time，datetime．datetime –local）	日期和时间的输入类型
	search	搜索域
	Color	颜色输入类型
	tel	电话号码输入类型
name	由用户自定义	控件的名标
value	由用户自定义	input 控件中的默认文本值
size	正整数	input 控件在页面中的显示度
readonly	readonly	该控件内容为只读（不能编辑修改）
disabled	disabled	第一次加载页面时禁用该控件（显示为灰色）
checked	checked	定义选择控件默认被选中的项
maxlength	正整数	控件允许输入的最多字符数
autocomplete	on/off	设定是否自动完成表单字段内容
autofocus	autofocus	指定页面加载后是否自动获取焦点
form	form 元素的 id	设定字段隶属于哪一个或多个表单
list	datalist 元素的 id	指定字段的候选数据值列表
multiple	multiple	指定输入框中否可以选择多个值
min、max 和 step	数值	规定输入框所允许的最小值、最大值及间隔
pattern	字符串	验证输入的内容是否与定义的正则表达式匹配
placeholder	字符串	为 input 类型的输入框提供一种提示
required	required	规定输入框填写的内容不能为空

6.5　任务 5　影音网站项目描述及分析

目前社会大众对娱乐活动的需求越来越大，尤其是年轻人，对影视娱乐更为痴迷，因此，为了迎合社会需求，众多娱乐网站相继成立。在网页设计中，多媒体技术主要是指在网页上运用声音、视频、动画传递信息的一种方式。

本项目将学习制作一个影音网站，重点是掌握网站中音频、视频的嵌入方法与技巧。

网站名称

　　心音乐网站

项目描述

　　编辑网站的首页。

项目分析

❖　影音娱乐网站是以休闲娱乐为主的大众网站，相比其他网站而言，其有独特的一面。

这一类型的网站也会采用文字、图片、动画等多媒体形式，展现网站的风格与内容，在设计上会以突显本身个性为重点。

❖ 影音类型网站是集娱乐性、趣味性于一身的休闲网站，以时尚、流行为特色。包含在线试听、视频下载、广播电台等互动式功能，呈现网站本身所拥有的特性，因为此类型网站是设计时应依据网站的内容，采用亮丽的色彩为主色，个性张扬。

❖ 影音类型网站制作时也应注意网站的互动性与及时性。例如，网站上应该包括最动听的歌曲、最流行的音乐、最新的"星"闻、热门推荐及影视快报等，通常还有各界名流在"名人聊天室"里与网友畅谈。因此，设计者要以上述特点为设计理念，以符合"粉丝"们的要求。

项目实施过程

❖ 在首页中添加并编辑音频，添加并编辑音频，并控制音频的播放位置与范围。

项目最终效果

项目最终效果如图 6-2 所示。

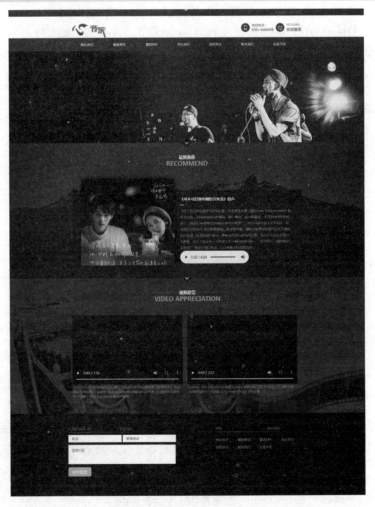

图6-2 心音乐网站首页效果图

6.6　任务 6　添加多媒体文件

多媒体技术数字音频技术具备了传统音频模拟方式所没有的特点，在网页表现力上实现了较好的音响效果。声音是信息的重要载体，将音频与视频配合好，会提升网页的整体效果。

学习了 audio 标签，下面将向心音乐网站首页的"最新推荐 New"中添加音频文件。

6.6.1　添加音频文件

"最新推荐"模块位于网站首页 banner 图片的下方，主要由图片、宣传文字、音频播放控件组成，用于发布当前用户搜索率较高的音乐歌曲。

下面为"最新推荐 "模块添加音频文件，具体操作步骤如下。

（1）打开 HBuilder，并选择"文件"→"导入"→"从本地目录导入"命令，如图 6-3 所示，将素材文件夹导入 HBuilder 中，如图 6-4 所示。

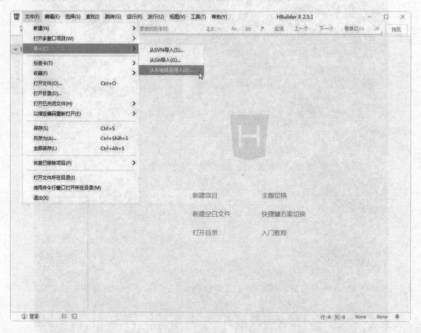

图6-3　从本地目录导入

（2）打开主页文档 index.html。我们可以看到"心音乐"影音网站的源码。找到已经设置好的主体盒子"音频部分"模块代码，在其后添加模块标题"最新推荐"，代码如下：

```
<div class="title_b">
    <div class="zh"><span>最新推荐</span></div>
```

```
    <div class="en">recommend</div>
</div>
```

图6-4 导入项目

（3）添加".iabout_b .img_b" CSS 样式，导入地址为"../img/tj1.jpg"的图片，并设置图片的大小，代码如下：

```
.iabout_b .img_b {
    float: left;
    height: 370px;
    width: 406px;
    background-repeat: no-repeat;
    background-position: center;
    box-shadow: 5px 0 20px #000;
    background-image:url (../img/tj1.jpg);
    margin: 0 0 0 40px;
    background-size: auto 100%
}
```

（4）添加"《可不可以，你也刚好喜欢我》原声"等宣传文字，代码如下：

```
    <div class="title">《可不可以你也刚好喜欢我》原声</div>
    <div class="intro"> 《可不可以你也刚好喜欢我》是一首收录在专辑《温度
Love Temperature》的中文单曲，由 Fuying&Sam 演唱、肆一填词、刘永辉谱曲，于 2014
年 9 月 19 日发行，由 2013 年度华文热销 X 疗愈系作家肆一，写下与其作品《可不可以，
你也刚好喜欢我?》同名歌曲歌词，刘永辉作曲，暧昧总像是近在咫尺却又不着边际的幸福，
对方的微小波动，便牵动着我们所有的心思。当人只专注在爱里的伤痕时，却忘了总还有
一个默默为你守候的幼稚男人，"可不可以，你也刚好喜欢我?"那说不出口的话，往往是
```

最企盼和真切的...</div>

（5）利用 audio 标签添加音频文件"img/1.mp3"，代码如下：

```
<audio src="../img/1.mp3" controls>
</audio>
```

（6）音频所在的"最新推荐"模块的代码结构如图 6-5 所示。

```
<!--音频部分-->
<div class="iabout_bg" style="background-image:url(./img/index-bg1.jpg);">
  <div class="w1">
    <div class="t_icon"></div>
    <div class="db_title">
      <div class="title_b">
        <div class="zh"><span>最新推荐</span></div>
        <div class="en">recommend</div>
      </div>
    </div>
    <div class="iabout_b">
      <div class="img_b"></div>
      <div class="info_b">
        <div class="title">《可不可以你也刚好喜欢我》原声</div>
        <div class="intro">《可不可以你也刚好喜欢我》是一首收录在专辑《温度Love Temperature》的中文单曲，由Fuying&Sam演唱、肆一填词、刘永辉谱曲，于2014年9月19日发
行，由2013年度华文热销疗愈系作家肆一，写下与其作品《可不可以，你也刚好喜欢我》同名歌曲歌词，刘永辉作曲，暧昧总像是近在咫尺却又不着边际的幸福，对方的微小波动，便牵动
着我们所有的心思。当人只专注在爱里的伤痛时，却忘了总还有一个默默为你守候的幼稚男人，"可不可以，你也刚好喜欢我？"那说不出口的话，往往是最企盼和真切的...</div>
        <audio src="./img/1.mp3" controls></audio> </div>
    </div>
  </div>
</div>
<div class="clear"></div>
<!--音频部分 end-->
```

图6-5 "最新推荐"模块的代码结构图

（7）选择"运行"→"运行到浏览器"→"Chrome"命令，网页浏览效果如图 6-6
所示。

图6-6 "最新推荐"模块效果图

6.6.2　添加视频文件

"视频欣赏"模块主要用于发布当前用户搜索率较高的音乐 MV。

下面为"视频欣赏"模块添加视频文件,具体操作步骤如下。

(1)打开主页文档 index.html。找到已经设置好的"最新推荐""模块代码,在其后添加"视频欣赏"模块,模块标题为"视频欣赏",代码如下:

```
<div class="zh"><span>视频欣赏</span>
</div>
```

(2)利用 video 标签添加第一个视频文件"img/letitgo.mp4",由于"视频欣赏 style"模块大小为"480*300",需要在<video></video>标签之间加入控制视频播放窗口的大小,代码如下:

```
<div class="video_1">
    <video width="480px" height="300px" src="../img/letitgo.mp4" controls>
    </video>
</div>
```

(3)给第一个视频文件添加宣传文字,代码如下:

```
<div class="video_title">《Let It Go》是华特迪士尼动画工作室的 2013 年动画电影《冰
雪奇缘》的主题曲,由克里斯汀·安德森-洛佩兹和罗伯特·洛佩兹作曲作词。在电影冰雪
奇缘中,伊迪娜·门泽尔为主角艾莎配音并配唱
</div>
```

(4)利用 video 标签添加第二个视频文件"../img/try everything.mp4",代码如下:

```
<div class="video_1">
    <video width="480px" height="300px" src=" ../img/try everything.mp4" controls>
    </video>
</div>
```

(5)并给第二个视频文件添加宣传文字,代码如下:

```
<div class="video_title">Shakira - Try Everything 狼姐 Shakira 献唱由自己配音的迪士
尼动画电影《动物大都会》主题曲《Try Everything》MV 首播
</div>
```

(6)"视频欣赏"模块的代码结构如图 6-7 所示。

```
<!--视频部分-->
<div class="iabout_bg" style="background-image:url(./img/index-bg3.jpg);">
  <div class="wl_video">
    <div class="t_icon"></div>
    <div class="db_title">
      <div class="title_b">
        <div class="zh"><span>视频欣赏</span></div>
        <div class="en">Video appreciation</div>
      </div>
    </div>
    <div class="video_1">
      <video width="480px" height="300px" src="./img/letitgo.mp4" controls></video>
      <div class="video_title">《Let It Go》是华特迪士尼动画工作室的2013年动画电影《冰雪奇缘》的主题曲,由克里斯汀·安德森-洛佩兹和罗伯特·洛佩兹作曲作词。在电
影冰雪奇缘中,伊迪娜·门泽尔为主角艾莎配音并献唱</div>
    </div>
    <div class="video_1">
      <video width="480px" height="300px" src="./img/tryreverything.mp4" controls></video>
      <div class="video_title">Shakira - Try Everything 歌姐Shakira 献唱由自己配音的迪士尼动画电影《动物大都会》主题曲《Try Everything》MV首播</div>
    </div>
  </div>
</div>
<div class="clear"></div>
<!--视频部分 end-->
```

图6-7 "视频欣赏"模块的代码结构图

（7）选择"运行"→"运行到浏览器"→"Chrome"命令，网页浏览效果如图 6-8
所示。

图6-8 "视频欣赏"模块效果图

6.6.3 添加留言模块

"留言"模块主要用于用户留言区域，主要由<input>标签完成，具体操作步骤如下。

（1）打开"footer"区域，填写留言模块标题"CONTRACT US 联系我们"，代码
如下：

```
<div class="title_b">
        <div class="zh">联系我们</div>
```

```
            <div class="en">CONTRACT US</div>
        </div>
```

（2）添加表单结构，代码如下：

```
<div class="form_con">
    <form action=""    class="contact-form" method="post">
    </form>
</div>
```

（3）添加"姓名、邮箱地址"单行文本输入框，代码如下：

```
<input type="text" class="text" name="name" id="name" placeholder="姓名">
<input type="text" class="text" name="yx" id="yx" placeholder="邮箱地址">
```

（4）利用<textarea>标签定义多行的文本输入控件添加"留言内容"模块，代码如下：

```
<textarea class="area" name="liuyan" id="liuyan" placeholder="留言内容">
</textarea>
```

> 📖 提示：<textarea>标签定义多行的文本输入控件，文本区中可容纳无限数量的文本，其中的文本的默认字体是等宽字体（通常是 Courier）。可以通过 cols 和 rows 属性来规定 textarea 的尺寸，不过更好的办法是使用 CSS 的 height 和 width 属性。在文本输入区内的文本行间，用回车"/"换行符进行分隔。

（5）添加"提交留言"提交按钮，代码如下：

```
<input type="submit" class="submit" value="提交留言"> </div>
```

（6）"留言"模块的代码结构如图 6-9 所示。

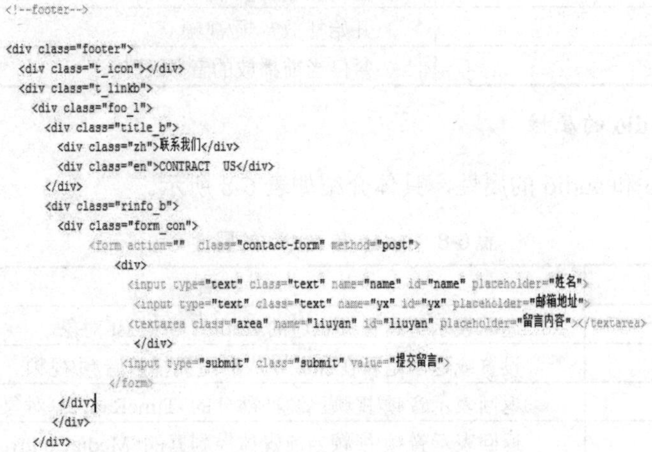

```
<!--footer-->

<div class="footer">
    <div class="t_icon"></div>
    <div class="t_linkb">
      <div class="foo_l">
        <div class="title_b">
          <div class="zh">联系我们</div>
          <div class="en">CONTRACT  US</div>
        </div>
        <div class="rinfo_b">
          <div class="form_con">
            <form action=""   class="contact-form" method="post">
                <div>
                  <input type="text" class="text" name="name" id="name" placeholder="姓名">
                  <input type="text" class="text" name="yx" id="yx" placeholder="邮箱地址">
                  <textarea class="area" name="liuyan" id="liuyan" placeholder="留言内容"></textarea>
                </div>
                <input type="submit" class="submit" value="提交留言">
            </form>
          </div>
        </div>
      </div>
    </div>
```

图6-9　"留言"模块的代码结构图

（7）选择"运行"→"运行到浏览器"→"Chrome"命令，"留言"模块浏览效果如图 6-10 所示。

图6-10　"留言"模块效果图

6.7　知识链接——音频/视频 DOM 参考手册

video 标签和 audio 标签相关，它们的接口方法和接口事件也基本相同，HTML5 DOM 为<audio>和<video>元素提供了方法、属性和事件，这些方法、属性和事件允许用户使用 JavaScript 来操作<audio>和<video>元素。

下面对 video 标签和 audio 标签的方法、属性和事件进行详细讲解。

1．video 和 audio 的方法

HTML 为 video 和 audio 提供了接口方法，具体介绍如表 6-7 所示。

表 6-7　video 和 audio 的方法

方　　法	描　　述
addTextTrack()	向音频/视频添加新的文本轨道
canPlayType()	检测浏览器是否能播放指定的音频/视频类型
load()	重新加载音频/视频元素
play()	开始播放音频/视频
pause()	暂停当前播放的音频/视频

2．video 和 audio 的属性

HTML 中 video 和 audio 的属性，具体介绍如表 6-8 所示。

表 6-8　video 和 audio 的属性

属　　性	描　　述
audioTracks	返回表示可用音频轨道的 AudioTrackList 对象
autoplay	设置或返回是否在加载完成后随机播放音频/视频
buffered	返回表示音频/视频已缓冲部分的 TimeRanges 对象
controller	返回表示音频/视频当前媒体控制器的 MediaController 对象
controls	设置或返回音频/视频是否显示控件（比如播放/暂停等）

续表

属　　性	描　　述
crossOrigin	设置或返回音频/视频的 CORS 设置
currentSrc	返回当前音频/视频的 URL
currentTime	设置或返回音频/视频中的当前播放位置（以秒计）
defaultMuted	设置或返回音频/视频默认是否静音
defaultPlaybackRate	设置或返回音频/视频的默认播放速度
duration	返回当前音频/视频的长度（以秒计）
ended	返回音频/视频的播放是否已结束
error	返回表示音频/视频错误状态的 MediaError 对象
loop	设置或返回音频/视频是否应在结束时重新播放
mediaGroup	设置或返回音频/视频所属的组合（用于连接多个音频/视频元素）
muted	设置或返回音频/视频是否静音
networkState	返回音频/视频的当前网络状态
paused	设置或返回音频/视频是否暂停
playbackRate	设置或返回音频/视频播放的速度
played	返回表示音频/视频已播放部分的 TimeRanges 对象
preload	设置或返回音频/视频是否应该在页面加载后进行加载
readyState	返回音频/视频当前的就绪状态
seekable	返回表示音频/视频可寻址部分的 TimeRanges 对象
seeking	返回用户是否正在音频/视频中进行查找
src	设置或返回音频/视频元素的当前来源
startDate	返回表示当前时间偏移的 Date 对象
textTracks	返回表示可用文本轨道的 TextTrackList 对象
videoTracks	返回表示可用视频轨道的 VideoTrackList 对象
volume	设置或返回音频/视频的音量

3．video 和 audio 的事件

HTML 为 video 和 audio 提供了接口事件，具体介绍如表 6-9 所示。

表 6-9　video 和 audio 的事件

事　　件	描　　述
abort	当音频/视频的加载已放弃时触发
canplay	当浏览器可以开始播放音频/视频时触发
canplaythrough	当浏览器可在不因缓冲而停顿的情况下进行播放时触发
durationchange	当音频/视频的时长已更改时触发
emptied	当目前的播放列表为空时触发
ended	当目前的播放列表已结束时触发
error	当在音频/视频加载期间发生错误时触发
loadeddata	当浏览器已加载音频/视频的当前帧时触发
loadedmetadata	当浏览器已加载音频/视频的元数据时触发

续表

事 件	描 述
loadstart	当浏览器开始查找音频/视频时触发
pause	当音频/视频已暂停时触发
play	当音频/视频已开始或不再暂停时触发
playing	当音频/视频在因缓冲而暂停或停止后已就绪时触发
progress	当浏览器正在下载音频/视频时触发
ratechange	当音频/视频的播放速度已更改时触发
seeked	当用户已移动/跳跃到音频/视频中的新位置时触发
seeking	当用户开始移动/跳跃到音频/视频中的新位置时触发
stalled	当浏览器尝试获取媒体数据，但数据不可用时触发
suspend	当浏览器刻意不获取媒体数据时触发
timeupdate	当目前的播放位置已更改时触发
volumechange	当音量已更改时触发
waiting	当视频由于需要缓冲下一帧而停止时触发

实训

在"最新推荐"模块嵌入音频文件，在"最新 MV"模块嵌入视频文件，完成"最新推荐"子页面的制作，效果如图 6-11 所示。

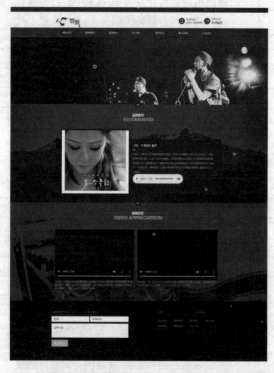

图6-11 "最新推荐"子页面效果图

项 7 目

"我要回家网"页面制作

 **知识目标**

- ➢ 了解 JavaScript 基础。
- ➢ 掌握 JavaScript 基本语法。
- ➢ 掌握流程控制语句。
- ➢ 掌握运算符和表达式的使用。
- ➢ 掌握函数的调用。

技能目标

- ➢ 掌握 JavaScript 基础应用及 JavaScript 页面制作方法。

7.1 项目描述及分析

新春佳节于每个在外漂泊的游子来说都有着不同的意义。每逢此时,南来北往的人们都会带着一年的疲惫与收获,千方百计赶回家与亲人朋友团聚。但时间的紧迫与距离的阻隔总是令人伤神。如何让在外的游子尽快回家,"我要回家网"提供查询及订购车票服务,为归家心切的人们送去一丝暖意。

本项目将学习制作"我要回家网",重点是编辑网站的首页页面结构 HTML、CSS 样式编写及 JavaScript 交互效果实现。

网站名称

我要回家网

项目描述

制作我要回家网的首页面。

项目分析

❖ 我要回家网属于业务类型或流程类型网站。不同业务类型的网站，因其受众群体不同，业务不同，因此在风格与功能设计上有较大的差异。

❖ 我要回家网包括火车票、时刻表、高铁站、酒店预订、旅客问答、货物快运、个人中心等版块。头部 LOGO 体现我要回家的服务场景，复兴号奔驰在祖国广袤的大地上！心中为祖国的昌盛与繁荣发展，油然而生的自豪！

❖ 我要回家网首页面设置有"注册"与"登录"按钮。未登录用户只能进行信息预览，不可以下单及个性化服务。对于登录的用户可以享有个性化服务和个人信息及订单查询等服务。

❖ 我要回家网站的个人中心部分，鼠标滑过时浅灰色色块附着，下拉菜单有已完成订单、未完成订单、我的保险、账户安全、个人信息、常用联系人。此部分的效果由 JavaScript 代码完成，是这个项目的重点。

❖ 我要回家网的周次显示效果由 HTML5 和 CSS3 共同完成。对前面所学 HTML5、CSS3 进行强化和应用。

❖ 我要回家网的车次版块内容中，奇偶行显示效果不同，由 HTML5、CSS3 和 JavaScript 代码共同完成，是这个项目的重点部分。

❖ 我要回家网的页脚部分的背景图片填充是个练习要点。

❖ 新春佳节于每个在外漂泊的游子来说都有着不同的意义。每逢此时，南来北往的人都会带着一年的疲惫与收获，千方百计赶回家与亲人朋友团聚。但时间的紧迫与距离的阻隔总是令人伤神。如何让在外的游子尽快回家，我要回家网提供查询及订购车票服务，为归家心切的人们送去了一丝暖意。

项目实施过程

❖ 我要回家网首页面 HTML 结构设计与制作。

❖ 我要回家网首页面 CSS 样式设计与制作。

❖ 我要回家网首页面 JavaScript 效果实现。

项目最终效果

项目最终效果如图 7-1 所示。

图7-1 "我要回家网"首页效果图

7.2 任务 1 JavaScript 概述

由于我要回家网站的页面中使用了 JavaScript 效果,因此我们需要先学习 JavaScript 编程基础及变量、运算符、表达式、程序流程控制、函数等相关知识;熟练掌握这些知识点之后再着手我要回家网页面的设计与制作。

JavaScript 是 Web 上一种功能强大的编程语言,用于开发交互式的 Web 页面。它不需要进行编译,而是直接嵌入在 HTML 页面中,把静态页面转变成支持用户交互并响应事件的动态页面。我们将对 JavaScript 语言进行简单介绍,对 JavaScript 的引入方式和基本语法进行详解。

7.2.1 JavaScript 简介

在浏览网页时,既能看到静态的文本、图像,也可以看到浮动的动画、信息框以及动

161

态变换的时钟信息等。要想实现页面上这些实时的、动态的、可交互的网页效果就需要使用 JavaScript 语言来实现。下面将针对 JavaScript 的起源、JavaScript 的主要特点以及 JavaScript 的应用进行详细讲解。

1. JavaScript 的起源

JavaScript 是 Web 页面中的一种脚本编程语言，也是一种通用的、跨平台的、基于对象和事件驱动并具有安全性的脚本语言。JavaScript 的前身叫作 LiveScript，是由 Netscape（网景）公司开发的脚本语言。后来在 Sun 公司推出著名的 Java 语言之后，Netscape 公司和 Sun 公司于 1995 年一起重新设计了 LiveScript，并把它改名为 JavaScript。

在概念和设计方面，Java 和 JavaScript 是两种完全不同的语言。Java 是面向对象的程序设计语言，用于开发企业应用程序，而 JavaScript 在浏览器执行，用于开发客户端浏览器的应用程序，能够实现用户与浏览器的动态交互。

2. JavaScript 的主要特点

JavaScript 是一种基于对象（Object）和事件驱动（Event Driven）并具有安全性能的解释性脚本语言，它具有以下几个主要特点。

（1）解释性：JavaScript 不同于一些编译性的程序语言（如 C、C++等），它是一种解释性的程序语言，它的源代码不需要进行编译，而是直接在浏览器中解释执行。

（2）基于对象：JavaScript 是一种基于对象的语言，它的许多功能来自脚本环境中对象的方法与脚本的相互作用。在 JavaScript 中，既可以使用预定义对象，也可以使用自定义对象。

（3）事件驱动：JavaScript 可以直接对用户或客户的输入做出响应，无须经过 Web 服务程序，而是以事件驱动的方式进行的。例如，按下鼠标、移动窗口、选择菜单等事件发生后，可以引起事件的响应。

（4）跨平台性：在 HTML 页面中，JavaScript 依赖于浏览器本身，与操作环境无关。只要在计算机上安装了支持 JavaScript 的浏览器，那么程序就可以正确执行。

（5）安全性：JavaScript 是一种安全性语言，它不允许访问本地硬盘，也不能对网络文档进行修改和删除，而只能通过浏览器实现信息浏览或动态交互。

3. JavaScript 的应用

作为一门独立的编程语言，JavaScript 可以做很多事情，但最主流的应用是在 Web 上创建网页特效。使用 JavaScript 脚本语言实现的动态页面，在网页上随处可见。

JavaScript 的几种常见应用如下。

（1）验证用户输入的内容。

（2）网页动画效果。

（3）窗口的应用。

（4）文字特效。

7.2.2　JavaScript 引入方式

在 HTML 文档中引入 JavaScript 有两种方式，一种是在 HTML 文档中直接嵌入 JavaScript 脚本，称为内嵌式；另一种是链接外部 JavaScript 脚本文件，称为外链式。具体讲解如下。

（1）内嵌式

内嵌式是指在 HTML 文档中，通过<script>标签及其相关属性可以引入 JavaScript 代码。当浏览器读取到<script>标签时，就解释执行其中的脚本语句。其基本语法格式如下：

```
<head>
<script type="text/javascript">
    // 此处为 JavaScript 代码
</script>
</head>
```

该语法中，type 属性用来指定 HTML 文档引用的脚本语言类型，当 type 属性的值为 text/javascript 时，表示<script></script>元素中包含的是 JavaScript 脚本。

通常，我们将<script></script>元素放在<head>和</head>之间，称为头脚本；也可以将其放在<body>和</body>之间，称为体脚本。

下面通过案例 project07-01.html 学习在 HTML 文档中引入内嵌式 JavaScript，具体代码如下：

```
<!DOCTYPE html>
<html>
<head>
<meta http-equiv="Content-Type" content="text/html; charset=utf-8" />
<title>内嵌式</title>
<script type="text/javascript">
    document.write("济源职业技术学院");
</script>
</head>
<body>
    <p>明德　励志　勤勉　精益</p>
</body>
</html>
```

在 HBuilder 中按 Ctrl+R 快捷键，运行效果如图 7-2 所示。

图7-2　内嵌式引入JavaScript效果

（2）外链式

外链式是指当脚本代码比较复杂或者同一段代码需要被多个网页文件使用时，可以将这些脚本代码放置在一个扩展名为.js 的文件中，然后通过外链式引入该 js 文件。

在 Web 页面中使用外链式引入 JavaScript 文件的基本语法格式如下：

```
<script type="text/javascript" src="JS 文件的路径"></script>
```

下面通过案例 project07-02.html 学习在 HTML 文档中使用外链式 JavaScript，代码如下：

```
<!DOCTYPE html>
<html>
<head>
<meta http-equiv="Content-Type" content="text/html;charset=utf-8">
<title>外链式</title>
<script type="text/javascript" src="hello.js"></script>
</head>
<body>
    <p>这里使用外链式引用 JavaScript</p>
</body>
</html>
```

在 HBuilder 中按 Ctrl+R 快捷键，运行效果如图 7-3 所示。

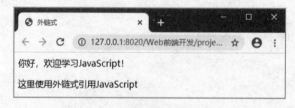

图7-3　外链式引入JavaScript效果

其中，"hello.js"文件内的代码如下：

```
// JavaScript Document
document.write("你好，欢迎学习 JavaScript！");
```

7.2.3 JavaScript 基本语法

每一种计算机语言都有自己的基本语法，学好语法是学好编程语言的基础。同样，学习 JavaScript 语言也需要遵从一定的语法规范，如执行顺序、大小写敏感问题、每行结尾的分号可有可无及注释语句等。下面将对 JavaScript 基本语法进行讲解。

（1）执行顺序

JavaScript 程序按照在 HTML 文件中出现的顺序逐行执行。如果某些代码（例如函数、全局变量等）需要在整个 HTML 文件中使用，最好将其放在 HTML 文件的<head>和</head>标记之间。某些代码，如函数体内的代码，不会被立即执行，只有当所在的函数被其他程序调用时，该代码才会被执行。

（2）大小写敏感问题

JavaScript 严格区分字母大小写。也就是说，在输入关键字、函数名、变量以及其他标识符时，都必须采用正确的大小写形式。例如，变量 username 与变量 userName 是两个不同的变量。

（3）每行结尾的分号可有可无

JavaScript 语言并不要求必须以分号（;）作为语句的结束标记。如果语句的结束处没有分号，JavaScript 会自动将该行代码的结尾作为语句的结尾。但是，通常习惯在每行代码的结尾处加上分号，来保证代码的严谨性、准确性。

（4）注释语句

在编写程序时，为了使代码易于阅读，通常需要为代码加一些注释。注释是对程序中某个功能或者某行代码的解释、说明，而不会被 JavaScript 当成代码执行。

JavaScript 中主要包括两种注释：单行注释和多行注释。具体如下。

单行注释使用双斜线"//"作为注释标记，将"//"放在一行代码的末尾或者单独一行的开头，它后面的内容就是注释部分。

多行注释可以包含任意行数的注释文本。多行注释是以"/*"标记开始，以"*/"标记结束，中间的所有内容都为注释文本。这种注释可以跨行书写，但不能有嵌套的注释。

7.2.4 一个简单的 JavaScript 程序

HBuilder 工具是建立 Web 项目和 HTML、CSS、JS 等文件和应用程序的专业工具。下面，我们将使用 HBuilder 工具创建例 project07-03.html，然后在 HTML 代码中嵌入 JavaScript 代码，具体如下：

```
<!DOCTYPE html>
<html>
<head>
<meta http-equiv="Content-Type" content="text/html; charset=utf-8" />
```

165

```
<title>第一个简单的 JavaScript 程序</title>
</head>
<body>
<div style="font-size:18px;">
<script type="text/javascript">
    alert("Hello,JavaScript！");                //弹出信息提示框
    prompt("请输入您的密码！");                  //弹出输入对话框
</script>
</div>
</body>
</html>
```

在 HBuilder 中按 Ctrl+R 快捷键，弹出信息提示框，运行效果如图 7-4 所示。单击"确定"按钮后，将会继续弹出一个输入对话框，如图 7-5 所示。

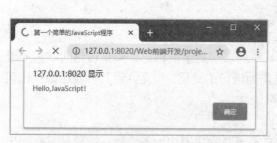

图7-4　"hello,JavaScript"信息提示框　　　图7-5　"请输入您的密码"对话框

注意：Alert()方法主要用于弹出信息提示框。Prompt()方法主要用于显示和提示用户的输入信息对话框。

7.3　任务2　JavaScript 语言基础

每一种计算机语言都有自己的基本语法，学好语言基础是掌握 JavaScript 语言的关键。下面我们将针对 JavaScript 语言的关键字、标识符、变量、数据类型、运算符和表达式进行学习。

7.3.1　关键字和标识符

1. 关键字

JavaScript 关键字（Reserved Words），又被称为"保留字"，是指在 JavaScript 语言中被事先定义好并赋予特殊含义的单词。JavaScript 关键字不能作为变量名和函数名使用，否则会使 JavaScript 在载入过程中出现编译错误。

166

JavaScript 关键字，如表 7-1 所示。

表 7-1　JavaScript 关键字

abstract	continue	finally	instanceof	private	this
boolean	default	float	int	public	throw
break	do	for	interface	return	typeof
byte	double	function	long	short	true
case	else	goto	native	static	var
catch	extends	implements	new	super	void
char	false	import	null	switch	while
class	final	in	package	synchronized	with

2．标识符

在编程过程中，我们经常需要定义一些符号来标记一些名称，如函数名、变量名等，这些符号被称为标识符。在 JavaScript 中，标识符用来命名变量和函数，或者用作 JavaScript 代码中某些循环的标签。标识符的命名规则和其他很多编程语言的命名规则相同，第一个字符不能是数字，其后的字符可以是字母、数字、下画线或美元符号。

例如，下面是合法的标识符：

```
J
my_name
_name
$str
n6
```

注意：数字不允许作为首字符出现，这样 JavaScript 可以轻易地区别标识符和数字。标识符不能和 JavaScript 中用于其他目的的关键字同名。

7.3.2　变量和数据类型

在程序运行期间会随时可能产生一些临时数据，应用程序会将这些数据保存在一些内存单元中。变量就是指程序中一个已经命名的存储单元，它的主要作用就是为数据操作提供存放信息的容器。下面将对变量的命名、声明及赋值进行讲解。

1．变量的命名

在编程过程中，经常需要定义一些符号来标记某些名称，如函数名、变量名等，这些符号被称为标识符。在 JavaScript 中，标识符主要用来命名变量和函数。其中，命名变量时需要注意以下几点。

❖　必须以字母或下画线开头，中间可以是数字、字母或下画线。

❖　变量名不能包含空格、加、减等符号。

❖ 不能使用 JavaScript 中的关键字作为变量名，如 var int。
❖ JavaScript 的变量名严格区分大小写，如 UserName 与 username 代表两个不同的变量。

2. 变量的声明与赋值

在 JavaScript 中，使用变量前需要先对其进行声明。所有的 JavaScript 变量都由关键字 var 声明，语法格式如下：

```
var 变量名;
```

在声明变量的同时也可以对变量进行赋值，例如：

```
var abc=1;
```

如果只是声明了变量，并未对其赋值，则其默认为 undefined。声明变量时，需要遵循的规则如下。

（1）可以使用一个关键字 var 同时声明多个变量，只需用逗号 "，" 分隔变量名即可。例如：

```
var a,b,c;                    //同时声明 a、b 和 c 三个变量
```

（2）可以在声明变量的同时对其赋值，即初始化，例如：

```
var a=1,b=2,c=3;             //同时声明 a、b 和 c 三个变量，并分别对其进行初始化
```

（3）var 语句可以用作 for 循环和 for/in 循环的一部分，这样就使循环变量的声明成为循环语法自身的一部分，使用起来比较方便。

（4）使用 var 语句多次声明同一个变量，如果重复声明的变量已经有一个初始值，那么此时的声明就相当于对变量的重新赋值。

另外，JavaScript 采用弱类型的形式，因此可以不用变量的数据类型，即可把任意类型的数据赋值给变量。如下所示：

```
var a=200;                                //数据类型
var str="祝愿我们伟大的祖国繁荣昌盛";        //字符串类型
var flag=true                             //布尔类型
```

值得注意的是，在 JavaScript 中，变量可以先不声明而在使用时根据变量的实际用法来确定其所属的数据类型。但是，由于 JavaScript 是采用动态编译的，在变量命名方面并不容易发现代码中的错误。因此，建议在使用变量前先对其声明，以便能够及时发现代码中的错误。

JavaScript 变量能够保存多种数据类型：数值、字符串值、数组、对象等，如下所示：

```
var length = 7;                                      // 数字
var lastName = "Gates";                              // 字符串
var cars = ["Porsche", "Volvo", "BMW"];              // 数组
var x = {firstName:"Bill", lastName:"Gates"};        // 对象
```

3.　数据类型

每一种计算机语言都有自己支持的数据类型。在 JavaScript 脚本语言中采用的是弱类型的方式，即一个数据可以不事先声明，而在是使用或赋值时再说明其数据类型。下面具体来学习 JavaScript 脚本中的几种数据类型。

（1）数值型

数字（number）是最基本的数据类型。JavaScript 和其他程序设计语言（如 C 和 Java）的不同之处在于它并不区分整型数值和浮点型数值。在 JavaScript 中，所有数字都是数值型。

当一个数字直接出现在 JavaScript 程序中时，我们称它为数值直接量。JavaScript 支持的数值直接量就要包括整型数据、十六进制、八进制、浮点型数据，例如：

```
整型数据：789
十六进制：0E6A
八进制：076
浮点型数据：3.14（即小数）
```

（2）字符串型

字符串（string）是由 Unicode 字符、数字、标点符号等组成的序列，它是 JavaScript 用来表示文本的数据类型。程序中的字符串型数据包含在单引号或双引号中，由单引号定界的字符串中可以包含双引号，由双引号定界的字符串中也可以包含单引号。

单引号内包含有一个或多个字符，例如：

```
'你'
'你笑起来真好看'
```

双引号内包含有一个或多个字符，例如：

```
"我"
"我像春天的花儿一样"
```

单引号定界的字符串中包含双引号，例如：

```
'age= "myage" '
```

双引号定界的字符串中包含单引号，例如：

```
"You can call me 'Alias' "
```

169

（3）布尔型

数值型数据类型和字符串型数据类型的值有无穷多个，但布尔型数据类型只有两个值，分别由"true"和"false"表示。一个布尔值代表一个"真值"，它说明某个事物是真还是假。

（4）特殊数据类型

JavaScript 还包括一些特殊类型的数据，转义字符、未定义值和空值。

① 转义字符

我们可以在 JavaScript 中使用反斜杠来向文本字符串添加特殊字符。反斜杠用来在文本字符串中插入省略号、换行符、引号和其他特殊字符。

如下面的 JavaScript 代码：

```
var txt="We are the so-called "Vikings" from the north."
document.write(txt)
```

在 JavaScript 中，字符串使用单引号或者双引号来起始或者结束。这意味着上面的字符串将被截为：We are the so-called。

要解决这个问题，就必须把在"Vikings"中的引号前面加上反斜杠（\）。这样就可以把每个双引号转换为字面上的字符串。

```
var txt="We are the so-called \"Vikings\" from the north."
document.write(txt)
```

现在 JavaScript 就可以输出正确的文本字符串了：We are the so-called "Vikings" from the north。

又例如：

```
document.write ("You \& me are singing!")
```

上面的例子会产生以下输出：

```
You & me are singing!
```

下面的表格列出了其余的特殊字符，这些特殊字符都可以使用反斜杠来添加到文本字符串中。JavaScript 常用转义字符如表 7-2 所示。

表 7-2 JavaScript 常用转义字符

转 义 字 符	描　　　述	转 义 字 符	描　　　述
\'	单引号	\n	换行符
\"	双引号	\r	回车符
\&	和号	\t	制表符
\\	反斜杠	\b	退格符
\v	跳格（Tab、水平）	\f	换页符

② 未定义值

未定义类型的变量是 undefined，表示变量还没有被赋值，或者被赋予了一个不存在的属性值（如 var a=String.notProperty;）。

此外，JavaScript 中还有一种特殊类型的数字常量 NaN，即"非数字"。当程序由于某种原因计算错误后，将产生一个没有意义的数字，此时 JavaScript 返回的数值就是 NaN。

③ 空值

空值用于定义空的或不存在的引用。

> 📖 注意：Null 不等于空字符串（" "）和 0。

Null 与 undefined 的区别，null 表示一个变量被赋予了一个空值，而 undefined 则表示该变量尚未被赋值。

7.3.3 运算符和表达式

1. 运算符

运算符是程序执行特定算术或逻辑操作的符号，用于执行程序代码运算。JavaScript 中的运算符主要包括算术运算符、比较运算符、赋值运算符、逻辑运算符和条件运算符五种。

（1）算术运算符

算术运算符用于连接运算表达式，主要包括加（+）、减（−）、乘（*）、除（/）、取模（%）、自增（++）、自减（−−）等运算符，常用的算术运算符如下表 7-3 所示。

表 7-3 常用算术运算符

算术运算符	描　　述
+	加运算符
−	减运算符
*	乘运算符
/	除运算符
++	自增运算符。该运算符有 i++（在使用 i 之后，使 i 的值加 1）和++i（在使用 i 之前，使 i 的值加 1）两种
−−	自减运算符。该运算符有 i−−（在使用 i 之后，使 i 的值减 1）和−−i（在使用 i 之前，使 i 的值减 1）两种

下面通过使用算术运算符案例 project07-04.html 来完成一个简单的计算，具体代码如下：

```
<!DOCTYPE html>
<html>
<head>
<meta http-equiv="Content-Type" content="text/html;charset=utf-8">
```

```
<title>算数运算符</title>
</head>
<body>
<script type="text/javascript">
    var num1=200,num2=5;
    document.write("200+5="+(num1+num2)+"<br>");
    document.write("200-5="+(num1-num2)+"<br>");
    document.write("200*5="+(num1*num2)+"<br>");
    document.write("200/5="+(num1/num2)+"<br>");
    document.write("(200++)="+(num1++)+"<br>");
    document.write("(++200)="+(++num1)+"<br>");
</script>
</body>
</html>
```

在 HBuilder 中按 Ctrl+R 快捷键，运行效果如图 7-6 所示。

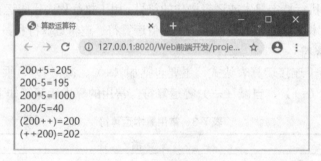

图7-6　算术运算符的使用

（2）比较运算符

比较运算符在逻辑语句中使用，用于判断变量或值是否相等。其运算过程需要首先对操作数进行比较，然后返回一个布尔值 true 或 false。常用的比较运算符如表 7-4 所示。

表 7-4　常用的比较运算符

比较运算符	描　述
<	小于
>	大于
<=	小于或等于
>=	大于或等于
==	等于。只根据表面值进行判断，不涉及数据类型。例如，"27"==27 的值为 true
===	绝对等于。同时根据表面值和数据类型进行判断。例如，"27"===27 的值为 false
!=	不等于。只根据表面值进行判断，不涉及数据类型。例如，"27"!=27 的值为 false
!==	不绝对等于。同时根据表面值和数据类型进行判断。例如，"27"!==27 的值为 true

下面通过案例 project07-05.html 来演示比较运算符的使用，具体代码如下：

```html
<!DOCTYPE html>
<html>
<head>
<meta charset="utf-8">
<title>比较运算符</title>
</head>
<body>
<script type="text/javascript">
    var age=24;                                              //定义变量；
    document.write("age 变量的值为： "+age+"<br>");          //输出变量值；
    document.write("age>=18:"+(age>=18)+"<br>");             //变量值比较；
    document.write("age<18:"+(age<18)+"<br>");
    document.write("age!=18:"+(age!=18)+"<br>");
    document.write("age>18:"+(age>18)+"<br>");
</script>
</body>
</html>
```

在 HBuilder 中按 Ctrl+R 快捷键，运行效果如图 7-7 所示。

图7-7　比较运算符的使用

（3）逻辑运算符

逻辑运算符是根据表达式的值来返回真值或是假值。JavaScript 支持常用的逻辑运算符，具体如表 7-5 所示。

表 7-5　常用的逻辑运算符

逻辑运算符	描　　述
&&	逻辑与，只有当两个操作数 a、b 的值都为 true 时，a&&b 的值才为 true；否则为 false
||	逻辑或，只有当两个操作数 a、b 的值都为 false 时，a||b 的值才为 false；否则为 true
!	逻辑非，!true 的值为 false，而!false 的值为 true

下面通过案例 project07-06.html 来演示逻辑运算符的使用，具体代码如下：

173

```
<!DOCTYPE html>
<html>
<head>
<meta charset="utf-8">
<title>逻辑运算符</title>
</head>
<body>
<pre>
<script type="text/javascript">
    var a=7,b=8,result;
    document.writeln("a=7,b=8");
    document.write("a&lt;b&&a&lt;=b:");result=a<b&&a<=b;document.writeln(result);
    document.write("a&lt;b&&a&gt;b:");result=a<b&&a>b;document.writeln(result);
    document.write("a&lt;b||a&gt;b:");result=a<b||a>b;document.writeln(result);
    document.write("a&gt;b&&a&gt;=b:");result=a>b||a>=b;document.writeln(result);
    document.write("!(a&lt;b):");result=!(a<b);document.writeln(result);
    document.write("!(a&gt;b):");result=!(a>b);document.writeln(result);
</script>
</pre>
</body>
</html>
```

在 HBuilder 中按 Ctrl+R 快捷键，运行效果如图 7-8 所示。

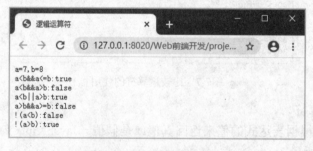

图7-8　逻辑运算符的使用

（4）赋值运算符

最基本的赋值运算符是等于号"="，用于对变量进行赋值。其他运算符可以和赋值运算符"="联合使用，构成组合赋值运算符。常用的赋值运算符如表 7-6 所示。

表 7-6　常用的赋值运算符

赋值运算符	描　　述
=	将右边表达式的值赋给左边的变量。例如，username="name"

续表

赋值运算符	描　述
+ =	将运算符左边的变量加上右边表达式的值赋给左边的变量。例如,a+=b,相当于 a=a+b
– =	将运算符左边的变量减去右边表达式的值赋给左边的变量。例如,a–=b,相当于 a=a–b
*=	将运算符左边的变量乘以右边表达式的值赋给左边的变量。例如,a*=b,相当于 a=a*b
/ =	将运算符左边的变量除以右边表达式的值赋给左边的变量。例如,a/=b,相当于 a=a/b
% =	将运算符左边的变量用右边表达式的值求模,并将结果赋给左边的变量。例如,a%=b, 相当于 a=a%b

下面通过案例 project07-07.html 来演示赋值运算符的使用,具体代码如下:

```html
<!DOCTYPE html>
<html>
<head>
<meta charset="utf-8">
<title>赋值运算符</title>
</head>
<body>
<pre>
<script type="text/javascript">
    var a=6,b=5;
    document.writeln("a=6,b=5");
    document.write("a+=b=");a+=b;document.writeln(a);
    document.write("a-=b=");a-=b;document.writeln(a);
    document.write("a*=b=");a*=b;document.writeln(a);
    document.write("a/=b=");a/=b;document.writeln(a);
    document.write("a%=b=");a%=b;document.writeln(a);
</script>
</pre>
</body>
</html>
```

在 HBuilder 中按 Ctrl+R 快捷键,运行效果如图 7-9 所示。

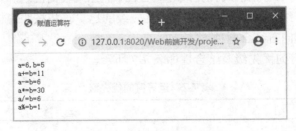

图7-9　赋值运算符的使用

175

（5）条件运算符

条件运算符是 JavaScript 中的一种特殊的三目运算符，其语法格式如下：

操作数？结果 1：结果 2

若操作数的值为 true，则整个表达式的结果为"结果 1"，否则为"结果 2"。

下面通过示案例 project07-08.html 来演示条件运算符的使用，具体代码如下：

```html
<!DOCTYPE html>
<html>
<head>
<meta charset="utf-8" />
<title>条件运算符</title>
</head>
<body>
<script type="text/javascript">
    var i=5, j=6;
    alert((++i==j++)?true:false);
</script>
</body>
</html>
```

在 HBuilder 中按 Ctrl+R 快捷键，运行效果如图 7-10 所示。

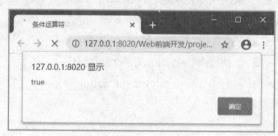

图7-10　条件运算符的使用

2．运算符优先级

JavaScript 运算符均有明确的优先级与结合性，优先级较高的运算符将先于优先级较低的运算符进行运算。结合性则是指具有同等优先级的运算符将按照怎样的顺序进行运算，结合性有向左结合和向右结合两种。

JavaScript 运算符的优先级及结合性如表 7-7 所示。

表 7-7　运算符的优先级

赋值运算符	结 合 性	运 算 符
最高	向左	.、[ ]、（）

赋值运算符	结 合 性	运 算 符
由高到低依次排列	向右	++、--、-、!、delete、new、typeof、void
	向左	*、/、%
	向左	+、-
	向左	<<、>>、>>>
	向左	<、<=、>、>=、in、instanceof
	向左	==、!=、===、!===
	向左	&
	向左	^
	向左	|
	向左	&&
	向左	||
	向右	?:
	向右	=
	向右	*=、/=、%=、+=、-=、<<=、>>=、>>>=、&=、^=、|=
最低	向左	,

下面通过示例 project07-09.html 来演示运算符优先级的使用,具体代码如下:

```html
<!DOCTYPE html>
<html>
<head>
<meta charset="utf-8">
<title>运算符优先级</title>
</head>
<body>
<script type="text/javascript">
    var a=1+1*2;
    var b=(1+1)*2;
    alert("a="+a+"\nb="+b);
</script>
</body>
</html>
```

在 HBuilder 中按 Ctrl+R 快捷键,运行效果如图 7-11 所示。

3. 表达式

表达式是一个语句集合,像一个组一样,计算结果是一个单一的值,该值可以是 boolean、number、string、function 或者 object 数据类型之一。一个表达式本身可以很简单,如一个数字或者变量。另外,它还可以包含许多连接在一起的变量关键字以及运算符。

177

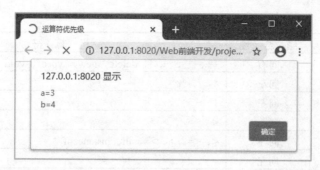

图7-11　运算符优先级的使用

在定义完变量后，可以对其进行赋值、更改、计算等一系列操作，这一过程需要通过表达式来完成。

7.4　任务 3　程序流程控制

在日常生活中，人们需要通过大脑思维方式来控制大脑发出的指令，安排工作生活流程。同样的，在程序中也需要相应的控制语句来控制程序的执行流程。在 JavaScript 中主要的流程控制语句有条件语句、循环语句和跳转语句等。

7.4.1　条件语句

在实际生活中，经常需要对某一事件作出判断，例如准备吃中餐，就要准备中餐的食材；如果准备吃西餐，就要准备西餐的食材等。JavaScript 中有一种特殊的条件语句，也称分支语句。条件语句需要对一些事件作出判断，从而决定执行哪一段代码。

1. if 条件语句

if 条件语句是最基本、最常用的条件控制语句。通过判断条件表达式的值为 true 或者false，来确定是否执行某一条语句。主要包括单向判断语句、双向判断语句和多向判断语句，具体如下。

（1）单向判断语句

单向判断语句是结构最简单的条件语句，如果程序中存在绝对不执行某些指令的情况，就可以使用单向判断语句，其语法格式如下：

```
if（执行条件）{
    执行语句}
```

在以上语法结构中，if 可以理解为"如果"，"()"用于指定 if 语句中的执行条件，"{}"用于指定满足执行条件后执行的相关事件。

单向判断语句的执行流程如图 7-12 所示。

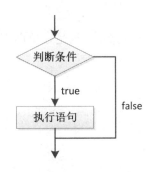

图7-12　单向判断语句的执行流程

下面通过一个比较数字大小的案例 project07-10.html 来学习单向判断语句的用法，具体代码如下：

```html
<!DOCTYPE html>
<html>
<head>
<meta charset="utf-8" />
<title>单向判断语句</title>
</head>
<body>
<script type="text/javascript">
var num1=200;                    //定义一个赋值为 200 的变量
var num2=100;                    //定义一个赋值为 100 的变量
if(num1>num2){
    alert('恭喜您，条件成立');    //如果条件成立则弹出"恭喜您，条件成立"
}
alert('对不起，条件不成立')       //如果条件不成立则弹出"对不起，条件不成立"对话框
</script>
</body>
</html>
```

在 HBuilder 中按 Ctrl+R 快捷键，运行效果如图 7-13 所示。

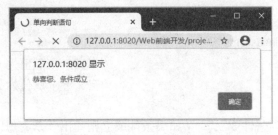

图7-13　单向判断语句的使用

（2）双向判断语句

双向判断语句是 if 条件语句的基础形式，只是在单向判断语句基础上增加了一个从句，其基本语法格式如下：

```
if（执行条件）{
执行语句 1
}else{
执行语句 2
}
```

如果条件成立则运行"执行语句 1"，否则运行"执行语句 2"。双向判断语句的执行流程如图 7-14 所示。

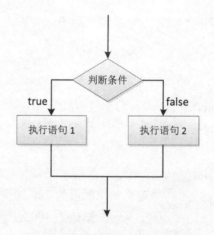

图7-14　双向判断语句执行流程

下面通过案例 project07-11.html 来演示双向判断语句的基本使用方法，具体代码如下：

```
<!DOCTYPE html>
<html>
<head>
<meta charset="utf-8" />
<title>双向判断语句</title>
</head>
<body>
<script type="text/javascript">
var num1=100;                          //定义一个赋值为 100 的变量
var num2=200;                          //定义一个赋值为 200 的变量
if(num1>num2){
    alert('恭喜您，条件成立');   //如果条件成立则弹出"恭喜您，条件成立"
}else{
```

```
        alert('对不起，条件不成立')        //如果条件不成立则弹出"对不起，条件不成立"
                                        //对话框
    }
    alert('测试完成') //无论条件成立与否，最后都会弹出"测试完成"对话框
    </script>
    </body>
    </html>
```

如果条件成立则弹出"恭喜您，条件成立"；如果条件不成立则弹出"对不起，条件不成立"；最后弹出"测试完成"。在 HBuilder 中按 Ctrl+R 快捷键运行代码，效果如图 7-15 所示，单击"确定"按钮后，效果如图 7-16 所示。

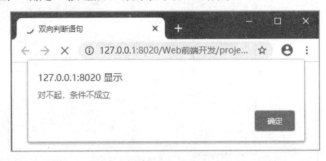

图7-15　双向判断语句的使用1

图7-16　双向判断语句的使用2

（3）多向判断语句

多向判断语句可以在根据表达式的结果判断一个条件，然后根据返回值做进一步的判断，其基本语法格式如下：

```
if（执行条件 1）{
执行语句 1}
else if（执行条件 2）{
执行语句 2}
else if（执行条件 3）{
执行语句 3}
...
```

181

在多向判断语句的语法中，通过 else if 语句可以对多个条件进行判断，并且根据判断的结果执行相关事件。多向判断语句的执行流程如图 7-17 所示。

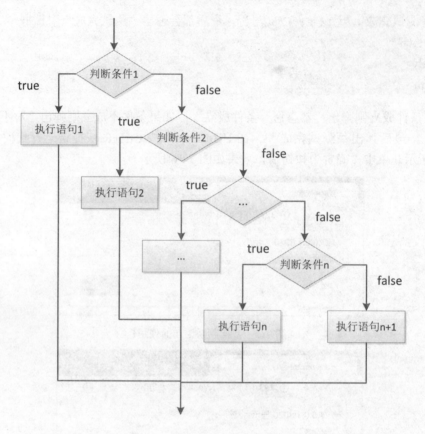

图7-17　多向判断语句执行流程

下面通过案例 project07-12.html 来演示多向判断语句的用法，具体代码如下：

```html
<!DOCTYPE html>
<html>
<head>
<meta charset="utf-8" />
<title>多向判断语句</title>
</head>
<body>
<script type="text/javascript">
    var jiangxiang='二等奖';              //定义了一个变量，并对其赋值
    if(jiangxiang =='一等奖'){
        //判断如果赋值为一等奖，则弹出下面内容
        alert('恭喜获得奖学金 3000 元');
```

```
        }else if(jiangxiang =='二等奖'){
            //判断如果赋值为二等奖，则弹出下面内容
            alert('恭喜获得奖学金 2000 元');
        }else if(jiangxiang =='三等奖'){
            //判断如果赋值为三等奖，则弹出下面内容
            alert('恭喜获得奖学金 1000 元'); }
</script>
</body>
</html>
```

在 HBuilder 中按 Ctrl+R 快捷键，运行效果如图 7-18 所示。

图7-18　多向判断语句的使用

2．switch 条件语句

switch 条件语句是典型的多路分支语句，其作用与 if 语句类似，但 switch 条件语句比 if 语句更具有可读性。switch 条件语句的基本语法格式如下：

```
switch (表达式){
    case  目标值 1:
        执行语句 1
        break;
    case  目标值 2:
        执行语句 2
        break;
    …
    case  目标值 n:
        执行语句 n
        break;
    default:
        执行语句 n+1
        break;}
```

在上面的语法结构中，{}中的执行语句被称作循环体，循环体是否执行取决于循环条件。当循环条件为 true 时，循环体就会执行。循环体执行完毕时会继续判断循环条件，如条件仍为 true 则会继续执行，直到循环条件为 false 时，整个循环过程才会结束。

Switch 语句将表达式的值与每个 case 中的目标值进行匹配，如果找到了匹配的值，会执行对应的 case 后的执行语句，如果没找到任何匹配的值，就会执行 default 后的执行语句。语法中的 break 关键字用于跳出 switch 语句，具体用法后续内容会详细介绍。

下面通过案例 project07-13.html 来演示 switch 语句的用法，具体代码如下：

```
<!DOCTYPE html>
<html>
<head>
<meta charset="utf-8" />
<title>switch 条件语句</title>
</head>
<body>
<script type="text/javascript">
var day=5;
switch(day){
    case 1:
        document.write("星期一");
        break;
    case 2:
        document.write("星期二");
        break;
    case 3:
        document.write("星期三");
        break;
    case 4:
        document.write("星期四");
        break;
    case 5:
        document.write("星期五");
        break;
    case 6:
        document.write("星期六");
        break;
    default:
        document.write("星期日");
```

```
            break;}
</script>
</body>
</html>
```

在 HBuilder 中按 Ctrl+R 快捷键，运行效果如图 7-19 所示。

图7-19　switch条件语句的使用

7.4.2　循环语句

1．while 循环语句

while 语句是最基本的循环语句，其基本语法格式如下：

```
while(循环条件){
执行语句
…
}
```

在上面的语法结构中，{}中的执行语句被称作循环体，循环体是否执行取决于循环条件。当循环条件为 true 时，循环体就会执行。循环体执行完毕时会继续判断循环条件，如条件仍为 true 则会继续执行，直到循环条件为 false 时，整个循环过程才会结束。while 循环语句的执行流程如图 7-20 所示。

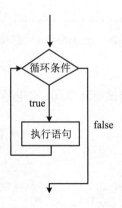

图7-20　while循环语句的执行流程

下面通过案例 project07-14.html 来演示 while 循环语句的具体用法，具体代码如下：

185

```
<!DOCTYPE html>
<html>
<head>
<meta charset="utf-8" />
<title>while 循环语句</title>
</head>
<body>
<script type="text/javascript">
    var i=1;                                    //定义一个变量 a，设置初始值为 1
    var sum=i;
    document.write("累加和不大于 10 的所有自然数：<br>");
    while(sum<10){
        sum=sum+i;                              //累加 i 的值
        document.write(i+'<br>');               //输出符合条件的自然数
        i++;
        }
</script>
</body>
</html>
```

在 HBuilder 中按 Ctrl+R 快捷键，运行效果如图 7-21 所示。

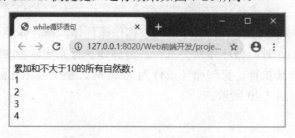

图7-21　while循环语句的使用

2. do…while 循环语句

do…while 循环语句也称为后测试循环语句，它也是利用一个条件来控制是否要继续执行该语句，其基本语法格式如下：

```
do {
执行语句
…
} while(循环条件);
```

在上面的语法结构中，关键字 do 后面{}中的执行语句是循环体。do…while 循环语句将循环条件放在了循环体的后面。这也就意味着，循环体会无条件执行一次，然后再根据循环条件来决定是否继续执行。

do…while 语句循环的执行流程如图 7-22 所示。

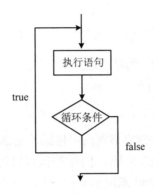

图7-22 do…while循环语句的执行流程

下面通过案例 project07-15.html 来演示 while 循环语句的具体用法，具体代码如下：

```html
<!DOCTYPE html>
<html>
<head>
<meta charset="utf-8" />
<title>do...while 循环语句</title>
</head>
<body>
<script type="text/javascript">
    var i =99;                          //定义一个变量 i，设置初始值为 100
    do{
        i++;                            //变量 a 进行自增
        document.write(i);              //指定执行语句
    }while(i < 100);                    //指定循环条件
</script>
</body>
</html>
```

在 HBuilder 中按 Ctrl+R 快捷键，运行效果如图 7-23 所示。

图7-23 do…while循环语句的使用

187

> 📖 注意：do...while 循环语句结尾处的 while 语句括号后面有一个分号 ";"，在书写过程中一定不要漏掉，否则 JavaScript 会认为循环是一个空语句。

3. for 循环语句

for 循环语句也称为计次循环语句，一般用于循环次数已知的情况，其基本语法格式如下：

```
for(初始化表达式; 循环条件; 操作表达式){
    执行语句
    …}
```

在上面的语法结构中，for 关键字后面( )中包括了三部分内容：初始化表达式、循环条件和操作表达式，它们之间用 ";" 分隔，{ }中的执行语句为循环体。

下面通过案例 project07-16.html 来演示 for 循环语句的具体用法，具体代码如下：

```
<!DOCTYPE html>
<html>
<head>
<meta charset="utf-8" />
<title>for 循环语句</title>
</head>
<body>
<script type="text/javascript">
    var sum = 0                          //定义变量 sum，用于记住累加的和
    for(var i = 1; i < 100; i+=2){       //i 的值以加 2 的方式自增
        sum=sum+i;}                      //实现 sum 与 i 的累加
    alert("100 以内所有奇数和："+sum);    //输出计算结果
</script>
</body>
</html>
```

在 HBuilder 中按 Ctrl+R 快捷键，运行效果如图 7-24 所示。

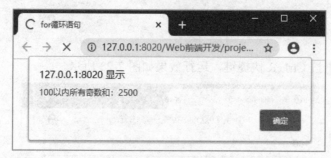

图7-24　for循环语句的使用

7.4.3　跳转语句

跳转语句用于实现循环执行过程中程序流程的跳转。在 JavaScript 中，跳转语句包括 break 语句和 continue 语句，具体讲解如下。

1．break 语句

在 switch 条件语句和循环语句中都可以使用 break 语句，当它出现在 switch 条件语句中时，作用是终止某个 case 并跳出 switch 结构。break 语句的基本语法格式如下：

```
break;
```

下面通过案例 project07-17.html 来演示 bread 语句的具体用法，具体代码如下：

```html
<!DOCTYPE html>
<html>
<head>
<meta charset="utf-8" />
<title>break 语句</title>
</head>
<body>
<script type="text/javascript">
    var sum = 0
    for(var i = 0; i < 100; i++){
        sum=sum+i;
        if(sum>10)break;}          //如果自然数之和大于 10 则跳出循环

    alert("0～99 的第一个大于 10 的自然数之和："+sum);
</script>
</body>
</html>
```

在 HBuilder 中按 Ctrl+R 快捷键，运行效果如图 7-25 所示。

图7-25　break语句的使用

2. continue 语句

continue 语句的作用是终止本次循环，执行下一次循环，其基本语法格式如下：

```
continue;
```

下面通过案例 project07-18.html 来演示 continue 语句的具体用法，具体的代码如下：

```html
<!DOCTYPE html >
<html>
<head>
<meta charset="utf-8" />
<title>continue 语句</title>
</head>
<body>
<script type="text/javascript">
for(var i=1;i<10;i++){          //应用 for 循环判断，如果 i<10 就执行 i++
    if(i==3||i==5)              //应用 if 语句判断，如果 i 值等于 3、5 就跳出该次循环
    continue;
    document.write(i+"<br />")}
</script>
</body>
</html>
```

在 HBuilder 中按 Ctrl+R 快捷键，运行效果如图 7-26 所示。

图7-26　continue语句的使用

📖注意：continue 语句只是结束本次循环，而不是终止整个循环语句的执行。而 break 语句则是结束整个循环过程，不再判断执行循环的条件是否成立。

7.5   任务 4   函数

在 JavaScript 中，经常会遇到程序需要多次或重复操作的情况，这时就需要重复书写相同的代码。因此，JavaScript 提供了函数，可以将程序中烦琐的代码模块化，这样提高了程序的可读性，减少了开发人员的工作量并且便于后期维护。

7.5.1   初识函数

在 JavaScript 程序设计中，为了使代码更为简洁并可以重复使用，通常会将某段实现特定功能的代码定义成一个函数。所谓的函数就是在计算机程序中由多条语句组成的逻辑单元，在 JavaScript 中，函数使用关键字 function 来定义，其语法格式如下：

```
<script type="text/javascript">
    function 函数名 ([参数 1,参数 2,…]) {
        函数体
}
</script>
```

从上述语法格式可以看出，函数的定义由关键字 function、函数名、参数和函数体四部分组成，关于这四部分的相关讲解如下。

❖   function：在声明函数时必须使用的关键字。
❖   函数名：创建函数的名称，函数名是唯一的。
❖   参数：外界传递给函数的值，它是可选的，当有多个参数时，各参数用","分隔。
❖   函数体：函数定义的主体，专门用于实现特定的功能。

下面我们定义一个无参函数 show()，代码如下：

```
<script type="text/javascript">
    function show () {
        Alert("你学会函数的定义了吗？")}
</script>
```

7.5.2   函数的调用

当函数定义完成后，要想在程序中发挥函数的作用，必须调用这个函数。函数的调用非常简单，只需引用函数名，并传入相应的参数即可。函数调用的语法格式如下：

```
函数名称([参数 1,参数 2,…])
```

在上述语法格式中，"[参数1，参数2，…]"是可选的，用于表示参数列表，其值可以是一个或多个。

下面通过案例 project07-19.html 来演示函数调用的具体用法，具体代码如下：

```html
<!DOCTYPE html >
<html>
<head>
<meta charset="utf-8" />
<title>函数的调用</title>
</head>
<body>
<button onclick="show()">单击按钮</button>    <!--通过鼠标单击事件调用函数-->
</body>
</html>
<script type="text/javascript">
    function show(){
            alert("函数的调用");        }
</script>
</body>
</html>
```

在 HBuilder 中按 Ctrl+R 快捷键，运行效果如图 7-27 所示，单击"单击按钮"，运行效果如图 7-28 所示。

图7-27　函数调用1

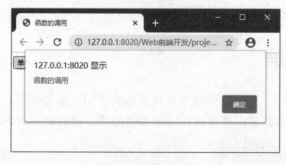

图7-28　函数调用2

7.5.3 函数中变量的作用域

在前面介绍过变量需要先定义后使用，但这并不意味着定义变量后就可以随时使用该变量。变量需要在它的作用范围内才可以被使用，这个作用范围称为变量的作用域。变量的作用域取决于这个变量是哪一种变量，在 JavaScript 中，变量一般分为全局变量和局部变量，对它们的具体解释如下。

- ❖ 全局变量：在所有函数之外定义，其作用域范围是同一个页面文件中的所有脚本。
- ❖ 局部变量：是定义在函数体之内，只对该函数是可见的，而对其他函数则是不可见的。

下面通过一个输出 1～100 的所有素数的案例 project07-20.html 来理解函数中变量的作用域，具体代码如下：

```html
<!DOCTYPE html>
<html >
<head>
<meta charset="utf-8" />
<title>函数的作用域</title>
<script type="text/javascript">
    function IsPrime(n){
        if(n<1) return false;        //函数返回值：若 n 是素数，则返回 true，否则返回 false
        var i;                       //此处变量 i 为局部变量
        for(i=2;i<n;i++) if (n%i==0) return false;
        return true;}
</script>
</head>
<body>
<pre>
<script type="text/javascript">
    var i,n=0;                       //i,n 声明为全局变量
    document.writeln("1～100 的所有素数");
    for(i=1;i<=100;i++){
        if(IsPrime(i)){              //判断是否为素数
            n++                      //累计素数个数
            document.write(i+"\t");  //使用制表符 "\t"，使输出上下对齐
            if(n%5==0) document.writeln();} //换行，5 个素数一行
    }
</script>
```

193

```
</pre>
</body>
</html>
```

在 HBuilder 中按 Ctrl+R 快捷键，运行效果如图 7-29 所示。

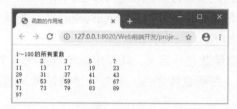

图7-29　函数变量的作用域

7.6　任务5　结构布局及样式定义

有了 HTML、CSS、JavaScript 知识的储备和积累，我们可以准备着手"我要回家网"主题页面制作。首先要进行的是效果分析、页面结构 HTML 布局、CSS 基础样式定义，然后开始制作各个版块。

7.6.1　准备工作

1. 创建 Web 项目

（1）打开 HBuilder 软件。

（2）选择"文件"→"新建 Web 项目"选项，设置相应位置，项目名称为"我要回家网"。

（3）在项目管理器的"我要回家网"上右击，新建 HTML 文件。

（4）创建首页面 index.html 文件。

2. 切图

使用 Adobe Photoshop CC 的切片工具，导出"我要回家网"页面中的素材图片，存储在站点中的 images 文件夹中，如图 7-30 所示。

图7-30　素材图片

7.6.2　制作思路分析

1.　页面结构 HTML 布局分析

"我要回家网"结构比较简单,从上到下可以分为"头部"版块、"导航"版块、banner 版块、"时间"版块、"客运信息"版块和"底部"版块六部分,"我要回家网"页面结构如图 7-31 所示。

图 7-31　"我要回家网"页面结构

2.　CSS 基础样式分析

分析效果图可以看出"头部""导航""客运信息""底部"版块均是通栏显示,需要设置宽度 100%显示。另外主题中的"时间"版块版宽 980px 且居中显示。页面中的文字采用 12px、微软雅黑、灰色字体,这些样式可以通过 CSS 公共样式进行定义。最后需要设置鼠标经过、悬停时去除超链接文本的下画线效果。

3.　JavaScript 分析

"我要回家网"页面中,当鼠标移动到"头部"版块中的"个人中心"时,将会产生下拉菜单效果。另外,"客运信息"版块需要通过 JavaScript 控制表格中偶数行单元格的背景色。

7.6.3　页面结构设计

通过定义 id 为 top_bg、nav_bg、banner、week、tbl、footer 的六个<div>分别搭建"头部""导航""banner""时间""客运信息"和"底部"版块结构，将页面整体分为六部分。页面结构代码如下：

```
<!DOCTYPE html>
<html>
    <head>
    <meta http-equiv="Content-Type" content="text/html; charset=utf-8" />
        <title>我要回家网</title>
        <link href="css/style07.css" rel="stylesheet" type="text/css"/>
        <script type="text/javascript" src="js/js07.js"></script>
    </head>
        <body onload="changeColor()">
        <!--header-->
        <div id="top_bg"></div>
        <!--nav-->
        <div id="nav_bg"></div>
        <!--banner-->
        <div id="banner"></div>
        <!--week-->
        <ul id="week"></ul>
        <!--车次信息-->
        <table id="tbl" class="table"></table>
        <!--footer-->
        <div id="footer"></div>
    </body>
</html>
```

7.6.4　基础样式定义

在站点根目录下的 CSS 文件夹内新建样式表文件 style07.css，使用链入式 CSS 在 index.html 文件中引入样式表文件。然后定义页面的基础样式，具体 CSS 样式如下：

```
/*重置浏览器默认样式*/
body,ul,p,dl,dt,dd,h1,table,tr,td,th,h2,li{margin:0;padding:0; list-style:none; outline:none;
border:0;}
```

```
/*全局控制*/
body{color:#6C6C6C;font-size:12px; font-family:"微软雅黑";}
/*定义公共样式*/
a:link,a:visited{text-decoration:none; color:#6C6C6C;}
a:hover{text-decoration:none;}
```

7.6.5 CSS/JS 文件引入

在站点根目录下的 css 文件夹内新建 style.css 文件，使用链入式在 index.html 文件中引入 style.css 文件。

在站点根目录下的 js 文件夹内新建 js.js 文件，使用链入式在 index.html 文件中引入 js.js 文件。

```
<link href="css/style.css" rel="stylesheet" type="text/css" />
<script type="text/javascript" src="js/js.js"></script>
```

7.7 任务 6 制作"头部"版块

7.7.1 "头部"版块效果分析

1. "头部"版块结构分析

"头部"导航版块通栏显示效果，整体上由一个大盒子控制。"头部"导航版块中的内容居中对齐，由一个<div>搭建结构。另外，登录和个人中心栏目结构清晰，可以分别通过无序列表<ul>嵌套<li>标记进行定义。"头部"版块结构如图 7-32 所示。

图7-32 "头部"版块结构

2. "头部"版块样式分析

"头部"版块通栏显示，需要对最外层大盒子设置宽度 100%。导航版块居中显示，需要设置宽度固定并定义居中对齐。另外，盒子底部有一条灰色的分隔线，可以通过 border 属性设置边框效果。此外，需要为<li>标记设置左浮动，使各个子栏目有序排列。

3. JavaScript 特效分析

"头部"版块中的 JavaScript 特效分析。当鼠标移动到"个人中心"时，在其下方将出现一个背景色为白色，并弹出有边框的下拉菜单；当鼠标滑过下拉菜单中的某个选项时，其背景色变为灰色；当鼠标移出后，菜单栏恢复原来的样式。"头部"版块效果如图 7-33 所示。

图7-33 "头部"版块效果

7.7.2 "头部"版块制作

1. HTML 结构布局

在 index.html 文件中编写"头部"版块的 HTML 代码如下：

```
<!DOCTYPE html>
<head>
<meta http-equiv="Content-Type" content="text/html; charset=utf-8" />
<title>我要回家网</title>
<link href="css/style.css" rel="stylesheet" type="text/css"/>
<script type="text/javascript" src="js/js.js"></script>
</head>
<body onload="changeColor()">
<!--header-->
<div id="top_bg">
    <div id="top">
        <ul class="left">
            <li><a href="#">登录</a></li>
            <li><a href="#">免费注册</a></li>
        </ul>
        <ul class="right">
            <li class="list" ><span>个人中心</span></li>
            <li class="line">|</li>
            <li><span>使用须知</span></li>
```

```
            <li class="line">|</li>
            <li><span>收藏夹</span></li>
            <li class="line">|</li>
            <li><span>货物快运</span></li>
            <li class="line">|</li>
            <li><span>联系我们</span></li>
        </ul>
    </div>
</div>
```

头部的 HTML 代码中，定义了 id 为 top_bg 的<div>来搭建头部的整体结构。另外，分别使用 class 为 left、right 的两个无序列表<ul>搭建登录和个人中心版块的结构，并通过<li>标记定义其中的各个栏目。

2. CSS 样式

在 style.css 样式表文件中编写"头部"版块的 CSS 代码如下：

```
/*头部版块 CSS*/
#top_bg{
    width:100%;                  /*设置最外层大盒子通栏显示 */
    height:30px;
    background:#F7F7F7;}
#top{
    width:980px;
    height:30px;
    line-height:30px;
    margin:0 auto;}              /*头部主体内容在浏览器中居中对齐 */

.left{float:left;}              /*"登录版块"左浮动 */
.right{float:right;}            /*"个人中心版块"右浮动 */
#top li{
    float:left;
    padding:0px 10px 0px 0px;}
#top .line{color:#CCC;}
.right li{
    cursor:pointer;
    border:1px solid #f7f7f7;}
.right li span{padding:0px 9px;}
```

3. JavaScript 效果实现

制作完成"头部"版块的 HTML 页面结构和 CSS 样式后，接下来我们通过 JavaScript 来控制下拉菜单的显示与隐藏，具体方法如下。

（1）添加下拉菜单结构代码。将下拉菜单的结构代码添加到"个人中心"所在的\<li\>标签内部，添加代码如下：

```html
<div id="top_bg">
    <div id="top">
        <ul class="left">
            <li><a href="#">登录</a></li>
            <li><a href="#">免费注册</a></li>
        </ul>
        <ul class="right">
            <li class="list" onmouseover="change('list_cur','block')" onmouseout="change('list_cur','none')">
                <span>个人中心</span>
                <div id="list_cur">
                    <a href="#">已完成订单</a>
                    <a href="#">未完成订单</a>
                    <a href="#">我的保险</a>
                    <a href="#">账户安全</a>
                    <a href="#">个人信息</a>
                    <a href="#">常用联系人</a>
                </div>
            </li>
            <li class="line">|</li>
            <li><span>使用须知</span></li>
            <li class="line">|</li>
            <li><span>收藏夹</span></li>
            <li class="line">|</li>
            <li><span>货物快运</span></li>
            <li class="line">|</li>
            <li><span>联系我们</span></li>
        </ul>
    </div>
</div>
```

上述代码中，onmouseover、onmouseout 鼠标事件将在后续项目中详细讲解。

（2）定义下拉菜单 CSS 样式，具体代码如下：

```
    /*下拉菜单 CSS*/
.right .list{position:relative;}
.right #list_cur{
    width:95px;
    display:none;
    position:absolute;
    left:-1px;
    top:30px;                      /*下拉菜单位置设置*/
    background-color:#FFF;
    border:1px solid #EEE;}        /*下拉菜单样式设置*/
.right #list_cur a{
    display:block;                 /* a 元素转化为行内元素*/
    padding:0 10px;
    line-height:28px;
    color:#6C6C6C;}                /* 超链接显示样式*/
.right #list_cur a:hover{background:#F5F5F5;}
```

注意下拉菜单位置、样式设置；<a>元素转化为行内元素，并设置超链接的文本显示样式。

（3）编写下拉菜单 JavaScript 代码，具体如下：

```
function change(myid,mode){
    document.getElementById(myid).style.display=mode;
    if(mode == 'block'){//显示下拉菜单
        //设置下拉菜单所在 div 的边框
        document.getElementById(myid).style.border="1px solid #eee";
        document.getElementById(myid).style.borderTop="none";
        //设置鼠标滑过的 li 的边框及背景颜色
    document.getElementById(myid).parentNode.style.backgroundColor="#fff";
        document.getElementById(myid).parentNode.style.border="1px solid #eee";
    document.getElementById(myid).parentNode.style.borderBottom="none";}
    else{
        //当不显示下拉列表时，鼠标滑过的 li 的边框及背景颜色
        document.getElementById(myid).parentNode.style.backgroundColor="";
        document.getElementById(myid).parentNode.style.border="";}
}
```

在以上的 JavaScript 代码中，第 2 行代码用于为鼠标滑过的<li>标记设置 display 属性，

判断此时下拉菜单是否显示。如果显示，则为此下拉菜单设置边框，并为鼠标移到此处时的<li>标记设置边框及背景色；否则去掉<li>标记的边框和背景色。

保存 js 文件，刷新页面。当鼠标移动"个人中心"选项时，将会出现下拉效果，如图 7-34 所示。

图7-34　下拉菜单效果

7.8　任务7　制作"导航"版块

7.8.1　"导航"版块效果分析

1. "导航"版块结构分析

"导航"版块整体上由一个<div>大盒子构成，由 LOGO 和五个子栏目构成。其中，"导航"版块背景图片通栏显示，使用<div>布局。另外，LOGO 版块使用<h2>定义，各个子栏目结构清晰、并列显示，可以通过无序列表<ul>嵌套<li>标记来定义实现。"导航"版块结构布局如图 7-35 所示。

图7-35　"导航"版块结构布局

2. "导航"版块样式分析

"导航"版块通栏显示，需要设置宽度 100%显示。"导航"版块居中显示，需要设置宽度固定并定义居中对齐。仔细观察盒子底部有一条灰色的分割线，可以通过 border 属性设置边框效果。另外，需要为<li>标记设置左浮动，使各个子栏目有序排列。此外，设置鼠标移动到超链接时，对应的子栏目及其边框颜色变为蓝色。

7.8.2　"导航"版块制作

1. HTML 结构布局

在 index.html 文件中编写"导航"版块的 HTML 代码如下：

```
<!--nav-->
<div id="nav_bg">
    <div class="nav">
        <h2><img src="images/logo.jpg" /></h2>          <!--LOGO 版块定义-->
        <ul>                                            <!--导航版块定义-->
            <li><a href="#">火车票</a></li>
            <li><a href="#">时刻表</a></li>
            <li><a href="#">高铁站</a></li>
            <li><a href="#">酒店预订</a></li>
            <li><a href="#">旅客问答</a></li>          <!--导航子栏目结构-->
        </ul>
    </div>
</div>
```

　　以上代码定义了 id 为 nav_bg 的<div>来搭建导航的最外层的大盒子。另外，使用<h2>定义 LOGO 版块。此外，使用无序列表<ul>定义"导航"版块，并通过<li>搭建导航版块中的各子栏目的结构。

2. CSS 样式

　　在 style.css 样式表文件中编写"导航"版块的 CSS 代码如下：

```
/*nav CSS*/
#nav_bg{
    width:100%;                              /*"导航"版块最外层大盒子*/
    height:95px;
    background:#fff;
    border-bottom:5px solid #d3d3d3;}        /*"导航"版块下边框*/
.nav{
    width:980px;
    margin:5px auto 0;
    height:100px;}
 .nav h2{
    height:70px;
    padding-top:25px;
    float:left;}
.nav ul{float:left;}
.nav ul li{float:left;}
.nav ul li a{
    display:block;                           /*"导航"版块行内元素<a>转换为块元素*/
```

```
        padding:0 40px;
        height:95px;
        line-height:95px;
        font-size:14px;
        border-bottom:5px solid #d3d3d3;}        /*下边框设置*/
    .nav ul li a:hover{
        color:#06F;        /*鼠标移动到<a>元素上时对应子栏目颜色变为蓝色*/
        border-bottom:5px solid #06F;}
                        /*鼠标移动到<a>元素上时对应子栏目的边框颜色变为蓝色*/
```

以上代码中，分别设置"导航"版块最外层大盒子通栏显示，并设置 5 像素的下边框效果。另外，将"导航"版块行内元素<a>转换为块元素，并通过"border-bottom"属性设置下边框效果。此外，设置鼠标移动到<a>元素上时对应子栏目及子栏目边框颜色变为蓝色。"导航"版块鼠标交互效果如图 7-36 所示。

| 火车票 | 时刻表 | 高铁站 | 酒店预订 | 旅客问答 |

图7-36　"导航"版块鼠标交互效果

7.9　任务 8　制作 banner 版块和"时间"版块

7.9.1　banner 版块和"时间"版块效果分析

1. banner 版块和"时间"版块结构分析

banner 版块由一张图片构成，使用<img>标记定义。"时间"版块由无序列表<ul>构成，每个时间栏目分别由<li>标记搭建结构。另外，时间栏目中的文字可通过<a>标记定义。Banner 版块和"时间"版块结构布局如图 7-37 所示。

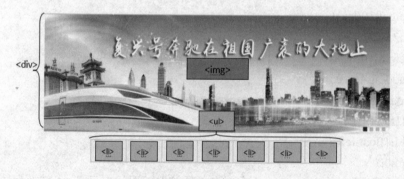

图7-37　banner版块和"时间"版块结构布局

2. banner 版块和"时间"版块样式分析

分析 banner 版块和"时间"版块，需要定义 banner 版块的固定宽高并设置在浏览器中居中对齐。另外，"时间"版块需要设置\<li\>左浮动使其在一行内排列。此外，需要将\<a\>转换为行内块元素，控制其边框效果，并设置鼠标移动到\<a\>元素背景和边框产生的变化。

7.9.2 banner 版块和"时间"版块制作

1. HTML 结构布局

在 index.html 文件中编写 banner 版块和"时间"版块的 HTML 代码如下：

```
<!--banner-->
<div id="banner"><img src="images/banner.jpg" /></div>
<!--week-->
<ul id="week">
    <li><a href="#">01 月 27 日<br/>周三</a></li>
    <li><a href="#" class="next">01 月 28 日<br/>周四</a></li>
    <li><a href="#" class="next">01 月 29 日<br/>周五</a></li>
    <li><a href="#" class="next">01 月 30 日<br/>周六</a></li>
    <li><a href="#" class="next">01 月 31 日<br/>周日</a></li>
    <li><a href="#" class="next">02 月 01 日<br/>周一</a></li>
    <li><a href="#" class="next">02 月 02 日<br/>周二</a></li>
</ul>
```

以上代码中，分别定义了 class 为 banner、week 的两对\<div\>来搭建 banner 版块和"时间"版块的结构。另外，分别使用了 7 对\<li\>标记来定义"时间"版块中的 7 个时间栏目。

2. CSS 样式

在 style.css 样式表文件中编写 banner 版块和"时间"版块的 CSS 代码如下：

```
/*banner CSS*/
#banner{
    width:1346px;
    height:420px;                /*banner 盒子宽度、高度*/
    margin:0 auto;}              /*banner 居中显示*/
/*week CSS*/
#week{
    width:980px;
    height:80px;                 /*时间版块盒子宽度、高度*/
```

```
            margin:30px auto;}              /*时间版块居中显示*/
#week li{float:left;}
#week a{
        display:inline-block;             /*<a>元素转为行内块元素*/
        width:137px;
        height:50px;
        border:2px solid #b6d5fa;         /*设置边框*/
        text-align:center;
        padding-top:28px;
        background:#fff8f2;}
#week .next{border-left:0;}               /*时间版块后 6 个<a>元素的边框效果*/
#week a:hover{
        /*鼠标移动到<a>元素上时，其背景色和下边框颜色变为白色*/
        background:#fff;
        border-bottom:2px solid #fff;}
```

保存 hmtl 和 css 文件，刷新页面，banner 版块和"时间"版块效果如图 7-38 所示。

图7-38　banner版块和"时间"版块效果

当鼠标移动到"时间"版块中的超链接时，其背景色和下边框颜色变为白色。如图 7-39 所示为鼠标放到"周六"时的效果。

图7-39　"时间"版块JS效果

7.10 任务 9 制作"客运信息"版块

7.10.1 "客运信息"版块效果分析

1. "客运信息"版块结构分析

"客运信息"版块主要由一个表格构成。每一行的信息整体由<tr>标记定义。其中，表格标题由<th>标记定义，其余的每条客运信息由<td>定义。"客运信息"版块结构如图 7-40 所示。

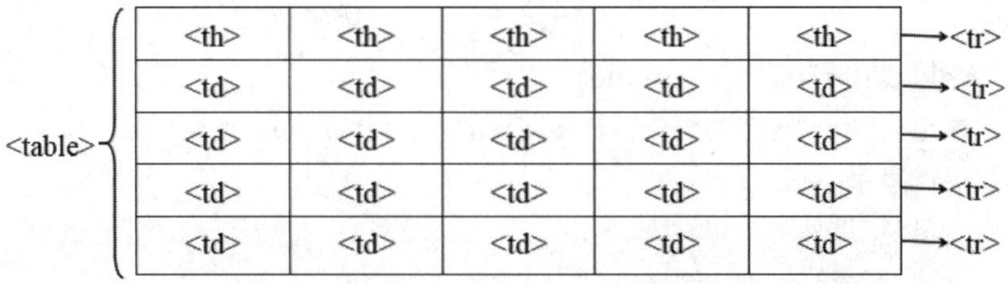

<table>	<th>	<th>	<th>	<th>	<th>	→ <tr>
	<td>	<td>	<td>	<td>	<td>	→ <tr>
	<td>	<td>	<td>	<td>	<td>	→ <tr>
	<td>	<td>	<td>	<td>	<td>	→ <tr>
	<td>	<td>	<td>	<td>	<td>	→ <tr>

图7-40 "客运信息"版块结构

2. "客运信息"版块样式分析

"客运信息"版块需要为<table>设置边框，并使其在浏览器居中对齐。另外，需要为<tr>设置背景色，并通过"text-align"属性设置文字居中对齐。此外，需要设置鼠标经过"购票"按钮时，背景色变色。

3. JavaScript 特效分析

根据效果图，除标题行外的偶数行的单元格背景色为粉白色，可以通过在 CSS 样式中定义一个类，并使用 JavaScript 脚本给对应的单元行添加类名实现相应效果。

7.10.2 "客运信息"版块制作

1. HTML 结构布局

在 index.html 文件中编写"客运信息"版块的 HTML 代码如下：

```
<!--车次信息-->
<table id="tbl" class="table" border="1" >
    <tr class="title">
        <th>出发时间</th>
        <th>始发站/首发站</th>
        <th>计划车型</th>
```

```
            <th>票价</th>
            <th>购票</th>
        </tr>
        <tr>
            <td class="txt1">06:30</td>
            <td  class="txt2"><span  class="red">始</span>省会高铁站<br/><span class=
"blue">终</span>郑州</td>
            <td>空调座席</td>
            <td>￥<span class="colors">100</span></td>
            <td><a href="#" class="buy">购票</a></td>
        </tr>
        <tr>
            <td class="txt1">07:30</td>
            <td  class="txt2"><span  class="red">始</span>省会高铁站<br/><span class=
"blue">终</span>南京</td>
            <td>空调座席</td>
            <td>￥<span class="colors">100</span></td>
            <td><a href="#" class="buy">购票</a></td>
        </tr>
        <tr>
            <td class="txt1">08:30</td>
            <td  class="txt2"><span  class="red">始</span>省会高铁站<br/><span class=
"blue">终</span>深圳</td>
            <td>空调座席</td>
            <td>￥<span class="colors">100</span></td>
            <td><a href="#" class="buy">购票</a></td>
        </tr>
        <tr>
            <td class="txt1">09:30</td>
            <td  class="txt2"><span  class="red">始</span>省会高铁站<br/><span class=
"blue">终</span>苏州</td>
            <td>空调座席</td>
            <td>￥<span class="colors">100</span></td>
            <td><a href="#" class="buy">购票</a></td>
        </tr>
    </table>
```

以上代码中，通过<table>标记定义"客运信息"整体版块，并使用<tr>标记定义一行，

<td>标记定义每一列。另外，通过<th>标记定义表格的标题。此外，定义了 class 为 text1、text2 的<td>控制单元格中的显示内容。

2. CSS 样式

在 style.css 样式表文件中编写"客运信息"版块的 CSS 代码如下：

```
/*车次 CSS*/
.table{
    width:1346px;
    border-collapse:collapse;          /*将表格边框合并为一个单一的边框*/
    margin:0 auto;
    border:1px solid #e8e8e8;
    font-size:14px;}
.table tr{
    height:90px;
    text-align:center;                 /*每行单元格文本居中*/
    background: #B6D5FA;}               /*每行单元格背景色设置*/
.table .title{
    background-color:#f8f8f8;
    height:30px;
    color:#999;
    font-size:16px;}
.table .even{background-color:#fff5e6;}
.txt1,.colors{
    font-size:24px;                    /*设置单元格中显示时间和金额的字号*/
    color: #c5093c;}                   /*设置单元格中显示时间和金额的颜色*/
.table .txt2{
    width:120px;
    text-align:left}
.red,.blue{
    display:inline-block;
    width:18px;
    height:18px;
    background: #c5093c;
    color:#fff;
    line-height:18px;
    text-align:center;}
.blue{background:#06F;}
.buy{                                  /*设置"购票"按钮的外观样式*/
```

```
        width:100px;
        height:30px;
        background:#06F;
        display:inline-block;
        line-height:30px;
        color:#fff;}
.buy:link,.buy:visited{color:#fff;}
.buy:hover{background:#3399ff;}
```

3. JavaScript 效果实现

"客运信息"版块背景效果实现的代码如下：

```
/*table JavaScript*/
    function changeColor(){
        //获取所有行
        var trs = document.getElementById("tbl").getElementsByTagName("tr");
        //为偶数行添加 class 属性，且不包括标题行
        for(var i=2; i<trs.length; i=i+2){
            trs[i].className = "even";}
    }
```

保存 html 和 css 文件，刷新页面。当鼠标移动到"购票"按钮上时，其背景色变色。"客运信息"版块效果如图 7-41 所示。

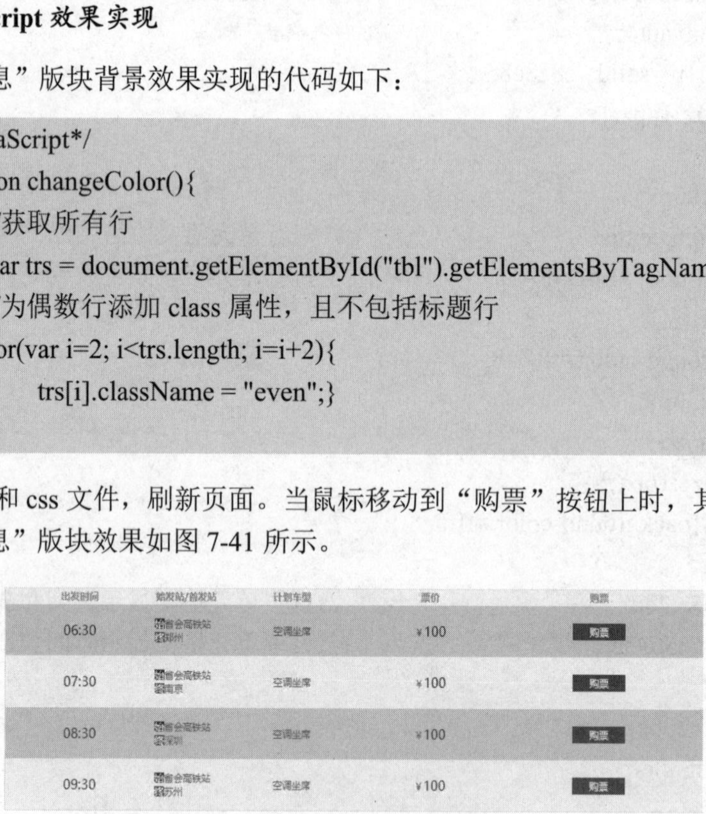

图7-41 "客运信息"版块效果

7.11 任务 10 制作"底部"版块

7.11.1 "底部"版块效果分析

1. "底部"版块结构分析

"底部"版块通栏显示，整体上由一个<div>大盒子构成，如图 7-42 所示。

图7-42　"底部"版块效果

2. "底部"版块样式分析

"底部"版块效果中，"底部"版块通栏显示，需要设置宽度100%。另外，版权信息内容为微软雅黑，14px、白色文本且居中显示，需要使用 CSS 文本外观属性来定义，并通过"text-align"属性设置文件居中对齐。

7.11.2 "底部"版块制作

1. HTML 结构布局

在 index.html 文件中书写"底部"版块的 HTML 代码如下：

```
<!--footer-->
<div id="footer">我要回家网　版权 2000—2020 ICP 备 1666 号 安备</div>
```

2. CSS 样式

在 style.css 样式表文件中书写"底部"版块的 CSS 代码如下：

```
#footer{
    width:100%;
    height:80px;
    background:url(../images/footer_bg.png) repeat-x;
                                        /*"底部"版块背景图片设置*/
    color:#fff;
    text-align:center;
    line-height:80px;
    margin-top:50px;
    font-size:14px;
}
```

保存 html 和 css 文件，刷新页面。完成"底部"版块。

调整所有 HTML、CSS 及 JavaScript 代码后，完成页面整体效果。

项目总结

➤ 建议认真体会变量、表达式及运算符的应用，能够熟练地进行变量的声明与赋值。

> ➤ 掌握条件语句、循环语句及跳转语句，能够熟练地运用流程控制语句控制程序的执行流程。
> ➤ 在实际工作中，函数的应用非常广泛。我们需要注意函数中变量的作用域，能够进行函数的声明及调用及应用，学以致用！

7.12　拓展学习——业务类网站的设计要点

7.12.1　业务类网站的类型

业务类网站或流程类网站通常提供以下几方面内容：一是信息的汇集、传播、检索和导航；二是各类业务类简介、背景、特色服务、个性定制、个人中心等；三是流程类网站流程梳理、特色业务、私人定制等。

目前，业务类网站和流程类网站主要可以分为以下几种类型。

1. 个人类网站

个人类网站主要针对特定行业或个人特质，介绍个人基本情况、业务、特长等。例如，基本资料、专业技能、工作经历、项目经验、自我评价等内容，如图 7-43 所示。

2. 婚庆类网站

婚庆类网站为新人提供全方位的服务或私人定制服务。例如，婚庆礼仪网主要提供公司简介、精彩婚礼、喜车装扮、婚庆匠人、影视制作、设计推荐、温馨提示、联系我们等服务。

如图 7-44 所示为婚庆礼仪网页面效果。

3. 福星农机产品网站

福星凯恩现代农机有限公司是翻转犁专业化生产企业，生产 12～240 马力配套的"福星""凯恩"牌翻转犁，该系列翻转犁具有入土性能良好、阻力小、翻垡好、覆盖严、破碎率高、节油省工等特点。被用户确认为国内品牌，是十亿中国农民"信得过"产品，享有"中国犁王"之美称。在国际上，产品远销东南亚等国家，是我国出口机引犁的重点配套厂家。始终坚持以"质量第一，诚信为本"的宗旨，遵循"科学的管理、优良的产品、完善的服务"这一办厂方针，全心为广大用户服务。福星农机产品网站首页如图 7-45 所示。

4. 家政服务阿姨帮网站

家政服务阿姨帮，家庭的好帮手。家政服务阿姨帮主要涉及家庭服务、企业服务、城市合伙、关于我们、阿姨/技师报名等功能。家政服务阿姨帮网站如图 7-46 所示。

图7-43 个人网站

图7-44 婚庆礼仪网

图7-45 福星农机产品网站首页

图7-46 家政服务阿姨帮网站

7.12.2 业务类网站的设计要点

业务类网站或流程类网站更侧重行业业务或工作流程,相对带有行业属性特质。不同

213

行业业务及流程差异较大，因此，在设计风格、用色、版式等方面都有各自特色。

业务类网站或流程类网站导航菜单、banner、图文动态、特色栏目等通常采用 JavaScript 及 JQuery 等技术实现。因此熟练的运用 JavaScript 完成一些常见的网页特效至关重要。

认真体会变量、表达式及运算符的应用，能够熟练地进行变量的声明与赋值。掌握条件语句、循环语句及跳转语句，能够熟练地运用流程控制语句控制程序的执行流程。在实际工作中，函数的应用非常广泛。我们需要注意函数中变量的作用域，能够进行函数的声明及调用。运用 JavaScript 完成业务类或流程类网站常见的网页特效。

实训

1. 完成"家政服务阿姨帮-家庭服务"子页面的制作，阿姨帮-家庭服务如图 7-47 所示。注意 JavaScript 效果的实现。

2. 完成"家政服务阿姨帮-企业服务"子页面的制作，阿姨帮-企业服务如图 7-48 所示。注意 JavaScript 效果的实现。

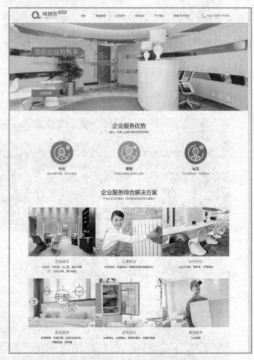

图7-47　阿姨帮-家庭服务　　　　　　　图7-48　阿姨帮-企业服务

项 **8** 目

"延庆外国语学校"页面制作

 知识目标

- ➢ 认识理解对象。
- ➢ 掌握数组的常用属性和方法。
- ➢ 掌握 BOM。
- ➢ 掌握 DOM。
- ➢ 掌握 JavaScript 事件处理。

技能目标

- ➢ 掌握 JavaScript 页面制作方法。

8.1 项目描述及分析

随着时代的发展，人们对教育有不同层次的需求。教育的目标首先为当今社会的人才需求服务，良好的教育环境能培养造就各级各类人才，引领社会的发展。外国语学校亦是对公立教育的补充之一。外国语学校是以外语教学为特色的全日制小中高一贯制学校。目前各地外国语学校的数量大幅增加，外国语学校的办学性质也各不相同，有公办学校、民办学校、国际高中等。外国语学校除了正常开展义务小中高全日制教育外，也更注重学生个性发展，如兴趣、特长等的培养。

本项目将学习制作"延庆外国语学校"网站，重点是编辑网站的首页页面结构 HTML、编写 CSS 样式及实现 JavaScript 交互效果。

网站名称

延庆外国语学校网站

项目描述

编辑制作延庆外国语学校的首页面。

项目分析

❖ 教育类网站一般可分为学前教育、小学教育、中学教育、高中教育、大学教育、职业
教育类网站等。不同类的网站，因其受众群体不同，因此在功能设计上有较大的差异。
义务教育网站一般以学校简介、学校新闻、学校动态、学生活动、教师风采、课外活
动、家校互动等版块展示。

❖ 在线教育类网站，一般分为应试教育类、职业教育类、课程平台类、家庭教育、编程
教育等。目前社会的发展，我们对终生教育、碎片化学习有了更高的需求。因此在线
类教育网站和平台也就应运而生。这类的在线教育网站或平台对教育的目标定位更加
准确，也拓展和丰富了教育的形式与内容。

❖ 学校教育类网站的用色大胆、活泼，充满生机与活力。充分展现了学生的学习氛围、
丰富的课外生活，进一步体现了学校理念、教师水平、办学环境、学生风貌等。

❖ 学校教育中引入了创客教育。科技引领梦想，创新改变未来，让学生尽情沉浸在创意
与科技的海洋中。

❖ 核心理念：以爱育爱、以爱育智、以爱育惠、以爱育人；适应需求，和谐发展；培养
博爱立德、博学多才的阳光学子；让教师幸福开心地工作、让学生健康快乐地成长。

❖ 延庆外国语学校网站以网站首页、关于延外、校园动态、招生入学、课程设置、联系
我们等子版块展示和介绍。头部 LOGO 体现学校特色和办学理念，咨询电话方便社会
各界人士与学校沟通交流。导航菜单为网站的主要功能体现，特色版块会在页面的关
键位置进行强化展示和详尽介绍。环境展示部分体现了学校生活和学习氛围。页脚部
分进行了版权和备案公示。

❖ 苦心耕耘育桃李，一片冰心在玉壶！漫漫长路中一如既往，用慈爱呵护纯真，用智慧
孕育成长，用真诚开启心灵，用希冀放飞理想。延庆外国语学校的姿态是开放、包容、
与时俱进的。

项目实施过程

❖ 延庆外国语学校首页面 HTML 结构设计与制作。
❖ 延庆外国语学校首页面 CSS 样式设计与制作。
❖ 延庆外国语学校首页面 JavaScript 效果实现。

项目最终效果

项目最终效果如图 8-1 延庆外国语学校网站效果图所示。

通过以上分析，延庆外国语学校网站设计与制作将主要包括首页面 HTML 结构设计与
制作、首页面 CSS 样式设计与制作、添加 JavaScript 效果。前面的课程中我们已经学习了
HTML、CSS、JavaScript 基础知识，下面我们将从 JavaScript 对象、数组、BOM、DOM 和
事件处理入手，逐步实现延庆外国语学校网站效果。

图8-1   延庆外国语学校网站效果图

8.2   任务 1   认识对象

在 JavaScript 语言中，一切皆是对象。例如，字符串、数值、函数、数组等都是对象，JavaScript 提供了自定义对象和内置对象。下面将针对对象的相关知识进行详细讲解。

8.2.1   什么是对象

在现实世界中，任何实体都可以叫对象。例如，"人"可以被看作一个对象。这个"人"具有姓名、性别、年龄、身高、体重等特性，即属性；"人"可以有吃饭、开车、运动等动作。同样，"一支笔"也是一个对象，它包括材质、颜色、型号等特性，同时又可以有画画、写字等动作，即方法。

在计算机世界中，不仅包括来自客观世界的对象，还包含为解决问题而引入的抽象对象。例如，一个用户可以看作一个对象，它包含用户名、用户密码等特性，也包含注册、注销等动作。一个 Web 页可以看作一个对象，它包含背景色、段落文本、标题等特性，同时又包含打开、关闭和写入等动作。简单地讲，对象就是一组属性与方法的集合。

8.2.2　对象的属性和方法

在 JavaScript 中，对象包含属性和方法两个要素。属性是作为对象成员的变量，表明对象的状态；而方法是作为对象成员的函数，表明对象所具有的行为，具体如下。

❖ 属性：用来描述对象特性的数据，即若干变量。
❖ 方法：用来操作对象的若干动作，即若干函数。

通过访问或设置对象的属性，并且调用对象的方法，就可以对对象进行各种操作，从而获得需要的功能。

在程序中若要调用对象的属性和方法，则需要在对象后面加一个“.”（点标记格式），继而其后加上属性名或方法名即可。例如，screen.height 表示通过 screen 对象的 height 属性获取屏幕高度；Math.random()表示通过 Math 对象的 random()方法获取 0～1 的随机数。

JavaScript 提供多个内建对象，比如 String、Date、Array 等。因此对象只是带有属性和方法的特殊数据类型。

8.2.3　创建和删除对象

1．创建对象

在 JavaScript 中，使用 new 关键字可以创建对象，将新建的对象赋值给一个变量后，就可以通过这个变量访问对象的属性和方法。

值得一提的是，Object 对象是所有对象的顶层对象，所有对象均继承自 Object 对象。

使用 new 关键字创建对象变量的格式如下：

```
变量名=new.对象名( )
```

下面通过案例 project08-01.html 来演示使用 new 关键字创建 Date 对象的用法，具体的代码如下：

```
<!DOCTYPE html>
<html>
<head>
<meta http-equiv="Content-Type" content="text/html; charset=utf-8" />
<title>创建对象</title>
</head>
<body>
```

```
<script type="text/javascript">
var date;
date=new Date();                //使用 new 关键字创建 Date 对象
document.write("现在是："+date.getHours()+"时"+date.getMinutes()+"分"+date. getSeconds()+
"秒");
</script>
</body>
</html>
```

在案例 project08-01.html 中，date=new Date()即 new 关键字创建 Date 对象，并把这个对象赋值给变量 date。通过变量 date 就可调用 Date 对象的方法以获取当前系统的时间。

在 HBuilder 中按 Ctrl+R 快捷键或选择"菜单"→"浏览器运行"→"Chrome"命令，运行效果如图 8-2 所示。

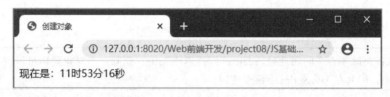

图8-2　显示当前系统时间

2. 删除属性

Delete 关键字可以删除对象的属性，它的操作数应当是一个属性访问表达式。其中需要注意的是，内置对象的属性及方法多数不能使用 delete、对象继承于原型的属性和方法也不能使用 delete，同时 delete 只是断开属性和对象之间的联系，从而使对象不再能操作属性。

下面通过案例 project08-02.html 来演示 delete 关键字的使用。具体代码如下：

```
<!DOCTYPE html>
<html>
<head>
<meta http-equiv="Content-Type" content="text/html; charset=utf-8" />
<title>删除属性</title>
</head>
<body>
<script type="text/javascript">
var box;
box=new Object();
box.name="王小小";
box.age = 18;
document.write("删除前："+box.name+"的年龄是<b>"+box.age+"</b>");
```

```
document.write("<br>删除 box 对象的 age 属性成功返回："+delete box.age);
document.write("<br>删除后："+box.name+"的年龄是<b>"+box.age+"</b>");
</script>
</body>
</html>
```

在 HBuilder 中按 Ctrl+R 快捷键运行，效果如图 8-3 所示。从运行结果可知，成功删除对象的属性时返回 true，当再次调用时则显示 undefined 未定义。

图8-3　delete关键字的使用

📖 注意：删除不存在的属性时，delete 同样返回 true。删除一个对象同样可以使用对象关键字 delete，但其在 JavaScript 中很少使用。

8.2.4　内置对象

JavaScript 中提供了许多内置对象，如 Boolean 对象、Date 对象、Error 对象、Function 对象、Global 对象、Math 对象、Object 对象、String 对象等，这里只对其中常用的 Date 对象、Math 对象和 String 对象分别进行介绍。

1．Date 对象

Date 对象主要提供获取和设置日期与时间的方法，具体如表 8-1 所示。

表 8-1　Date 对象常用方法

方　　法	说　　明
getYear()	返回日期的年份，是 2 位或 4 位整数
setYear(x)	设置年份值 x
getFullYear()	返回日期的完整年份。例如，2020
setFullYear(x)	设置完整的年份值 x
getMonth()	返回日期的月份值，介于 0～11，分别表示 1、2、……、12 月
setMonth(x)	设置月份值 x
getDate()	返回日期的日期值，介于 1～31
setDate(x)	设置日期值 x
getDay()	返回值是一个处于 0～6 的整数，代表一周中的某一天（即 0 表示星期天，1 表示星期一，以此类推）
getHours()	返回时间的小时值，介于 0～23

方　　法	说　　明
setHours(x)	设置小时值 x
getMinutes()	返回时间的分钟值，介于 0～59
setMinutes(x)	设置分钟值 x
getSeconds()	返回时间的秒数值，介于 0～59
setSeconds(x)	设置秒数值 x
getMilliseconds()	返回时间的毫秒数值，介于 0～999
setMilliseconds(x)	设置毫秒数值 x
getTime()	返回 1970 年 1 月 1 日至今的毫秒数。负数代表 1970 年之前的日期
setTime(x)	使用毫秒数 x 设置日期和时间
toLocaleString()	根据本地时间格式，把 Date 对象转换为字符串
toLocaleTimeString()	根据本地时间格式，把 Date 对象的时间部分转换为字符串
toLocaleDateString()	根据本地时间格式，把 Date 对象的日期部分转换为字符串
toGMTString()	返回时间对应的格林尼治标准时间的字符串

要使用 Date 对象，必须先使用 new 关键字来创建，其中常见创建 Date 对象的方式有如下 3 种。

（1）不带参数，其创建方式如下：

```
var d = new Date();
```

以上代码中，创建了一个含有系统当前日期和时间的 Date 对象。

（2）创建一个指定日期的 Date 对象，其创建方式如下：

```
var d = new Date(2020,0,1);
```

以上代码中，创建了一个日期是 2020 年 1 月 1 日的 Date 对象，而且这个对象中的小时、分钟、秒、毫秒值都是 0。

> 注意：月份的返回值是从 0 到 11，即 0 表示 1 月，1 表示 2 月，以此类推，11 表示 12 月。

（3）创建一个指定时间的 Date 对象，其创建方式如下：

```
var d = new Date(2020,8,25,10,26,30,50);
```

以上代码中，创建了一个包含确切日期和时间的 Date 对象，即 2020 年 8 月 25 日 10 点 26 分 30 秒 50 毫秒。

下面通过案例 project08-03.html 来演示如何获取当前系统的日期，具体代码如下：

```
<!DOCTYPE html >
<html>
<head>
```

```
<meta http-equiv="Content-Type" content="text/html; charset=utf-8" />
<title>Date 对象的应用</title>
</head>
<body>
<script type="text/javascript">
var date=new Date();
var year=date.getFullYear();
year=year;
var month=date.getMonth();
month=month+1;          //month+1 为解决 getMonth()返回日期的月份值介于 0～11，
                        //分别表示 1～12 月
var day=date.getDate();
document.write("当前日期为:"+year+"年"+month+"月"+day+"日");
</script>
</body>
</html>
```

以上代码中，month=month+1 为解决 getMonth()返回日期的月份值介于 0～11，分别表示 1～12 月的问题。

在 HBuilder 中按 Ctrl+R 快捷键运行 project08-03.htm 文件，Date 对象的应用效果如图 8-4 所示。

图8-4　Date对象的应用效果

2. Math 对象

Math 对象的属性是数学中常用的常量，方法是一些数学函数，具体如表 8-2 所示。

表 8-2　Math 对象常用属性和方法

类　　型	名　　称	说　　明
属性	E	自然对数的底，对应值为 2.718281828459045
	LN10	10 的自然对数
	LN2	2 的自然对数
	PI	圆周率 π
方法	abs(x)	返回 x 的绝对值
	ceil(x)	返回大于或等于 x 的最小整数
	floor(x)	返回小于或等于 x 的最大整数

续表

类 型	名 称	说 明
方法	max(x,y)	返回 x 和 y 中的最大值
	min(x,y)	返回 x 和 y 中的最小值
	pow(x,y)	返回 x 的 y 次幂
	random()	返回一个 0～1 的随机数
	round(x)	返回 x 四舍五入的取整数
	sqrt(x)	返回 x 的平方根

表 8-2 列出了 Math 对象的常用属性和方法。下面，通过获取 1～20 随机数的案例 project08-04.html 来演示 Math 对象属性和方法的使用，具体代码如下：

```html
<!DOCTYPE html>
<html>
<head>
<meta http-equiv="Content-Type" content="text/html; charset=utf-8" />
<title>获取 1～20 的随机数</title>
<style type="text/css">
body{
    padding:10px;
    background:pink;
    color:#ff0066;
    font-size:20px;}
</style>
<script type="text/javascript">
function getRandom(min,max)    {
        var num = Math.random();            //取得 0～1 的随机最小数
        num = num*(max-min)+min;            //取得 min 到 max 的随机最小数
        num = Math.floor(num);              //向下取整
        return num;    }
document.write("<b>获取 1～20 的随机数是：</b>"+getRandom(1,20));
</script>
</head>
<body></body>
</html>
```

在案例 project08-04.htm 中，首先通过函数 getRandom( )传递随机数的最大值和最小值，然后通过 Math 对象的 random()方法获取 0～1 的随机数 num，继而通过公式 num=num*(max-min)+min 获取随机数，最后调用 floor( )方法对此随机数向下取整输出。

在 HBuilder 中按 Ctrl+R 快捷键运行 project08-04.htm 文件，效果如图 8-5 所示。

图8-5 Math对象的随机方法应用效果

3．String 对象

String 对象是 JavaScript 提供的字符串处理对象，它提供了对字符串进行处理的属性和方法，具体如表 8-3 所示。

表 8-3 String 对象常用属性和方法

类　　型	名　　称	说　　明
属性	length	返回字符串中字符的个数（一个汉字也是一个字符）
方法	charAt(index)	返回指定索引（index）位置处的字符，第 1 个字符的索引为 0，第 2 个字符的索引为 1，以此类推
	indexOf(str[,startIndex])	从前向后检索字符串
	lastIndexOf(search[,startIndex])	从后向前搜索字符串
	substr(startIndex[, length])	返回从起始索引号提取字符串中指定数目的字符
	substring(startIndex [,endIndex])	返回字符串中两个指定的索引号之间的字符
	split(separator [,limitInteger])	把字符串分割为字符串数组
	search(substr)	检索字符串中指定子字符串或与正则表达式相匹配的值
	replace(substr,replacement)	替换与正则表达式匹配的子串
	toLowerCase()	把字符串转换为小写
	toUpperCase()	把字符串转换为大写
	localeCompare()	用本地特定的顺序来比较两个字符串

表 8-3 中列举了 String 对象常用的属性和方法，下面通过案例 project08-05.html 对其用法进行演示。具体代码如下：

```
<!DOCTYPE html>
<html>
<head>
<meta http-equiv="Content-Type" content="text/html; charset=utf-8" />
<title>String 对象的应用</title>
<script type="text/javascript">
var a,b,i;
a=prompt("请输入一行文字：","");          //用户输入信息对话框
b=a.toUpperCase();                        //将对话框中输入的字母转换为大写字母
for(i=b.length-1;i>=0;i--)
document.write(b.charAt(i));
```

```
</script>
</head>
<body></body>
</html>
```

以上代码中，prompt()用户输入信息对话框；toUpperCase()将对话框中输入的字母转换为大写字母；document.write(b.charAt(i))将对话框输入的字母按照索引号由大到小的顺序重新排列。例如，输入"wo ai zhongguo!"，则输出"!OUGGNOHZ IA OW"。

在 HBuilder 中按 Ctrl+R 快捷键运行 project08-05.htm 文件，效果如图 8-6 所示。

在输入框中输入"wo ai zhongguo!"后效果如图 8-7 所示。

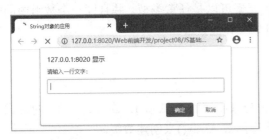

图8-6 String对象的应用1

图8-7 String对象的应用2

单击"确定"按钮后效果如图 8-8 所示。

图8-8 String对象的应用3

8.3 任务 2 数组对象

一般来说，一个变量只能存储一个值。但是当使用数组变量时，就可以突破这种限制。也就是说，如果一个变量是数组，那么这个变量就能够同时存储多个值。数组是 JavaScript 中唯一用来存储和操作有序数据集的数据结构。

8.3.1 初识数组

在 JavaScript 中，经常需要对一批数据进行操作。例如，统计 50 人的平均身高，在使用数组之前要完成这个任务就需要定义 50 个变量分别保存这 50 人的身高，再将变量进行相加得到总值，最后除以 50 得到平均身高。这种方法有很明显的弊端，过多的变量不方便管理，而且极易出错。

此种情况使用数组可以很好地解决这个问题。数组是一组数据有序排列的集合，使用数组将 50 人的信息保存起来只需定义一个变量，并且数组可以进行循环遍历，能够十分便捷地获取保存的数据。将 50 人的身高数据保存到数组中，数据结构如图 8-9 所示。

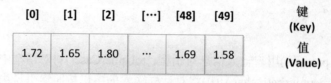

图8-9 数组结构

数组中的每个值叫作一个元素，而每个元素在数组中有一个位置，以数字表示，称为索引。例如图 8-9 中的 1.72 就是一个元素，其在数组中的位置用索引表示就是 0。

JavaScript 数组是无类型的，也就是说数组元素可以是任意类型，并且同一个数组中的不同元素也可以有不同的类型，甚至可以是对象或其他数组。

8.3.2 数组的常见操作

在 JavaScript 中创建数组有两种方式，一种是直接使用"[数值 1，数值 2，…]"的方式创建数组；另一种是使用 new 关键字，结合构造函数 Array() 来创建数组。

1. 使用数组直接量创建数组

下面通过案例 project08-06.html 来演示使用数组直接量的方式创建数组，具体代码如下：

```html
<!DOCTYPE>
<html>
<head>
<meta http-equiv="Content-Type" content="text/html; charset=utf-8" />
<title>数组直接量的方式创建数组</title>
<script type="text/javascript">
var arr1 = [3,9,19,20,18];          //每个元素以英文","分隔
var arr2 = ['hello',true,1.3];      //元素可以是任意数据类型
console.log(arr1);
console.log(arr2);
</script>
</head>
<body></body>
</html>
```

在案例 project08-06.html 中，数组 arr1 = [3,9,19,20,18]的每个元素以英文","分隔；数组 arr2 = ['hello',true,1.3]的元素可以是任意数据类型。为了更直观地看到 JavaScript 中的数组结构，可以使用 F12 键调出开发者工具中的控制台，console.log()函数将数组输出到控

制台中进行显示分析。运行结果如图 8-10 所示。

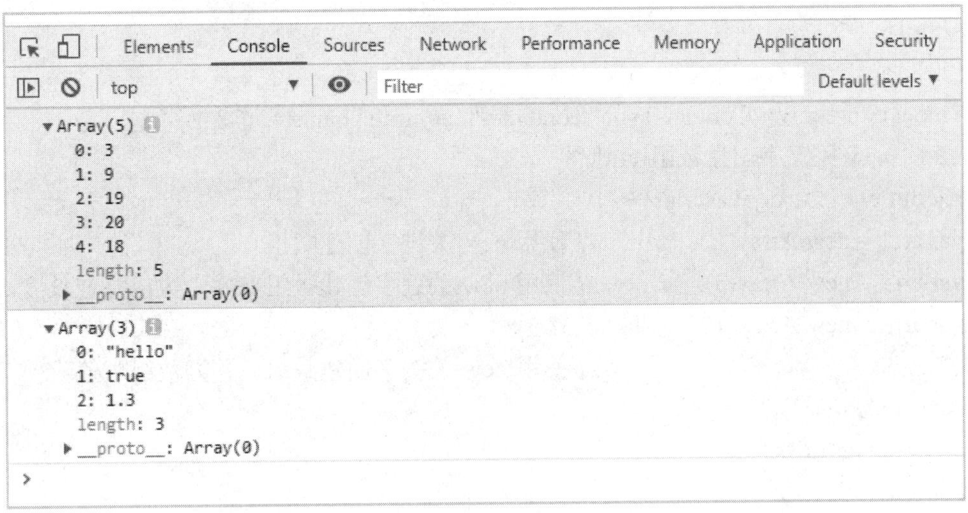

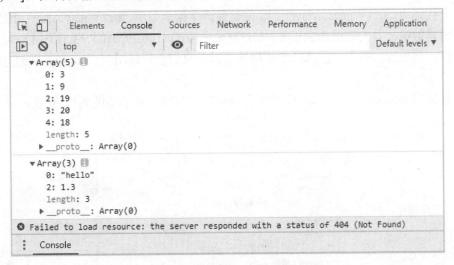

图8-10 控制台输出数组结果

如果通过数组直接量的方式创建数组，那么在创建数组的同时也就完成了数组元素的添加过程。将案例 project08-06.html 中的 var arr2 = ['hello',true,1.3]修改为 var arr2 = ['hello',,1.3]，控制台输出数组结果如图 8-11 所示。

图8-11 未定义元素控制台输出结果

注意：在创建数组的同时也就完成了数组元素的添加过程中。另外，console.log()方法用于标准输出流的输出，运行效果之后按 F12 键，即在控制台中查看输出结果。

2. 使用 new 关键字创建数组

下面通过案例 project08-07.html 来演示使用 new 关键字创建数组的方法，具体代码如下：

```
<!DOCTYPE html>
<html>
<head>
<meta http-equiv="Content-Type" content="text/html; charset=utf-8" />
<title>new 关键字创建数组</title>
<script type="text/javascript">
var arr1 = new Array();              //使用 new 关键字创建数组
var arr2 = new Array(3);             //使用 new 关键字创建数组，并为数组指定长度
var arr3 = new Array(100,29,'hello',33.3);
                                     //使用 new 关键字创建数组，并为数组赋值
console.log(arr1);
console.log(arr2);
console.log(arr3);
</script>
</head>
<body></body>
</html>
```

以上代码中，arr1 = new Array()使用 new 关键字创建数组；arr2 = new Array(3)使用 new 关键字创建数组，并为数组指定长度；arr3 = new Array(100,29,'hello',33.3)使用 new 关键字创建数组，并为数组赋值。注意三者的用法，以后我们会经常用到。console.log()方法分别输出数组。

运行案例 project08-07.html，按 F12 键查看控制台输出效果如图 8-12 所示。

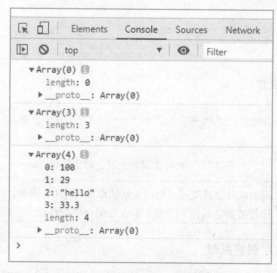

图8-12　使用new关键字创建数组

从图 8-12 中可以看出，使用 new 关键字创建的数组本身并没有元素，但是如果指定了数组长度，系统会创建指定元素个数的数组。通常还可以使用"arr[key]=value"的方式向数组中添加元素。下面通过案例 project08-08.html 来演示，具体代码如下：

```
<!DOCTYPE html>
<!DOCTYPE html>
<html>
<head>
<meta http-equiv="Content-Type" content="text/html; charset=utf-8" />
<title>new 关键字创建数组</title>
<script type="text/javascript">
var arr = new Array();
arr[0]=9.9;
arr[1]='hello';
arr[2]=true;
arr[3]=39;
console.log(arr);
</script>
</head>
<body></body>
</html>
```

保存文件，刷新页面，按 Ctrl+R 快捷键运行，再按 F12 键通过 console.log()方法输出这个数组的结果，如图 8-13 所示。

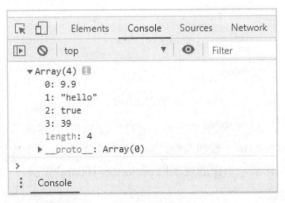

图8-13　向数组添加元素结果

注意：添加元素的时候索引的最小值为 0，并且索引只能是整数。JavaScript 允许不按照数字顺序添加，甚至可以不连续添加。

下面通过案例 project08-09.html 来演示向数组添加不连续索引，具体代码如下：

```
<!DOCTYPE html>
<html>
<head>
<meta http-equiv="Content-Type" content="text/html; charset=utf-8" />
<title>new 关键字创建数组</title>
<script type="text/javascript">
var arr = new Array();
arr[5]=9.9;
arr[0]='hello';
arr[3]=true;
arr[1]=39;
console.log(arr);
</script>
</head>
<body></body>
</html>
```

保存文件，刷新页面，按 Ctrl+R 快捷键运行，再按 F12 键通过 console.log()方法输出这个数组的结果，如图 8-14 所示。

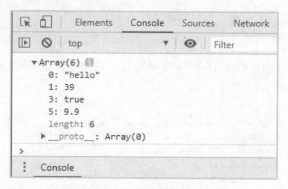

图8-14　向数组添加不连续索引

从图 8-14 中可以看出，未赋值的元素 arr[2]和 arr[4]依然存在。

如果创建数组的时候指定了数组长度，而后添加的数组元素个数又超出了指定的数组长度，数组仍会保存全部元素，下面通过案例 project08-10.html 来演示，具体代码如下：

```
<!DOCTYPE html>
<html>
<head>
<meta http-equiv="Content-Type" content="text/html; charset=utf-8" />
<title>new 关键字创建数组</title>
<script type="text/javascript">
```

```
var arr = new Array(3);
arr[0]='hello';
arr[1]=true;
arr[2]='hi';
arr[3]='How are you';
console.log(arr);
</script>
</head>
<body></body>
</html>
```

保存文件，刷新页面，按 Ctrl+R 快捷键运行，再按 F12 键通过 console.log()方法输出这个数组的结果，如图 8-15 所示。

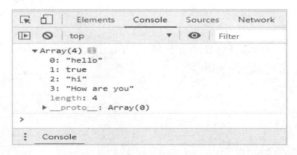

图8-15　为指定长度数组添加元素

虽然在创建数组的时候指定了数组长度为 3，但是第 4 个数组元素仍然添加成功。

> 注意：创建数组的时候指定了数组长度，而后添加的数组元素个数又超出了指定的数组长度，数组仍会保存全部元素。

8.3.3　数组的常用属性和方法

数组是一组有序排列的数据的集合，其常用的属性和方法如表 8-4 所示。

表 8-4　数组对象常用属性和方法

类　型	名　称	说　明
属性	length	返回数组中数组元素的个数，即数组长度
方法	toString()	返回一个字符串，该字符串包含数组中的所有元素，各个元素间用逗号隔开，把数组转换为字符串并返回结果
	join()	把数组的所有元素放入一个字符串。元素通过指定的分隔符进行分隔
	pop()	删除并返回数组的最后一个元素
	push()	向数组的末尾添加一个或更多元素，并返回新的长度
	reverse()	颠倒数组中元素的顺序
	shift()	删除并返回数组的第一个元素

续表

类　型	名　称	说　明
方法	slice()	从某个已有的数组返回选定的元素
	sort()	对数组的元素进行排序
	splice()	删除元素，并向数组添加新元素
	toSource()	返回该对象的源代码

1. 数组的 length 属性

数组的 length 属性是数组最常用的属性，该属性的值代表了数组中元素的个数。另外，由于数组索引值是从 0 开始的，因此 length 属性值比数组中最大的索引值大 1。

下面通过案例 Project08-11.html 来演示 length 属性的使用方法，具体代码如下：

```
<!DOCTYPE html>
<html>
<head>
<meta http-equiv="Content-Type" content="text/html; charset=utf-8" />
<title>求数组元素的平均值</title>
</head>
<body>
</body>
<script type="text/javascript">
var arr = [6, 48, 21, 35, 11];    //定义数组
var len = arr.length;             //获取数组元素个数
var sum = avg = 0;                //声明保存总数的变量 sum 以及平均值的变量 avg 并赋
                                  //初始值为 0
for(var i＝0; i<len; i++){         //循环遍历的方法获取数组中的每个元素
    sum = sum + arr[i];           //将每次获取到的数组元素的值与变量 sum 相加
}
avg = sum / len;
console.log(avg);
</script>
</html>
```

保存文件，刷新页面，按 Ctrl+R 快捷键运行，结果如图 8-16 所示。

图8-16　求数组元素的平均值

2. toString()方法

toString()方法用于返回一个字符串，该字符串包含数组中的所有元素，各个元素间使用逗号隔开。下面通过案例 Project08-12.html 来演示 toString()方法的使用，具体代码如下：

```html
<!DOCTYPE html>
<html>
<head>
<meta http-equiv="Content-Type" content="text/html;charset=utf-8">
<title>获取数组对象变量内容</title>
</head>
<body>
<script type="text/javascript">
var classmates;
classmates=new Array("利利","红红","明明");
document.write(classmates.toString());
</script>
</body>
</html>
```

以上代码中，通过 toString()方法可以输出数组 classmates 的所有元素，各元素间用逗号隔开。按 Ctrl+R 快捷键运行，效果如图 8-17 所示。

图 8-17 获取数组对象变量内容

📖 小技巧：使用 for...in 完成数组遍历。

JavaScript 中数组是一种特殊的对象，因此还可以使用 for/in 循环，像枚举对象属性一样枚举数组索引。而且使用 for...in 方式遍历数组，可以不需要获取数组的 length 长度属性。修改案例 Project08-11.html 中的部分代码，使用 for...in 代替 for 循环实现求平均数，具体如下：

```javascript
for(var i in arr){              //循环遍历的方法获取数组中的每个元素
    sum = sum + arr[i];        //将每次获取到的数组元素的值与变量 sum 相加
```

保存后，刷新页面，运行结果如图 8-16 所示。

8.3.4 二维数组

对于复杂的业务逻辑，有时简单的一维数组不能够满足需求，需要使用二维数组。当数组中所有的数组元素也是数组时，就形成了二维数组。

例如，要保存一个班级所有人的姓名、数学、语文、英语成绩等数据，使用一维数组是无法完成的，而使用二维数组则可以很方便地做到。下面通过案例 Project08-13.html 来演示二维数组的使用，具体代码如下：

```html
<!DOCTYPE html>
<html>
<head>
<meta http-equiv="Content-Type" content="text/html;charset=utf-8">
<title>二维数组</title>
</head>
<body>
姓名 数学 语文 英语
<hr/>
<script type="text/javascript">
var students,i,j;
students=new Array();
students[0]=new Array("张小强",76,90,80);
students[1]=new Array("李小美",89,97,86);
students[2]=new Array("王小君",90,78,88);
for(i in students){
    for(j in students[i]){
            document.write(students[i][j] +"\t"); }
    document.write("<br/>");}
</script>
</body>
</html>
```

以上代码中，对于数组 students 的每个数组元素又都是一个数组，用来存储关于学生的信息。因此，students 是个二维数组。其中 students[i]表示某个学生的信息记录，而 students[i][j]表示学生 students[i]的第 j 项属性（j=0,1,2,3,分别存储学生的姓名、数学成绩、语文成绩、英语成绩）。

运行效果如图 8-18 所示。

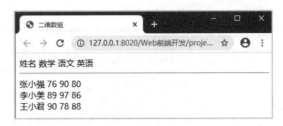

图8-18　二维数组

8.4　任务 3　BOM 和 DOM 对象

BOM 对象包括 window（窗口）、navigator（浏览器程序）、screen（屏幕）、location（地址）、history（历史）和 document（文档）等对象，主要用于操纵浏览器窗口的行为和特征。DOM 是处理 HTML 文档的标准技术，允许 JavaScript 程序动态访问、更新浏览页面的内容、结构和样式。

8.4.1　BOM 对象

window 对象是浏览器的窗口，它是整个 BOM 的核心，位于 BOM 对象的顶层。关于 BOM 对象的层次结构如图 8-19 所示。

图8-19　BOM对象层次结构

1. window 对象

window 对象表示整个浏览器窗口，用于获取浏览器窗口的大小、位置，或设置定时器等。window 对象常用的属性和方法如表 8-5 所示。

表 8-5　window 对象常用属性和方法

属性/方法	说　　明
document、history、location、navigator、screen	返回相应对象的引用。例如 document 属性返回 document 对象的引用
parent、self、top	分别返回父窗口、当前窗口和最顶层窗口的对象引用
screenLeft、screenTop、screenX、screenY	返回窗口的左上角在屏幕上的 X、Y 坐标。Firefox 不支持 screenLeft、screenTop，IE8 及更早的 IE 版本不支持 screenX、screenY
innerWidth、innerHeight	分别返回窗口的文档显示区域的宽度和高度
outerWidth、outerHeight	分别返回窗口的外部宽度和高度
closed	返回当前窗口是否已被关闭的布尔值

续表

属性/方法	说　明
Opener	返回对创建此窗口的窗口引用
open()、close()	打开或关闭浏览器窗口
alert()、confirm()、prompt()	分别表示弹出警告框、确认框、用户输入框
moveBy()、moveTo()	以窗口左上角为基准移动窗口，moveBy()是按偏移量移动，moveTo()是移动到指定的屏幕坐标
scrollBy()、scrollTo()	scrollBy()是按偏移量滚动内容，scrollTo()是滚动到指定的坐标
setTimeout()、clearTimeout()	设置或清除普通定时器
setInterval()、clearInterval()	设置或清除周期定时器

（1）window 对象的基本使用

在前面的学习中，通常使用 alert()弹出一个信息提示框，实际上完整的写法应该是 window.alert()，即调用 window 对象的 alert()方法。因为 window 对象是顶层的对象，所以调用它的属性或方法时可以省略 window。

下面通过案例 project08-14.html 来演示 window 对象的基本使用方法，具体代码如下：

```html
<!DOCTYPE html>
<html>
<head>
<meta http-equiv="Content-Type" content="text/html;charset=utf-8">
<title>window 对象的基本使用</title>
</head>
<body>
<script type="text/javascript">
var width = window.innerWidth;        //获取文档显示区域宽度
var height = innerHeight;             //获取文档显示区域高度（省略 window）
window.alert(width+"*"+height);       //调用 alert()输出
</script>
</body>
</html>
```

以上代码中，用于输出文档显示区域的宽度和高度。当浏览器的窗口大小改变时，刷新页面，输出的数值就会发生改变。运行结果如图 8-20 所示。

（2）打开和关闭窗口

window.open()方法用于打开新窗口，window.close()方法用于关闭窗口。对窗口属性的参数设置如表 8-6 所示。

图8-20   window对象的基本使用

表 8-6   窗口属性参数设置

属 性	说 明
width	窗口的宽度
height	窗口的高度
scrollbars	是否显示滚动条，默认为 yes
resizable	是否可调节窗口大小，默认为 yes
titlebar	是否显示标题栏，默认为 yes
location	是否显示地址栏，默认为 yes
menubar	是否显示菜单栏，默认为 yes
toolbar	是否显示工具栏，默认为 yes
status	是否显示状态栏，默认为 yes

下面通过案例 project08-15.html 来演示打开和关闭窗口的基本使用方法，具体代码如下：

```
<!DOCTYPE html>
<html>
<head>
<meta http-equiv="Content-Type" content="text/html;charset=utf-8">
<title>打开和关闭窗口的使用</title>
<script language="javascript">
var myWindow;
function openNewWin()
{   //打开一个窗口
    myWindow=window.open("project08-13.html","myWindow","width=200,height=150,
top=200,left=100");}
function closeNewWin()
{    //关闭一个窗口
    myWindow.close();}
</script>
</head>
<body>
```

```
<p><a href="javascript:openNewWin()">打开新窗口</a></p>
<p><a href="javascript:closeNewWin()">关闭新窗口</a></p>
</body>
</html>
```

以上代码中，window.open 表示打开一个新窗口，并在新窗口中访问 project08-13.html。由于 myWindow 是全局变量，因此 myWindow.close()是关闭一个打开的新窗口。

打开新窗口前运行效果如图 8-21 所示。当单击"打开新窗口"超链接后，打开新窗口后效果如图 8-22 所示。

当单击"关闭新窗口"超链接后，新窗口关闭。

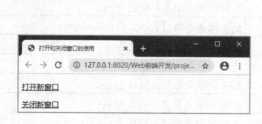

图8-21　打开新窗口前

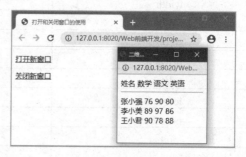

图8-22　打开新窗口后

（3）setTimeout()定时器的使用

setTimeout()定时器可以实现延时操作，即延时一段时间后执行指定的代码，具体如下：

```
function show(){                          //定义 show 函数
    alert("2 秒已经过去了");}
setTimeout(show,2000);                    //2 秒后调用 show 函数
```

上述代码实现了当网页打开后，停留 2 秒就会弹出 alert()提示框。setTimeout(show,2000)的第一个参数表示要执行的代码，第二个参数表示要延时的毫秒值。

当需要清除定时器时，可以使用 clearTimeout()方法，代码如下：

```
function showA(){
    alert("定时器 A");}
function showB(){
    alert("定时器 B");}
var t1 = setTimeout(showA,2000);          //设置定时器 t1，2 秒后调用 showA()函数
var t2 = setTimeout(showB,2000);          //设置定时器 t2，2 秒后调用 showB()函数
clearTimeout(t1);                         //清除定时器 t1
```

上述代码设置了两个定时器：t1 和 t2，如果没有清除定时器，则两个定时器都会执行，如果清除了定时器 t1，则只有定时器 t2 可以执行。

（4）setInterval()定时器的使用

setInterval()定时器用于周期性执行脚本，即每隔一段时间执行指定的代码，通常用于在网页上显示时钟、实现网页动画、制作漂浮广告等。需要注意的是，如果不使用clearInterval()清除定时器，该方法会一直循环执行，直到页面关闭为止。

下面通过案例 project08-16.html 来演示 setInterval()定时器的使用，具体代码如下：

```html
<!DOCTYPE html>
<html>
<head>
<meta http-equiv="Content-Type" content="text/html;charset=utf-8">
<title>定时器的使用</title>
<script language="javascript">
function showTime(){                          //在浏览器显示当前时间
    var now=new Date();
    var dataTime=now.toLocaleTimeString();
    time = document.getElementById("time");
    time.innerHTML = dataTime;}
var timer=window.setInterval("showTime()",1000);   //定时器 1 秒更新一次时间
function clear(){                             //清除定时器
    window.clearInterval(timer);
    window.status="已取消定时器";}
</script>
</head>
<body>
<div id="time"></div>
<p><a href="javascript:clear()">取消定时器</a></p>
</body>
</html>
```

以上代码中，document.getElementById("time")获取 id 属性为"time"的元素对象；dataTime=now.toLocaleTimeString 用于获取本地环境字符串。

运行效果如图 8-23 所示，页面中的时间会随着系统时间的变化每 1 秒钟更新一次，当单击"取消定时器"的超链接后，时间不再更新。

图8-23　页面中显示当前时间

2. screen 对象

screen 对象用于获取用户计算机的屏幕信息，例如屏幕分辨率、颜色位数等。screen 对象的常用属性如表 8-7 所示。

表 8-7　screen 对象的常用属性

属　　性	说　　明
width、height	屏幕的宽度和高度
availWidth、availHeight	屏幕的可用宽度和可用高度（不包括 Windows 任务栏）
colorDepth	屏幕的颜色位数

表 8-7 中列举了 screen 对象的常用属性。在使用时，可以通过"screen"或"window.screen"表示该对象。

下面通过一段示例代码，对 screen 对象的使用方法做具体演示。

```
//获取屏幕分辨率
var width=screen.width;
var height=screen.height;
//判断屏幕分辨率
If(width<800 || height<600){
    Alert("您的屏幕分辨率不足 800*600，不适合浏览本页面"); }
```

以上代码实现了当用户的屏幕分辨率低于 800*600 时，弹出信息框以提醒用户。

3. location 对象

location 对象用于获取和设置当前网页的 URL 地址，其常用的属性和方法如表 8-8 所示。

表 8-8　location 对象常用属性和方法

属性/方法	说　　明
hash	获取或设置 URL 中的锚点，例如"#top"
host	获取或设置 URL 中的主机名，例如"jyvtc.edu.cn"
port	获取或设置 URL 中的端口号，例如"80"
href	获取或设置整个 URL，例如"http://www.jyvtc.edu.cn/index.html"
pathname	获取或设置 URL 的路径部分，例如"/1.html"
protocol	获取或设置 URL 的协议，例如"http:"
search	获取或设置 URL 地址中的 GET 请求部分
reload()	重新加载当前文档

表 8-8 中列举了 location 对象常用的属性和方法。在使用时可以通过"location"或"window.location"表示该对象。

下面通过示例代码来演示 location 对象常用属性和方法的使用。

（1）跳转到新的地址，示例代码如下：

```
Location.href = "http://www.jyvtc.edu.cn";
```

以上代码执行后，当前页面会跳转到"ttp://www.jyvtc.edu.cn"这个 URL 地址。
（2）进入指定的锚点，示例代码如下：

```
Location.hash = "#demo";
```

以上代码执行后，如果用户当前的 URL 地址为"http://test.com/index.html"，则代码执行后 URL 地址变为"http://test.com/index.html#demo"。
（3）检测协议并提示用户，示例代码如下：

```
If(location.protocol == "http:"){
        If(confirm("您在使用不安全的 HTTP 协议，是否切换到更安全的 HTTP 协议?"))
{Location.href = "https://www.123.com" }}
```

以上代码实现了当页面打开后自动判断当前的协议。当用户以 HTTP 协议访问时，会弹出一个信息框提醒用户是否切换到 HTTPS 协议。

4．history 对象

history 对象最初的设计和浏览器的历史记录有关，但出于隐私方面的考虑，该对象不再允许获取到用户访问过的 URL 历史。history 对象主要的作用是控制浏览器的前进和后退，其常用方法如表 8-9 所示。

表 8-9 history 对象常用方法

方　　法	说　　明
back()	加载历史记录中的前一个 URL（相当于后退）
forward()	加载历史记录中的后一个 URL（相当于前进）
go()	加载历史记录中的某个页面

表 8-9 列举了 history 对象常用方法。在使用时，可以通过"history"和"window.history"表示该对象。下面通过一段示例代码对 history 对象的使用方法做演示。

```
History.back();                //后退
History.go(-1);                //后退 1 页
History.forword();             //前进
History.go(1);                 //前进 1 页
History.go(0);                 //重新载入当前页，相当于 location.reload()
```

以上代码实现了浏览器前进与后退的控制。其中，History.back()与 History.go(-1)的作用相同；History.forword()与 History.go(1)的作用相同。

5．document 对象

document 对象用于处理网页文档，通过该对象可以访问文档中所有的元素。document 对象的常用属性和方法，如表 8-10 所示。

表 8-10　document 对象常用属性和方法

属性/方法	说　　明
body	访问<body>元素
lastModified	获得文档最后修改的日期和时间
referrer	获得该文档的来路 URL 地址，当文档通过超链接被访问时有效
title	获得当前文档的标题
write()	向文档写 HTML 或 JavaScript 代码

表 8-10 列举了 document 对象常用属性和方法。在使用时，可以通过"document"和"window.document"表示该对象。

8.4.2　DOM 对象

DOM（Document Object Model）称为文档对象模型，是一个表示和处理文档的应用程序接口（API），可用于动态访问、更新文档的内容、结构和样式。DOM 将网页中文档的对象关系规划为节点层级，构成它们之间的等级关系，这种各对象间的层次结构被称为节点树。DOM 节点树如图 8-24 所示。

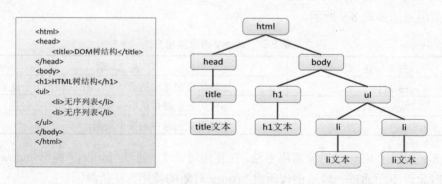

图8-24　DOM节点树

文档对象节点树有以下特点。
- ❖　每个节点树有一个根节点，如图 8-24 所示的 html 元素。
- ❖　除了根节点，每个节点都有一个父节点。
- ❖　每个节点都可以有多个的子节点。
- ❖　具有相同父节点的节点叫作"兄弟节点"。

1．节点的访问

在 DOM 中，每个节点都是一个对象，因此每个节点对象都具有一系列的属性、方法。

JavaScript 通过使用节点的属性和方法可以访问指定元素和相关元素，从而得到文档中的各个元素对象。

（1）访问指定元素

一个元素对象可以拥有元素节点、文本节点、子节点或其他类型的节点。访问指定节点的常用方法如表 8-11 所示。

表 8-11　访问指定节点的常用方法

类　　型	方　　法	说　　明
访问指定节点	getElementById()	获取拥有指定 ID 的第一个元素对象的引用
	getElementsByName()	获取带有指定名称的元素对象集合
	getElementsByTagName()	获取带有指定标签名的元素对象集合
	getElementsByClassName()	获取指定 class 的元素对象集合（不支持 IE6～IE8 浏览器）

表 8-11 中可以看出，使用不同方法可以访问 HTML 文档中指定的 id、name、class 或标签名的元素。

下面通过案例 project08-17.html 对如何访问指定的元素节点进行演示，具体代码如下：

```
<!DOCTYPE html>
<html>
<head>
<meta http-equiv="Content-Type" content="text/html;charset=utf-8">
<title>指定节点操作</title>
<script type="text/javascript">
function init(){
    var one = document.getElementById("one");          //找到<li id="one">的元素
    one.style.fontWeight = "bold";                      //将文本加粗
    var lis = document.getElementsByTagName("li");      //找到所有 li 元素
    lis[3].style.color = "red";          //将第四个 li 元素的字体颜色设置为红色}
</script>
</head>
  <body onload="init()">
    <ul>
        <li id="one">标题一</li>
        <li id="two">标题二</li>
        <li id="three">标题三</li>
        <li id="four">标题四</li>
    </ul>
  </body>
</html>
```

分析以上访问指定节点元素的代码。另外，onload 事件在页面或图像加载完成后立即执行。运行效果如图 8-25 所示。

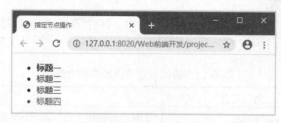

图8-25　指定节点操作

（2）访问相关元素

引用完成一个页面元素对象后，可以使用 DOM 节点对象的 parentNode、childNodes、firstChild、lastChild、previousSibling 或 nextSibling 属性访问相对于该页面元素的父、子或兄弟元素。具体如表 8-12 所示。

表 8-12　节点对象的常用属性

属　　性	说　　明
parentNode	元素节点的父节点
childNodes	元素节点的子节点数组
firstChild	第一个子节点
lastChild	最后一个子节点
previousSibling	前一个兄弟节点
nextSibling	后一个兄弟节点

表 8-12 中列举了节点对象常用的节点访问属性。

📖 注意：document 对象是所有 DOM 对象的访问入口，当进行节点访问时需要首先从 document 对象开始。

下面通过案例 project08-18.html 对相关元素节点的访问方法做演示，具体代码如下：

```
<!DOCTYPE html>
<html>
<head>
<meta http-equiv="Content-Type" content="text/html;charset=utf-8">
<title>相关元素操作</title>
<script type="text/javascript">
function init(){
    var a = document.lastChild;          //找到<html>元素
    a = a.lastChild;                     //找到<body>元素
    a = a.childNodes[1];                 //找到<ul>元素
```

```
        a = a.childNodes[1];                    //找到第一个<li>元素
        a.style.color = "red";                  //将字体颜色设置为红色
    </script>
    </head>
    <body onload="init()">
        <ul>
            <li id="one">标题一</li>
            <li id="two">标题二</li>
            <li id="three">标题三</li>
            <li id="four">标题四</li>
        </ul>
    </body>
    </html>
```

运行效果如图 8-26 所示。

图8-26　相关元素操作

2. 元素对象常用操作

由于 HTML DOM 将 HTML 文档表示为一棵 DOM 对象树，每个节点对象表示文档的特定部分，因此通过修改这些对象，就可以动态改变页面元素的属性。关于元素对象的常用方法如表 8-13 所示。

表 8-13　元素对象常用方法

类　　型	方　　法	说　　明
创建节点	createElement()	创建元素节点
	createTextNode()	创建文本节点
节点操作	appendChild()	为当前节点增加一个子节点（作为最后一个子节点）
	insertBefore()	为当前节点增加一个子节点（插入指定子节点之前）
	removeChild()	删除当前节点的某个子节点

通过元素对象的 createElement()、createTextNode()、appendChild() 方法可以实现节点的创建与追加操作。

下面通过案例 project08-19.html 对元素对象常用操作的具体方法做演示，具体代码如下：

```
<!DOCTYPE html>
<html>
<head>
<meta http-equiv="Content-Type" content="text/html;charset=utf-8">
<title>元素对象常用操作</title>
<script type="text/javascript">
function init(){
    var text = document.createTextNode("济源职业技术学院欢迎您!"); //创建一个文本节点
    var p = document.createElement("p");        //创建一个<p>元素节点
    p.appendChild(text);                        //为<p>元素追加文本节点
    document.body.appendChild(p);               //为<body>追加<p>元素}
</script>
</head>
<body onload="init()"></body>
</html>
```

运行结果如图 8-27 所示。

图8-27　元素对象常用操作

3. 元素属性与内容操作

元素对象除了节点操作，还具有一些属性和内容的操作，常用的操作方法如表 8-14 所示。

表 8-14　元素属性与内容操作

类　　型	属性/方法	说　　明
元素内容	innerHTML	获取或设置元素的 HTML 内容
样式属性	className	获取或设置元素的 class 属性
	style	获取或设置元素的 style 样式属性
位置属性	offsetWidth、offsetHeight	获取或设置元素的宽和高（不含滚动条）
	scrollWidth、scrollHeight	获取或设置元素的完整的宽和高（含滚动条）
	offsetTop、offsetLeft	获取或设置包含滚动条，距离上或左边滚动过的距离
	scrollTop、scrollLeft	获取或设置元素在网页中的坐标
属性操作	getAttribute()	获得元素指定属性的值
	setAttribute()	为元素设置新的属性
	removeAttribute()	为元素删除指定的属性

下面通过案例 project08-20.html 对元素属性与内容操作的具体方法做演示，具体代码如下：

```html
<!DOCTYPE html>
<html>
<head>
<meta http-equiv="Content-Type" content="text/html;charset=utf-8">
<title>元素属性与内容操作</title>
<style type="text/css">
.top{color:red;}
</style>
<script type="text/javascript">
function init() {
    var test = document.getElementById("test");                 //获取 test 元素对象
    test.innerHTML = "<p>明德 励志 勤勉 精益!</p>";              //元素内容操作
    test.setAttribute("style","font-weight:bold;font-size:18px;");   //设置元素的属性
    test.className="top";}
</script>
</head>
<body onload="init()">
<div id="test">test</div>
</body>
</html>
```

运行结果如图 8-28 所示。

图8-28　元素属性与内容操作

4. 元素样式操作

在操作元素属性时，style 属性可以修改元素的样式，className 属性可以修改元素的类名，通过这两种方法即可完成元素的样式操作。下面针对 style 和 className 属性进行详细讲解。

（1）style 属性

每个元素对象都有一个 style 属性，使用这个属性可以动态调整元素的内嵌样式，从而获得所需要的效果。下面通过一段代码对 style 属性做演示：

```
var test = document.getElementById("test");//获得待操作的元素对象  test.style.width =
"200px";                                        //设置样式，相当于：#test{width:200px; }
test.style.height = "100px";                    //设置样式，相当于：#test{height:100px;}
test.style.backgroundColor = "#ff0000";
                                //设置样式，相当于：#test{background-color:#ff0000;}
var testWidth = test.style.width;        //获得 width 样式
alert(testWidth);                        //输出结果为"200px"
```

在用 style 属性操作样式时，样式名与 CSS 基本相同，其区别是 CSS 中带有"-"的样式（如 background-color）在 style 属性操作中需要修改为"驼峰式"（如 backgroundColor），即将第 2 个及后续单词的首字母改为大写形式。

（2）className 属性

元素对象的 className 属性用于切换元素的类名，或为元素追加类名。示例代码如下：

```
var test = document.getElementById("test");        //获取元素对象  <div id="test">
test.className = "aa";            //添加样式，执行后：<div id="test" class="aa">
test.className = "bb";            //切换样式，执行后：<div id="test" class="bb">
alert(test.className);            //获取样式，执行后输出：bb
test.className += "cc";           //追加样式，执行后：<div id="test" class="bb cc">
test.className = test.className.replace("cc","dd");
                                 //替换样式，执行后：<div id="test" class="bb dd">
test.className = test.className.replace("dd","");
                                 //删除 dd 样式，执行后：<div id="test" class="bb">
test.className = "";             //删除所有样式
```

以上代码实现了元素的样式操作，包括样式添加、样式切换、样式替换、样式删除等操作，使用方法较为灵活，实际工作中可根据需求酌情使用。

8.5   任务 4   事件处理

网页是由浏览器的内置对象组成的，如单选按钮、列表框、复选框等，事件是 JavaScript 与对象之间进行交互的桥梁，当某个事件发生时，通过它的处理函数执行相应的 JavaScript 代码，从而实现不同的功能。

8.5.1   什么是事件

采用事件驱动是 JavaScript 语言的一个最基本的特征。所谓的事件是指用户在访问页面时执行的操作。当浏览器探测到一个事件时，比如，单击鼠标或按键，它可以触发与这个事件相关联的 JavaScript 对象。

说到事件就不得不提到"事件处理"。事件处理指的就是与事件关联的 JavaScript 对象，当与页面特定部分关联的事件发生时，事件处理器就会被调用。事件处理的过程通常分为三步，具体步骤如下。

（1）发生事件。

（2）启动事件处理程序。

（3）事件处理程序做出反应。

> 注意：在上面的事件处理过程中，要想事件处理程序能够启动，必须调用事件处理程序。

8.5.2　事件处理程序的调用

在使用事件处理程序对页面进行操作时，最主要的是如何通过对象的事件来调用事件处理程序。在 JavaScript 中，调用事件处理程序的方法有两种，具体如下。

1．在 JavaScript 中调用事件处理程序

在 JavaScript 中调用事件处理程序，首先需要获得处理对象的引用，然后将要执行的处理函数赋值给对应的事件。下面通过案例 project08-21.html 来演示，具体代码如下：

```html
<!DOCTYPE html>
<html>
<head>
<meta http-equiv="Content-Type" content="text/html; charset=utf-8" />
<title>在 Javacsript 中调用事件处理程序</title>
</head>
<body>
<button id="but">单击按钮</button>
</body>
</html>
<script type="text/javascript">
var but = document.getElementById("but");
but.onclick=function(){
    alert("北京欢迎您！");
}
</script>
```

运行效果如图 8-29 所示。单击"单击按钮"，将弹出图 8-30 所示的信息提示框。

图8-29　调用事件处理程序1

图8-30　调用事件处理程序弹出alert框

2．在 HTML 中调用事件处理程序

在 HTML 中分配事件处理程序，只需要在 HTML 标记中添加相应的事件，并在其中执行要执行的代码或函数名即可。下面通过案例 project08-22.html 来演示，具体代码如下：

```html
<!DOCTYPE html>
<html>
<head>
<meta http-equiv="Content-Type" content="text/html; charset=utf-8" />
<title>在 HTML 中调用事件处理程序</title>
</head>
<body>
<input type="button" name="btn" value="单击按钮" onclick="alert('中国欢迎您！');"/>
</body>
</html>
```

运行效果如图 8-31 所示。单击"单击按钮"，将弹出如图 8-32 所示的信息提示框。

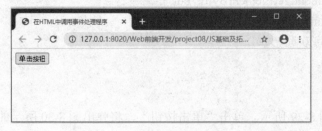

图8-31　HTML中调用事件处理程序1

图8-32 HTML中调用事件处理程序2

8.5.3 鼠标事件

鼠标事件是指通过鼠标动作触发的事件，鼠标事件有很多，下面列举几个常用的鼠标事件，如表 8-15 所示。

表 8-15 JavaScript 常用鼠标事件

类别	事件	事件说明
鼠标事件	onclick	鼠标单击时触发此事件
	ondblclick	鼠标双击时触发此事件
	onmousedown	鼠标按下时触发此事件
	onmouseup	鼠标弹起时触发的事件
	onmouseover	鼠标指针移动到某个设置了此事件的元素上时触发此事件
	onmousemove	鼠标指针移动时触发此事件
	onmouseout	鼠标指针从某个设置了此事件的元素上离开时触发此事件

下面通过案例 project08-23.html 进行演示，具体代码如下：

```
<!DOCTYPE html>
<html>
<head>
<meta http-equiv="Content-Type" content="text/html; charset=utf-8" />
<title>鼠标事件</title>
<style type="text/css">
img{display: none;}                      //图片显示效果设置为隐藏
</style>
</head>
<body>
<p id="name">春天的脚步</p>
<img src="images/pic01.jpg" id="pic"/>
<script type="text/javascript">
var names=document.getElementById("name");
var pic=document.getElementById("pic");
names.onmouseover=function(){            //鼠标指针移入时文字颜色、字号样式设置
```

251

```
        names.style.color="green";
names.style.fontSize="30px";
}
names.onmouseout=function(){          //鼠标指针移出时文字颜色样式、字号设置
        names.style.color="blue";
names.style.fontSize="12px";
}
names.onclick=function(){
        pic.style.display="block";        //当单击文字时，图片显示
}
</script>
</body>
</html>
```

运行效果如图 8-33 所示。

当鼠标指针移到文字上时，效果如图 8-34 所示，文字绿色 30 号字。

图 8-33　鼠标事件 1　　　　　　　　图 8-34　鼠标事件 2

当鼠标指针移出时，效果如图 8-35 所示，文字蓝色 12 号字。

当单击文字时，隐藏的图片显示效果如图 8-36 所示。

图8-35　鼠标事件3　　　　　　　　图8-36　鼠标事件4

8.5.4　键盘事件

键盘事件是指通过键盘动作触发的事件，常用于检查用户向页面输入的内容。例如，用户在购物车输入商品数量时，可以使用 onkeyup 事件检查用户输入的数量信息是否合法。

下面列举几个常用的键盘事件，如表 8-16 所示。

表 8-16 JavaScript 常用的键盘事件

类 别	事 件	事 件 说 明
键盘事件	onkeydown	当键盘上的某个按键被按下时触发此事件
	onkeyup	当键盘上的某个按键被按下后弹起时触发此事件
	onkeypress	当输入有效的字符按键时触发此事件

下面通过案例 project08-24.html 对 JavaScript 中常用的键盘事件用法进行演示，具体代码如下：

```html
<!DOCTYPE html>
<html>
<head>
<meta http-equiv="Content-Type" content="text/html; charset=utf-8" />
<title>键盘事件</title>
<style type="text/css">
*{padding:0;margin:0;list-style:none;}
.all{
     margin:20px auto;
     border:1px solid #000;
     background:#eee;
     width:300px;}
ul{ height:50px;
     line-height:50px;}
li{ text-align:center;
     float:left;
     width:100px;}
#num{width:50px;}
</style>
<script type="text/javascript">
// 定义 checkNum()方法，检查用户输入的内容是否合法，即检查是否是正整数。
// 如果不合法则弹出错误提示
     function checkNum(obj){
     var num = Number(obj.value);
     //判断是否是数字
     if(!num){
          alert('请输入正确的数字');} }
</script>
```

```
    </head>
    <body>
        <div class="all">
            <ul >
                <li>商品</li>
                <li>数量</li>
                <li>单位</li>
            </ul>
            <ul>
                <li>体温计</li>
                <li><input type="text" id="num" onkeyup="checkNum(this)"></li>
                <li>个</li>
            </ul>
        </div>
    </body>
</html>
```

运行效果如图 8-37 所示。如果输入一个错误格式的数字或字母，则弹出一个信息提示框，如图 8-38 所示。

图8-37　键盘事件1

图8-38　键盘事件2

8.5.5　表单事件

表单事件是指通过表单触发的事件。例如在用户注册的表单中可以通过表单事件完成用户名合法性检查、唯一性检查、用户密码合法性检查等。下面列举几个常用的表单事件，如表 8-17 所示。

表 8-17　常用表单事件

类　　别	事　　件	事 件 说 明
表单事件	onblur	当前元素失去焦点时触发此事件
	onchange	当前元素失去焦点并且元素内容发生改变时触发此事件
	onfocus	当某个元素获得焦点时触发此事件
	onreset	当表单被重置时触发此事件
	onsubmit	当表单被提交时触发此事件

下面以案例 project08-25.html 演示常用表单事件的用法，具体代码如下：

```html
<!DOCTYPE html>
<html>
<head>
<meta http-equiv="Content-Type" content="text/html; charset=utf-8" />
<title>获得焦点与失去焦点事件</title>
</head>
<script type="text/javascript">
    function txtfocus(obj){        //定义获取元素焦点后改变文本框的背景颜色
        obj.style.background="#eee";}
    function txtblur(obj){         //定义失去焦点后文本框的背景颜色消失
        obj.style.background="";}
</script>
<body>
<table>
    <tr>
        <td>用户名：</td>
        <td><input type="text" onfocus="txtfocus(this)" onBlur="txtblur(this)"/></td>
    </tr>
    <tr>
        <td>性别：</td>
        <td><input type="text" onfocus="txtfocus(this)" onBlur="txtblur(this)"/></td>
    </tr>
    <tr>
        <td>邮箱：</td>
        <td><input type="text" onfocus="txtfocus(this)" onBlur="txtblur(this)"/></td>
    </tr>
</table>
</body>
</html>
```

表单事件运行效果如图 8-39 所示。

此时单击文本输入框，其背景会变成灰色，表示正处于输入状态，如图 8-40 所示。当鼠标单击文本框以外的地方，文本框会因为失去焦点而变成白色背景如图 8-41 所示。

图8-39　表单事件运行效果

图8-40　获得焦点　　　　　　　　　　　　图8-41　失去焦点

8.5.6　页面事件

页面事件是指通过页面触发的事件，JavaScript 中常用页面事件如表 8-18 所示。

表 8-18　JavaScript 中常用页面事件

类　　别	事　　件	事　件　说　明
表单事件	onblur	当前元素失去焦点时触发此事件
	onchange	当前元素失去焦点并且元素内容发生改变时触发此事件
	onfocus	当某个元素获得焦点时触发此事件
	onreset	当表单被重置时触发此事件
	onsubmit	当表单被提交时触发此事件

通常页面的加载是从上到下依次进行的。如果 JavaScript 脚本加载完成，并执行了一个方法，而该方法又操作了下面未加载的某个元素对象。下面我们通过案例 project08-26.html 演示，具体代码如下：

```html
<!DOCTYPE html>
<html>
<head>
<meta http-equiv="Content-Type" content="text/html; charset=utf-8" />
<title>页面事件</title>
<script type="text/javascript">
function show(){        //定义 show()方法，获取 div 中的文本内容并弹窗显示
    var con=document.getElementById('content')
    alert(con.innerHTML);}
show();               // 调用 show()方法
</script>
</head>
<body>
<div id="content">创建全国知名高等职业教育院校</div>
</body>
</html>
```

运行结果如图 8-42 所示。show()方法在执行过程中找不到相应的元素对象而报错。

图8-42 页面事件1

修改 Javascript 代码如下：

```
<script type="text/javascript">
function show(){                //定义 show()方法，获取 div 中的文本内容并弹窗显示
    window.onload=document.getElementById('content')
    alert(con.innerHTML);}
show();                         // 调用 show()方法
</script>
```

页面加载完成后再执行函数，保存文件，刷新页面。运行效果如图 8-43 所示。

图8-43 页面事件2

8.6 任务5 布局及定义基础样式

我们准备着手制作"延庆外国语学校"首页面。首先要进行的是效果分析、页面结构 HTML 布局、CSS 基础样式定义，然后再开始制作各个版块。

8.6.1 准备工作

1. 创建 Web 项目

（1）打开 HBuilder 软件。

（2）选择"文件"→"新建 Web 项目"选项，设置相应位置，项目名称为"延庆外国语学校"，如图 8-44 所示。

（3）选择"项目管理器"→"延庆外国语学校"，右击，在弹出的快捷菜单中选择"新建"→"HTML 文件"选项，如图 8-45 所示。

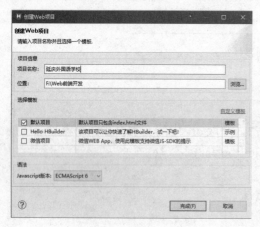

图8-44 创建Web项目

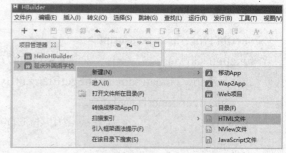

图8-45 新建HTML文件

（4）创建首页面 index.html 文件，如图 8-46 所示。

2. 切图

使用 Adobe Photoshop CC 的切片工具，导出"延庆外国语学校"页面中的素材图片，存储在 Web 项目中的 images 文件夹中。切图素材如图 8-47 所示。

图8-46 创建首页面index.html文件

图8-47 切图素材

8.6.2 制作思路分析

1. 页面结构 HTML 布局分析

"延庆外国语学校"首页面从上到下可以分为 5 个版块:"头部及导航"版块、banner 版块、"学校简介"版块、"课程特色"版块和"页脚"版块,如图 8-48 所示。

图8-48 "延庆外国语学校"页面结构

259

2. CSS 基础样式分析

"延庆外国语学校"网站页面中的各模块居中显示，宽度为 980px。页面中的所有字体均设置为微软雅黑，大小为 14px，超链接访问前和访问后的文字颜色均设置为#fff 白色，字体大小为 16px，这些可以通过 CSS 公共样式进行定义和书写。

3. JavaScript 分析

"延庆外国语学校"页面中，banner 版块实现了焦点图切换效果，并通过定时器控制切换的时间间隔；"学校简介"版块中的"环境展示"图片通过滚动的方式展现，并定义了图片滚动的速度及滚动的方向等；"课程特色"版块的内容则通过 Tab 栏切换的效果进行展示。

8.6.3　页面结构设计

"延庆外国语学校"首页面整体布局。在页面的<body></body>体内添加<div></div>对页面进行布局。index.html 具体代码如下：

```
<!DOCTYPE html>
<html>
<head>
<meta http-equiv="Content-Type" content="text/html;charset=utf-8" />
<title>延庆外国语学校</title>
</head>
<body>
<!--head-->
<div class="head"></div>
<!--nav-->
<div id="nav"></div>
<!--banner-->
<div class="banner"></div>
<!--延庆外国语简介-->
<div id="learn"></div>
<!--课程特色-->
<div id="features"></div>
<!--footer-->
<div class="footer"></div>
</body>
</html>
```

以上代码中，类名为 head 的<div>用来搭建"头部"版块，id 名为 nav 的<div>用来搭建导航菜单，类名为 banner 的<div>用来搭建 banner 版块，id 名为 learn 的<div>用来搭建 "学校简介" 版块，id 名为 features 的<div>用来搭建 "课程特色" 版块，类名为 footer 的<div>用来搭建 "页脚" 版块。

8.6.4 基础样式定义

在 Web 项目根目录下的 CSS 文件夹内新建样式表文件 style08.css，使用链入式 CSS 在 index.html 文件中引入样式表文件。然后定义页面的基础样式，具体 CSS 样式如下：

```
@charset "utf-8";
/* CSS Document */
/*重置浏览器默认样式*/
*{margin:0; padding:0; list-style:none; outline:none; border:0; background:none;}
/* 定义页面公共样式 */
body{font-size:14px; font-family:"微软雅黑";}
a:link,a:visited{color:#fff; text-decoration:none;}
a:hover{text-decoration:none;}
```

以上代码用作重置浏览器默认样式、定义页面公共样式。

8.6.5 CSS/JS 文件引入

在 Web 项目下的 css 文件夹内新建 style.css 文件，使用链入式在 index.html 文件中引入 style.css 文件。

在 Web 项目下的 js 文件夹内新建 js.js 文件，使用链入式在 index.html 文件中引入 js.js 文件。

```
<link href="css/style.css" rel="stylesheet" type="text/css" />
<script type="text/javascript" src="js/js.js"></script>
```

8.7 任务6 制作 "头部及导航" 版块

8.7.1 "头部" 版块效果分析

1. "头部" 版块结构分析

"头部及菜单导航" 版块分别包含在一个<div>大盒子里，其中头部嵌套两个<div>定义左右两部分内容，菜单导航版块的内容为无序列表<ul>搭建，结构如图 8-49 所示。

图8-49 "头部及菜单导航"版块结构

2. "头部及导航"版块样式分析

在"头部"版块中，需要插入图片的两个<div>分别设置左右浮动。由于导航菜单部分背景颜色通栏显示，因此需要设置<div>的宽度为 100%，并设置<ul>的宽高及文字样式、<ul>内的<li>左浮动，最后还需要设置光标悬浮时的超链接<a>的链接样式。

8.7.2 "头部"版块制作

1. HTML 结构布局

在 index.html 文件中编写"头部和导航"版块的 HTML 代码如下：

```html
<!DOCTYPE html>
<html>
<head>
<meta http-equiv="Content-Type" content="text/html;charset=utf-8" />
<title>延庆外国语学校</title>
<link href="css/style.css" rel="stylesheet" type="text/css" />
<script type="text/javascript" src="js/js.js"></script>
</head>
<body>
<!--head-->
<div class="head">
    <div class="left"><img src="images/logo.jpg" /></div>
    <div class="right"><img src="images/phone.jpg" /></div>
</div>
<!--nav-->
<div id="nav">
    <ul class="nav">
        <li><a href="#" class="color_in">网站首页</a></li>
        <li><a href="#">关于延外</a></li>
        <li><a href="#">校园动态</a></li>
        <li><a href="#">招生入学</a></li>
```

```
            <li><a href="#">课程设置</a></li>
            <li><a href="#">联系我们</a></li>
            <li><a href="#">在线报名</a></li>
        </ul>
    </div>
</body>
</html>
```

以上代码中，为第一个<li>添加类名 class="color_in"，用于单独控制其背景颜色。

2. CSS 样式

在 style.css 样式表文件中编写"头部及导航"版块的 CSS 代码如下：

```
/*head*/
.head{
    width:980px;
    margin:0 auto;
    height:80px; }
.head .left{float:left}
.head .right{float:right;padding-top:20px;padding-bottom:20px}
/*nav*/
#nav{
    width:100%;                        /*导航菜单栏背景颜色通栏显示*/
    background:#0373b9;}
.nav{
    width:1080px;
    height:35px;
    line-height:35px;
    margin:0 auto;
    text-align:center;
    font-size:14px;}
.nav li{float:left;}                   /*所有导航元素左浮动*/
.nav a{
    display:inline-block;
    padding:0 40px;}
.nav a:hover{background:#25abff;}      /*光标悬浮时的背景样式*/
.nav .color_in{background:#25abff;}
```

以上 CSS 代码中，类名 nav 的 width:100%用于设置导航菜单栏背景颜色通栏显示；nav

下的 li{float:left;}用于为所有导航元素添加左浮动；另外 .nav a:hover 用于设置光标悬浮时的背景样式。

保存 index.html 和 style.css 文件，刷新页面。"头部及导航"版块制作完成。

8.8 任务 7 制作 banner 版块

8.8.1 banner 版块效果分析

1. banner 版块结构分析

banner 版块整体上由一个大盒子控制。其内部包含图片和按钮两部分，图片由无序列表<ul>定义，内部嵌套<img>标记，按钮由有序列表<ol>定义。banner 版块的具体结构如图 8-50 所示。

图8-50 banner版块的具体结构图

2. banner 版块样式分析

设置 banner 版块宽高样式，且相对于浏览器做相对定位，banner 的图片和按钮相对于<div>做绝对定位。然后设置页面加载完成时的图片显示状态，第一张图片显示时，其他图片设置为隐藏。最后设置按钮的相关样式。

3. JavaScript 特效分析

banner 焦点图可以实现自动轮播，当光标移动到轮播按钮时停止轮播，并显示当前轮播按钮所对应的焦点图，同时按钮的样式也发生改变，当光标移出时继续执行自动轮播效果。

8.8.2 banner 版块制作

1. HTML 结构布局

在 index.html 文件中编写 banner 版块的 HTML 代码如下：

```
<!--banner-->
<div class="banner">
    <ul class="banner_pic" id="banner_pic">
        <li class="current"><img class="one" src="images/01.jpg"/></li>
        <li class="pic"><img class="one" src="images/02.jpg"/></li>
        <li class="pic"><img class="one" src="images/03.jpg"/></li>
    </ul>
    <ol id="button">
        <li class="current"></li>
        <li class="but"></li>
        <li class="but"></li>
    </ol>
</div>
```

以上 banner 版块的 HTML 代码中,定义了类名为 banner 的<div>来搭建 banner 的整体结构。另外,使用 class="banner_pic" id="banner_pic"的无序列表<ul>放置三张轮播图片。使用 id="button"的有序列表</ol>放置轮播按钮。

2. CSS 样式

在 style.css 样式表文件中编写 banner 版块的 CSS 代码如下:

```
/*banner CSS*/
.banner{
    width:100%;
    height:580px;
    position:relative;              /*banner 版块相对于浏览器相对定位*/
    overflow:hidden;}
.one{
    position:absolute;             /*所有 banner 图片相对于父盒子绝对定位*/
    left:50%;
    top:0;
    margin-left:-960px;     }       /*所有 banner 图片在页面中水平居中显示*/
.banner .banner_pic .pic{display:none;}
.banner .banner_pic .current{display:block;}
.banner ol{
    position:absolute;             /*所有按钮相对于父盒子绝对定位*/
    left:50%;
    top:90%;
    margin-left:-62px;}            /*所有按钮在页面中水平居中显示*/
```

```
.banner ol .but{
    float:left;
    width:28px;
    height:1px;
    border:1px solid #d6d6d6;
    margin-right:20px;}
.banner ol li{cursor:pointer;}
.banner ol .current{                          /*当前轮播按钮样式*/
    background:#90d1d5;
    float:left;
    width:28px;
    height:1px;
    border:1px solid #90d1d5;
    margin-right:20px;}
```

保存 index.html 和 style.css 文件，刷新页面，banner 版块效果如图 8-51 所示。

图8-51　banner版块效果图1

3．JavaScript 效果实现

制作完成 banner 版块的 HTML 页面结构和 CSS 样式后，接下来通过 JavaScript 来实现轮播图效果，具体代码如下：

```
// JavaScript Document
//焦点图轮播
window.onload=function(){
    //顶部的焦点图切换
    function hotChange(){
        var current_index=0;
        var timer=window.setInterval(autoChange, 3000);
        //获取焦点时切换的指定图片
```

```
            var button_li=document.getElementById("button").getElementsByTagName("li");
            var pic_li=document.getElementById("banner_pic").getElementsByTagName("li");
            for(var i=0;i<button_li.length;i++){
                button_li[i].onmouseover=function(){
                    if(timer){
                        clearInterval(timer);}
                    for(var j=0;j<pic_li.length;j++){
                        if(button_li[j]==this){
                            current_index=j;
                            button_li[j].className="current";
                            pic_li[j].className="current";
                        }else{
                            pic_li[j].className="pic";
                            button_li[j].className="but";}    }    }
                button_li[i].onmouseout=function(){
                    timer=setInterval(autoChange,3000);    }    }
            function autoChange(){              //图片自动切换
                ++current_index;
                if (current_index==button_li.length) {
                    current_index=0;}
                for(var i=0;i<button_li.length;i++){
                    if(i==current_index){
                        button_li[i].className="current";
                        pic_li[i].className="current";
                    }else{
                        button_li[i].className="but";
                        pic_li[i].className="pic";}   }  }
        hotChange();}
```

以上代码在实现图片自动切换时，需要注意以下几点。

（1）正确使用自增运算符。

（2）正确获取要操作的对象。

（3）正确判断是否切换到了最后一张图片。

仅靠图片切换代码无法实现图片自动切换，还需要一个定时图片切换方法的机制。代码中的 setInterval()方法实现了图片切换方法的周期性调用。

实现焦点图切换的第二步是获取焦点时切换的指定图片。实现此效果的关键是正确获取光标当前停留的轮播按钮的编号值，光标移动到某个按钮时，就显示相应的图片，同时按钮的样式发生改变。

通过以上两个步骤就完成了焦点图自动切换效果。

保存Web项目js文件夹下js.js文件刷新页面，即可实现焦点图自动轮播效果，当光标悬浮到某个按钮时，显示与按钮相对应的焦点图。例如，当光标悬浮到第二个按钮时，banner版块效果2如图8-52所示。

图8-52　banner版块效果图2

8.9　任务8　制作"学校简介"版块

8.9.1　"学校简介"版块效果分析

1. "学校简介"版块结构分析

"学校简介"版块包含在一个<div>大盒子里，其内部包含标题标记<h2>、定义列表<dl>和无缝滚动模块<div>，"学校简介"版块的具体结构如图8-53所示。

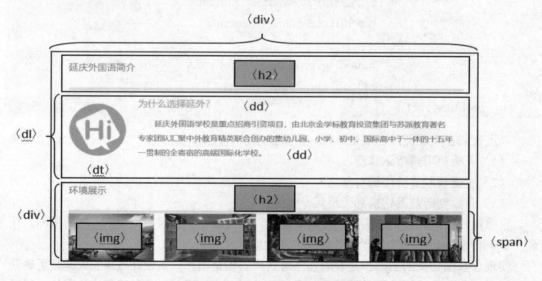

图8-53　"学校简介"版块结构图

2. "学校简介"版块样式分析

在"学校简介"版块中,需要设置最外层\<div\>的宽和外边距,使其在页面中居中显示。还需要设置标题和定义列表内的文字样式及无缝滚动版块的大小、外边距、溢出隐藏等样式。

3. JavaScript 特效分析

图片通过无缝滚动的效果进行展示,当光标移动到图片上时停止滚动,当光标移出图片时继续滚动。

8.9.2 "学校简介"版块制作

1. HTML 结构布局

在 index.html 文件中编写"学校简介"版块的 HTML 代码如下:

```
<!--延庆外国语学校-->
<div id="learn">
    <h2>延庆外国语简介</h2>
    <dl>
        <dt></dt>
        <dd class="txt1">为什么选择延外? </dd>
        <dd class="txt2">          延庆外国语学
校是重点招商引资项目,由北京金学标教育投资集团与苏派教育著名专家团队汇聚中外教
育精英联合创办的集幼儿园、小学、初中、国际高中于一体的十五年一贯制的全寄宿的高
端国际化学校。</dd>
    </dl>
    <h2>环境展示</h2>
    <div class="imgbox" id="imgbox">
        <span>
            <a href="#"><img src="images/1.jpg" /></a>
            <a href="#"><img src="images/2.jpg" /></a>
            <a href="#"><img src="images/3.jpg" /></a>
            <a href="#"><img src="images/4.jpg" /></a>
            <a href="#"><img src="images/5.jpg" /></a>
            <a href="#"><img src="images/6.jpg" /></a>
        </span>
    </div>
</div>
```

以上代码中，列表中的<dt>用来定义图片，<dd>用来定义文字。"无缝滚动"模块通过 class="imgbox" id="imgbox"的<div>定义，内部嵌套<span>及<img>标记搭建结构。

2. CSS 样式

在 style.css 样式表文件中编写"学校简介"版块的 CSS 代码如下：

```css
/*延庆外国语学校简介*/
#learn{
    width:980px;
    margin:0 auto;}              /*"学校简介"版块水平居中*/
h2{
    font-weight:100;
    font-size:24px;
    color:#585858;
    padding:40px 0;
    border-bottom:7px solid #ececec;}
#learn dl{
    width:980px;
    height:220px;}
#learn dt{
    width:145px;
    height:220px;
    background:url(../images/learn.jpg) center center no-repeat;
    float:left; }               /*列表内图片左浮动*/
#learn dd{
    width:780px;
    padding:20px 0 0 30px;
    float:left;}                /*列表内文字左浮动*/
#learn .txt1{
    font-size:24px;
    color:#ffa800;}
#learn .txt2{
    color:#6b6862;
    font-size: 20px;
    line-height:40px;}
/*延庆外语——环境展示*/
.imgbox{
    width:940px;
```

```
        padding:0 20px;
        white-space:nowrap;                      /*"无缝滚动"图片显示在同一行中*/
        overflow:hidden;}
.imgbox img{
        width:226px;
        height:129px;
        padding:2px;}
.imgbox a{margin-right:20px;}
```

对上 CSS 代码中，margin:0 auto 用于设置学校简介版块水平居中；#learn {float:left;}
设置列表内图片左浮动；#learn dd{float:left; }设置列表内文字左浮动；.imgbox{white-
space:nowrap;}设置"无缝滚动"图片显示在同一行中。

保存 index.html 和 style.css 文件，刷新页面，"学校简介"版块效果如图 8-54 所示。

图8-54　"学校简介"版块效果图

3. 添加 JavaScript 效果

在 Web 项目下的 js 文件夹下的 js.js 中编写代码，JavaScript 代码实现无缝滚动的效果，
具体代码如下：

```
//学校简介——校园环境展示图片滚动
function school(){
        //定义滚动速度
        var speed = 50;
        //获取<div id="imgbox">元素
        var imgbox = document.getElementById("imgbox");
        //复制一个<span>，用于无缝滚动
        imgbox.innerHTML += imgbox.innerHTML;
        //获取两个<span>元素
        var span = imgbox.getElementsByTagName("span");
        //启动定时器，调用滚动函数
```

```
    var timer1 = window.setInterval(marquee,speed);
    //光标移入时暂停滚动，移出时继续滚动
    imgbox.onmouseover = function(){
        clearInterval(timer1);      }
    imgbox.onmouseout = function(){
        timer1=setInterval(marquee,speed);        }
    //滚动函数
    function marquee(){
        //当第 1 个<span>被完全卷出时
        if(imgbox.scrollLeft > span[0].offsetWidth){
            //将被卷起的内容归 0
            imgbox.scrollLeft = 0;
        }else{
            //否则向左滚动
            ++imgbox.scrollLeft;}    }      }
school();
```

8.10 任务9 制作"课程特色"版块

8.10.1 "课程特色"版块效果分析

1."课程特色"版块结构分析

"课程特色"版块整体上由一个大盒子控制。其内部包含标题部分，Tab 栏切换部分和信息注册部分。Tab 栏切换部分和信息注册部分分别由<div>控制，其中信息注册部分由表格元素搭建结构。"课程特色"版块的具体结构如图 8-55 所示。

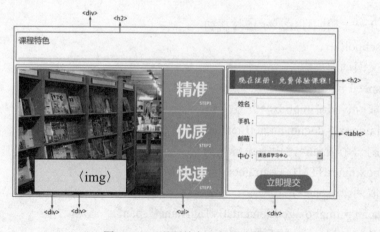

图8-55 "课程特色"版块结构图

2. "课程特色"版块样式分析

首先设置"课程特色"版块最外层<div>的宽高和外边距，使其在页面中居中显示。为 Tab 栏和信息注册部分分别添加左、右浮动效果，并分别设置宽高和外边距等样式，将 Tab 栏里的第一张图片设置为显示，其他设置为隐藏，为 Tab 栏右侧的按钮设置宽高和背景等样式，光标悬浮到按钮时变换背景。最后还需要设置"信息注册"版块内的表单的宽高、边距等相关样式。

3. JavaScript 特效分析

页面加载完成时，Tab 栏内的图片定时进行切换。当光标悬浮到右侧的按钮时 Tab 栏内的图片跟着一起切换。

8.10.2 "课程特色"版块制作

1. HTML 结构布局

在 index.html 文件中书写"课程特色"版块的 HTML 代码如下：

```
<!--课程特色-->
<div id="features">
    <h2>课程特色</h2>
    <div class="list0">
        <div id="SwitchBigPic">
            <span class="sp"><a href="#"><img src="images/111.jpg" /></a></span>
            <span><a href="#"><img src="images/222.jpg" /></a></span>
            <span><a href="#"><img src="images/333.jpg" /></a></span>
        </div>
        <ul id="SwitchNav">
            <li><a class="txt_img1" href="#"></a></li>
            <li><a class="txt_img2" href="#"></a></li>
            <li><a class="txt_img3" href="#"></a></li>
        </ul>
    </div>
    <div class="list1">
        <h3></h3>
        <form action="#" method="post" class="biaodan">
            <table class="content">
                <tr>
                    <td class="left">姓名：</td>
                    <td><input type="text" class="txt01" /></td>
```

273

```
            </tr>
            <tr>
                <td class="left">手机：</td>
                <td><input type="text" class="txt01" /></td>
            </tr>
            <tr>
                <td class="left">邮箱：</td>
                <td><input type="text" class="txt01" /></td>
            </tr>
            <tr>
                <td class="left">中心：</td>
                <td>
                    <select class="course">
                        <option>请选择学习中心</option>
                        <option>北京学习中心</option>
                        <option>上海学习中心</option>
                        <option>广州学习中心</option>
                        <option>深圳学习中心</option>
                    </select>
                </td>
            </tr>
            <tr>
            <td colspan="2"><input class="no_border" type="button" /></td>
            </tr>
        </table>
    </form>
  </div>
</div>
```

以上"课程特色"版块的 HTML 代码中，Tab 栏部分和信息注册部分分别由类名为 list0 和 list1 的两个<div>定义，Tab 栏部分的按钮由无序列表定义。信息注册部分的内容由表格及表单元素定义。

2. CSS 样式

在 style.css 样式表文件中编写"课程特色"版块的 CSS 代码如下：

```
/*课程特色 CSS*/
#features{
    width:980px;
```

```
        height:565px;
        margin:0 auto;}                        /*设置"课程特色"版块水平居中显示*/
/* Table 切换 */
.list0{
        width:638px;
        margin-top:25px;
        float:left;
        position:relative;}
#SwitchBigPic{border: 1px solid #ddd;}
#SwitchBigPic span{display:none;}             /*Tab 栏内图片隐藏*/
#SwitchBigPic img{
        width:448px;
        height:375px;}
#SwitchBigPic .sp{display:block;}             /*Tab 栏内第一张图片单独设置为显示*/
#SwitchNav{
        width:190px;
        position:absolute;
        top:0px;
        left:447px;}
#SwitchNav li{
        width:190px;
        height:125px;
        margin-bottom:1px;}
#SwitchNav a{
        display:block;
        width:190px;
        height:125px;
        background:url(../images/txt_111_1.jpg) no-repeat;}
#SwitchNav .txt_img2{background:url(../images/txt_222_2.jpg) no-repeat;}
#SwitchNav .txt_img3{background:url(../images/txt_333_3.jpg) no-repeat;}
/*光标悬浮时 Tab 栏按钮的背景样式设置*/
#SwitchNav .txt_img1:hover{background:url(../images/txt_111.jpg) no-repeat ;}
#SwitchNav .txt_img2:hover{background:url(../images/txt_222.jpg) no-repeat ;}
#SwitchNav .txt_img3:hover{background:url(../images/txt_333.jpg) no-repeat ;}
/*免费课程*/
.list1{
        width:326px;
        height:375px;
```

```
        float:right;
        margin-top:25px;}
   .list1 h3{
        width:326px;
        height:74px;
        background:url(../images/zhuce.jpg) no-repeat;}
   .list1 .biaodan{
        width:326px;
        height:200px;}
   .left{
        width:80px;
        text-align:right;
        font-size:18px;}
tr{height:50px;}
td{text-align:center;}
/*表单*/
input{
        width:204px;
        height:28px;
        border:1px solid #d2d2d2;}
   .course{
        width:204px;
        height:28px;
        border:1px solid #d2d2d2;
        padding:3px 0;}
   .no_border{
        border:none;
        width:222px;
        height:53px;
        background:url(../images/btn.jpg) right top no-repeat;
        margin-top:30px;
        cursor:pointer;}
```

以上 CSS 代码中，#features{margin:0 auto;}设置"课程特色"版块水平居中显示；#SwitchBigPic span{display:none;}设置 Tab 栏内图片隐藏；#SwitchBigPic .sp{display:block;}为 Tab 栏内第一张图片单独设置为显示。

保存 index.html 和 style.css 文件，刷新页面，效果如图 8-56 所示。

图8-56　"课程特色"版块效果图1

3．JavaScript 效果实现

制作完成"课程特色"版块的 HTML 页面结构和 CSS 样式后，接下来通过 JavaScript 来实现"课程特色"版块无缝滚动效果，具体代码如下：

```javascript
// "课程特色"版块的 JavaScript 效果实现
function tableChange(){
        //Tab 栏
        //获得#SwitchNav 中所有的<li>元素
var lis = document.getElementById("SwitchNav").getElementsByTagName("li");
        //获得#SwitchBigPic 中所有的<a>元素
var spans=document.getElementById("SwitchBigPic").getElementsByTagName("span");
        //保存当前焦点元素的索引
        var current_index=0;
        //启动定时器
        var timer = setInterval(autoChange,3000);
        //遍历 lis，为各<li>元素添加事件
        for(var i=0;i<lis.length;i++){
            //<li>的光标移入事件
            lis[i].onmouseover = function(){
                //定时器存在时清除定时器
                if(timer){
                    clearInterval(timer);}
            //遍历 lis
            for(var i=0;i<lis.length;i++){
                //设置当前焦点元素的样式
                if(lis[i]==this){
                    spans[i].className = "sp";
                    //保存当前索引，当恢复自动切换时继续切换
                    current_index = i;
```

```
                                //设置非当前焦点元素的样式
                        }else{
                                spans[i].className = "";}
                }
            }
            //<li>的光标移出事件
            lis[i].onmouseout = function(){
                    //启动定时器，恢复图片自动切换
                    timer = setInterval(autoChange,3000);}
        }
        //定时器周期函数——图片自动切换
        function autoChange(){
            //自增索引
            ++current_index;
            //当索引自增达到上限时，索引归 0
            if (current_index == lis.length) {
                    current_index=0;}
            //遍历 lis，将所有元素取消焦点样式
            for (var i=0; i<lis.length; i++) {
                    spans[i].className = "";}
            //为当前索引元素添加焦点样式
            spans[current_index].className = "sp";
        }
    }
    tableChange();
```

以上 JavaScript 代码中，clearInterval()方法用于定义当光标悬浮到 Tab 栏的按钮上时清除定时器，setInterval()方法用于定义当光标移出时开启定时器。函数 function autoChange()用于定时器周期函数，实现图片自动切换。

保存 js.js 文件，刷新页面，即可实现 Tab 栏切换效果。切换到第二部分时效果如图 8-57 所示。

图8-57　"课程特色"版块效果图2

8.11 任务 10 制作"页脚"版块

8.11.1 "页脚"版块效果分析

1. "页脚"版块结构分析

"页脚"版块通栏显示，整体上由一个大的<div>盒子构成。"页脚"版块的具体结构如图 8-58 所示。

图8-58 "页脚"版块结构

2. "页脚"版块样式分析

"页脚"版块中背景通栏显示，因此需要设置宽度为 100%，另外还需要设置"页脚"版块的字体为微软雅黑、14px、白色#fff 文本居中对齐显示。

8.11.2 "页脚"版块制作

1. HTML 结构布局

在 index.html 文件中编写"页脚"版块的 HTML 代码如下：

```
<div class="footer">延庆外国语学校  版权所有 2018－2020  </div>
```

2. CSS 样式

在 style.css 样式表文件中编写"页脚"版块的 CSS 代码如下：

```
/*footer CSS*/
.footer{
    width:100%;                /*通栏显示*/
    height:60px;
    line-height:60px;
    text-align:center;
    background:#0373b9;
    color:#FFF;}
```

以上 CSS 代码中，width:100%用来设置"页脚"版块通栏显示。

保存 index.html 和 style.css 文件，刷新页面，"页脚"版块完成。

📖 **项目总结**

（1）数组的使用在 JavaScript 中很常见，希望能够熟练使用数组的常用属性和方法。

（2）掌握事件的调用方法，以及常用事件的使用。

（3）能够熟练的运用 JavaScript 完成一些常见的网页特效。

8.12　拓展学习——教育类网站的设计要点

8.12.1　教育类网站的类型

教育网站通常提供以下几方面内容：一是教育信息的汇集、传播、检索和导航，信息内容一般涉及教育机构简介、新闻动态、环境展示等；二是教育课程体系、表单提交、教师学生风采、招生就业等；三是个性化特色版块，即根据教育者的特点和需求定制教育产品，提供个性化教育建议等。目前，教育网站主要可以分为以下几种类型。

1. 学前教育类网站

学前类网站主要致力于为 0～6 岁成长关键期的婴幼儿及其家庭，提供科学的成长干预，而非仅仅是知识的陪伴，使得儿童的大脑在关键期得到更加充分的开发。网站一般主要涉及课程体系、早教中心、智能测评、园所动态等内容。东方爱婴网首页如图 8-59 所示。

2. 中小学教育类网站

黄河路小学以"内涵发展"为目标，以"以爱育爱，以爱育智，以爱育惠，以爱育人"为办学理念，以培养"博爱立德 博学多才"的阳光学子为育人目标，构建以"基础+拓展+探究"的"博·爱"课程体系，打造"出口成章 下笔成文"的办学特色，着重培养一批能言善辩的孩子。黄河路小学教育集团网站首页如图 8-60 所示。

图8-59　东方爱婴网首页

图8-60　黄河路小学教育集团网站首页

3. 职业教育类网站

传智专修学院为互联网、人工智能、工业 4.0 培养高精尖科技人才的应用型高等教育院校。学校以国家重大战略新兴产业发展需求为导向，专注于大数据、人工智能、机器人、物联网等 IT 前沿技术方向的探索研究。传智专修学院网站首页如图 8-61 所示。

4. 高等教育类网站

面向未来，清华大学秉持"自强不息、厚德载物"的校训和"行胜于言"的校风，坚持"中西融汇、古今贯通、文理渗透"的办学风格和"又红又专、全面发展"的培养特色，弘扬"爱国奉献、追求卓越"传统和"人文日新"精神，以习近平新时代中国特色社会主义思想为指引，努力创建世界一流大学，为实现高等教育内涵式发展、建设高等教育强国做出新的更大的贡献。清华大学网站的页面如图 8-62 所示。

图8-61　传智专修学院网站首页　　　　图8-62　清华大学网站页面

5. 在线教育类网站

猿辅导在线教育旗下拥有猿辅导、猿题库、小猿搜题、小猿口算、斑马 AI 课等多款在线教育产品，为用户提供网课、智能练习、难题解析等多元化的智能教育服务猿辅导始终致力于运用科技手段提升学习体验、激发学习兴趣。猿辅导在线教育网站如图 8-63 所示。

图8-63　猿辅导在线教育网站

6. 其他特色教育类网站

特色教育类网站包括各类专长、艺术特色等教育类网站。例如，阿童木创想家专注于3~18岁孩子的STEM教育，五大跨学科课程体系——机器人、编程、创客、竞赛、特色（3D打印机、无人机等）课程，关注儿童和青少年的软实力及综合素养提升。阿童木创想家，创你所想，掌握未来。阿童木创想家网站如图8-64所示。

图 8-64　阿童木创想家网站

8.12.2　教育类网站的设计要点

一提到教育，很容易让人联想到牙牙学语、蹒跚学步、天真烂漫的孩童，专注、专业、独具匠心的技艺，勤勉、极致、精益的影响力。

教育类网站受众广泛，用色丰富、热情、内涵。不同主题的网站设计风格差异较大，也有很广阔的拓展空间，用色不拘一格。

教育类网站的导航菜单、banner、图文动态、特色栏目等通常采用 JavaScript 及 jQuery 等技术实现。因此熟练的运用 JavaScript 完成一些常见的网页特效至关重要。

实训

1. 完成"早教中心"页面的制作，其中的导航菜单、banner 轮播可以采用 HTML、CSS、JavaScript 等实现。"早教中心"页面效果如图 8-65 所示。

2. 完成"新闻动态"页面的制作，采用 HTML、CSS、JavaScript 等实现网页特效，"新闻中心"页面如图 8-66 所示。

图8-65 "早教中心"页面

图8-66 "新闻中心"页面

项 **9** 目

网站动态化

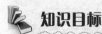 **知识目标**

> ➤ 了解动态网站技术。
> ➤ 了解 CMS。
> ➤ 掌握动态网站的本地配置方法。
> ➤ 掌握 CMS 的安装部署。
> ➤ 了解 CMS 中的标记及其使用方法。
> ➤ 静态网站动态化。

技能目标

> ➤ CMS 的配置及后台管理。

9.1 项目描述及分析

前面 8 个项目中创建的网页都是静态的，即网页文件全部由 HTML 标记语言编写而成，以.html 或.htm 为扩展名进行保存。网页文件编写完成之后，其内容不会再发生变化。

但静态网页显然已经不再符合人们的上网需求。人们越来越倾向于能够实现信息自动更新和在线交流的网站，这就需要用到动态网站技术。动态网站技术可以将网页维护者从重复而烦琐的手动更新中解放出来，实现交互性很强的页面，其出现使得网站从展示平台变成了交互平台。

本项目将继续以项目 4 中的盟院合作专题网站为例介绍动态网站的设计，重点是使用动态技术实现网站的盟院快讯的管理及显示。

网站名称

盟院合作专题网站

项目描述

　　使用 CMS 内容管理系统为网站制作动态的"盟院快讯"栏目页及新闻详情页。

项目分析

❖ 专题网站无须太过花哨，应遵循快速、简洁、信息概括能力强的原则，通常围绕某一特定主题，是在网络媒体上设计的专题网页。同时，网站内容要具备可管理性，能动态进行更新。

❖ 对于网站来说，进行新闻或数据的展示通常是网站的重要功能，因此每当有新闻需要发布时，就需要通过后台完成新闻内容的实时更新。

❖ 动态网站的制作方式有很多种，如使用 ASP、PHP、JSP、.NET 等技术，由于我们的专题网站是一个小型网站，因此这里可以选用一个小型的基于 PHP 技术的 CMS 来实现网站内容的动态化。

❖ 本项目将在项目 4 的基础上，以"盟院快讯"栏目的设计为例，介绍如何使用 CMS，即内容管理系统，实现静态网站的动态化。

项目实施过程

❖ 制作首页和内容明细页模板；进入后台管理系统，为网站添加一级、二级栏目，并为不同的栏目添加相应的数据；在 HBuilder 中通过代码调用实现首页、列表页和内容明细页的动态化。

项目最终效果

　　项目的最终效果如图 9-1 所示。

图9-1　盟院合作网站首页最终效果

9.2　任务 1　认识 CMS

在学习 CMS 之前，我们先来了解静态网页和动态网页。

9.2.1　静态网页与动态网页

1．静态网页概述

静态网页的网址形式通常是以.htm、.html、.shtml、.xml 等为扩展名的。静态网页，一般来说是最简单的 HTML 网页，服务器端和客户端是一样的，而且没有脚本和小程序，所以它不能动。在 HTML 格式的网页上，也可以出现各种动态的效果，如.gif 格式的动画、Flash 动画、滚动字母等，这些"动态效果"只是视觉上的，与下面将要介绍的动态网页是不同的概念。

2．静态网页的特点

（1）静态网页每个网页都有一个固定的 URL，且网页 URL 以.htm、.html、.shtml 等常见形式为扩展名，而不包含"?"。

（2）网页内容一经发布到网站服务器上，无论是否有用户访问，每个静态网页的内容都是保存在网站服务器上的，也就是说，静态网页是实实在在保存在服务器上的文件，每个网页都是一个独立的文件。

（3）静态网页的内容相对稳定，因此容易被搜索引擎检索。

（4）静态网页没有数据库的支持，在网站制作和维护方面工作量较大，因此当网站信息量很大时完全依靠静态网页制作方式比较困难。

（5）静态网页的交互性较差，在功能方面有较大的限制。

3．动态网页概述

动态网页是以.asp、.jsp、.php、.perl、.cgi 等形式为扩展名，并且在动态网页网址中有一个标志性的符号——"?"。动态网页与网页上的各种动画、滚动字幕等视觉上的"动态效果"没有直接关系，动态网页也可以是纯文本内容的，也可以是包含各种动画的内容，这些只是网页具体内容的表现形式，无论网页是否具有动态效果，采用动态网站技术生成的网页都称为动态网页。动态网站也可以采用静动结合的原则，适合采用动态网页的地方用动态网页，如果必须要使用静态网页，则可以考虑用静态网页的方法来实现，在同一个网站上，动态网页内容和静态网页内容同时存在也是很常见的事情。

4．动态网页的特点

（1）交互性，即网页会根据用户的要求和选择而动态进行改变和响应。例如，访问者在网页填写表单信息并提交，服务器经过处理将信息自动存储到后台数据库中，并打开相应提示页面。

（2）自动更新，即用户无须手动操作，便会自动生成新的页面，可以大大节省工作量。例如，在论坛中发布信息，后台服务器将自动生成新的网页。

（3）随机性，即不同的时间、不同的人访问同一网址时，会产生不同的页面效果。例如，不同的角色访问网站，界面功能不同。

（4）动态网页中的"?"对搜索引擎检索存在一定的问题。搜索引擎一般不可能从一个网站的数据库中访问全部网页，或者出于技术方面的考虑，搜索蜘蛛不去抓取网址中"?"后面的内容，因此采用动态网页的网站在进行搜索引擎推广时需要做一定的技术处理才能适应搜索引擎的要求。

9.2.2　CMS

CMS（Content Management System）的中文名称是内容管理系统。是一种位于 Web 前端（Web 服务器）和后端办公系统或流程（内容创作、编辑）之间的软件系统。内容的创作人员、编辑人员、发布人员使用内容管理系统来提交、修改、审批、发布内容。这里指的"内容"可能包括文件、表格、图片、数据库中的数据甚至视频等一切想要发布到 Internet、Intranet 以及 Extranet 网站的信息。

如今，知识的更新越来越快，企事业单位的信息生产量也越来越多，信息的更新、维护成本也随之增加。因此，人们越来越需要一项能提供强大功能的、可扩展的、灵活的内容管理技术，以保证信息的准确性和真实性，并能有效降低信息的更新、维护成本。于是，CMS 应运而生。

根据不同的需求，CMS 有几种不同的分类方法。例如，根据应用层面的不同，可以划分为重视后台管理的 CMS、重视风格设计的 CMS 和重视前台发布的 CMS。

CMS 具有许多基于模板的优秀设计，可以加快网站的开发速度，减少开发成本。CMS 的功能并不只限于文本处理，也可以处理图片、Flash 动画、声像流、图像甚至电子邮件。

1．织梦 CMS

织梦 CMS（DedeCMS）是一个基于 PHP 技术的网站内容管理系统。该内容管理系统以简单、实用、开源而闻名，是国内最知名的 PHP 开源网站管理系统，采用流行的 PHP+MySQL 的技术架构。DedeCMS 的主要功能更专注于个人网站或中小型门户的构建。织梦 CMS 提供了简单易用的模板引擎，网站界面更换便捷、高效的动态静态页面部署机制，减少数据库负担、提高用户访问的效率。

2．动易 CMS

动易 CMS 是国产 AspCMS 中一款非常强大的系统，包括个人版、学校版、政府版和企业版等诸多版本。动易 CMS 的整体功能较强，其后台功能主要有信息发布、类别管理、权限控制和信息采集等，而且它可以与第三方程序（如论坛、商城、Blog 等）实现完美结合。动易 CMS 基本可以满足一个中小型网站的要求。

3．WordPress

WordPress 是使用 PHP 语言开发的博客平台，用户可以在支持 PHP 和 MySQL 数据库的服务器上架设属于自己的网站。也可以把 WordPress 当作一个内容管理系统（CMS）来使用。

丰富的插件和模板是 WordPress 非常流行的一个原因。用户可以根据它的核心程序提供的规则自己开发模板和插件。这些插件可以快速地把用户的博客改变成 CMS、论坛、门户等各种类型的站点。

4．PHPCMS

PHPCMS 是一款网站管理软件。软件采用模块化开发，支持多种分类方式，使用它可方便实现个性化网站的设计、开发与维护。它支持众多的程序组合，可轻松实现网站平台迁移，并可广泛满足各种规模的网站需求，可靠性高，是一款具备文章、下载、图片、分类信息、影视、商城、采集、财务等众多功能的强大、易用、可扩展的优秀网站管理软件。

5．帝国 CMS

帝国网站管理系统（Empire CMS，Ecms），是基于 B/S 结构，且功能强大而易于使用的网站管理系统。本系统由帝国开发工作组独立开发，是一个经过完善设计的适用于 Linux、Windows 和 UNIX 等系统环境下高效的网站解决方案。

CMS 中的模板和传统意义上的模板使用方法不同，但性质基本相同：当需要制作大量页面布局相同或相似的网页时，只需设计好页面布局，将其保存为模板页，然后利用模板即可快速、高效地创建出大量布局相同的页面，从而大大提高工作效率。

不同的 CMS 有不同的模板调用方法。有些 CMS 提供了模板，可供客户使用，如动易和帝国网站管理系统；而有些 CMS，则需要使用者自行开发模板，如风讯网站管理系统。

下面我们将以织梦内容管理系统为例，介绍部分内容需要实时更新的动态网站的制作方法。

9.3　任务 2　静态页面模板导入

本次任务主要完成盟院合作专题网站的静态页面模板导入 DedeCMS 环境，并为后面的任务做好准备工作。在导入网站的静态页面模板之前，先要下载和安装 DedeCMS 安装包，然后配置好相应的环境及数据库。

9.3.1　DedeCMS 的安装和环境配置

1．DedeCMS 下载

首先进入织梦的官方网站（http://www.dedecms.com），如图 9-2 所示。下载最新版本的 DedeCMS 安装包。单击"立即下载"按钮，进入下载页面。

图9-2 织梦官网首页

如图 9-3 所示，织梦官方提供两种编码的安装包，分别是 DedeCMSV5.7 SP2 正式版（utf-8 版本）和 DedeCMSV5.7 SP2 正式版（gbk 版本）。考虑到通用性问题，我们选择 DedeCMS5.7 正式版（utf-8 版本）。

图9-3 下载DedeCMSV5.7

📖 注意：UTF-8（Unicode TransformationFormat-8bit）是用以解决国际上字符的一种多字节编码，它对英文使用 8 位（即 1 字节），中文使用 24 为（3 字节）来编码。UTF-8 包含全世界所有国家需要用到的字符，是国际编码，通用性强。GBK 是在国家标准 GB2312 基础上扩容后兼容 GB2312 的标准。GBK 的文字编码是用双字节来表示的，即不论中、英文字符均使用双字节来表示，为了区分中文，将其最高位都设定成 1。GBK 包含全部中文字符，是国家编码，通用性比 UTF-8 差。

下载的 DedeCMS 安装包通常是一个压缩包，将其解压后有两个文件夹：docs、uoloads。如果是有空间和域名，我们可以将 uploads 文件夹中的文件上传到网站的根目录中。然后可以通过在浏览器中输入安装向导的网址开始进行 DedeCMS 的安装，在安装完成之后就可以看到我们的站点了。读者在学完本地安装测试后可自行尝试。

2. 系统环境配置

DedeCMS 是基于 PHP 和 MySQL 技术开发，可以同时在 Windows、Linux、UNIX 平台使用，其具体配置环境如下。

（1）Windows 平台：IIS/Apache + PHP4/PHP5 + MySQL3/4/5。

（2）Linux/UNIX 平台：Apache + PHP4/PHP5 + MySQL3/4/5（PHP 必须在非安全模式下运行）建议使用平台，Linux + Apache2.2 + PHP5.2 + MySQL5.0。

我们选择 Apache 作为 Web 服务器环境程序。而 APMServ 是一款在 Windows 系统上一键搭建 Apache + PHP + MySQL，以及 ASP、CGI、Perl 网站服务器平台的绿色软件。我们选择 APMServ 作为网站服务器环境。下载最新版本软件，并解压到无中文目录的路径下。

📖 注意：IIS 是微软公司的 Web 服务器。主要支持 ASP 语言环境。Apache 是世界使用排名第一的 Web 服务器软件，因为其使用简单而闻名，支持 PHP、JSP 语言开发的网站。IIS 配置简单，但不如 Apache 稳定，Apache 扩展性好，代码开源。Nginx (engine x) 是一个高性能的 HTTP 和反向代理 Web 服务器，是 Apache 的不错的替代品。

将步骤 1 中 uploads 文件夹中的文件（注意是文件，而不是文件夹）复制到 www 文件夹下的 htdocs 文件夹里，如图 9-4 所示。

图9-4　复制文件到站点根目录

运行 APMServ.exe 文件，这时出现如图 9-5 所示的对话框。设置 Apache 端口（默认为 80）、MySQL 端口（默认为 3306），单击"启动 APMServ"即可完成配置。当软件状态栏显示 √Apache 已启动、√MySQL5.1 已启动，表示 Web 服务器运行正常，我们就可以开始将 DedeCMS 安装在本机上了。正常运行的 APMServ 如图 9-6 所示。

图9-5 APMServ 运行界面   图9-6 APMServ 运行正常

注意：80 是 Web 服务器默认端口，通过浏览器输入本机 IP 或 http://127.0.0.1 即可访问本地网站。若 80 号端口被占用，可使用其他端口，如 8088，此时网站访问可使用 http://127.0.0.1:8088。

3. 打开网站

在浏览器中打开 http://localhost/install/index.php 或 http://127.0.0.1/install/index.php。

（1）启动安装页面

启动安装页面时浏览器显示如图 9-7 所示的安装许可协议页面，选中"我已经阅读并同意此协议"复选择框，单击"继续"按钮。

图9-7 安装许可协议页面

（2）检测安装环境

系统跳转到环境检测页面。选择 PHP 必需的环境或启用的系统函数：allow_url_fopen[√]、GD 支持［√］、MySQL 支持［√］。如果环境检测全部正确，单击"继续"按钮，如图 9-8 所示。

图9-8　环境检测

（3）参数配置

进入参数配置页面。首先配置"数据库设定"部分的参数，这里涉及"数据库主机""数据库名称""数据库用户""数据库密码""数据表前缀""数据库编码"等几个参数。

如果使用的是虚拟主机或者合租服务器，一般空间商都会提供相关的数据，如果是自己配置服务器或者本地测试，一般在环境架设时会有相关的信息提示，如图 9-9 所示。

以盟院合作专题网站为例，因为 Apache 和 MySQL 共同安装在本地计算机上，所以数据库主机地址为 localhost，在这里将数据库名称设置为 myhz（数据库名称可以自定义），数据库用户名为 root、密码为 root 数据库默认密码 123456，表前缀为 dede_。

数据表前缀是为了方便一个数据库中存放多个程序的数据库，如一个数据库需要安装两个 DedeCMS 系统，第 1 个系统数据表前缀可以设置为 dedea_，第 2 个数据表可以设置为 dedeb_，因为表前缀不同，数据表在数据库中存在的表名也不相同，如第 1 个系统的管理员账号存放的数据表则为 dedea_admin，第 2 个数据表名为 dedeb_admin，这样这两个系统的数据库就可以同时存在一个 MySQL 数据库中。

网站设置中需要注意的是填写"网站网址"和"CMS 安装目录"，当"CMS 安装目录"在网站根目录时不需要去理会它，如果安装在根目录下的某个文件夹里时，则需要进行相应的设置。

图9-9 参数配置

（4）安装完成

在完成参数配置后，单击"继续"按钮，出现如图 9-10 所示的页面。至此，DedeCMS安装完毕。

4. 启动 DedeCMS

完成安装后，单击"访问网站首页"。出现如图 9-11 所示的页面，这就是默认的DedeCMS 首页。

图9-10　DedeCMS安装成功

图9-11　默认的DedeCMS首页

5. 后台管理

单击登录网站后台，网址自动转向 http://localhost/dede/login.php，输入安装时候填写的管理员的用户名和密码，以超级管理员身份登录系统，如图 9-12 所示。

图9-12 后台登录

注意：系统默认管理路径是 dede，登录管理后台可以通过地址 http://localhost/dede/login.php 进行访问，但是为了确保系统的安全，建议在安装完成之后修改后台的管理路径，例如：myhz，这样就可以通过 http://localhost/myhz/login.php 登录。

登录成功后进入后台管理页面，如图 9-13 所示。

图9-13 后台管理主页

9.3.2 静态页面模板导入

当将静态页面导入 DedeCMS 环境时，要按 DedeCMS 要求存入的地点和文件内容进行存放。操作步骤如下。

1. 导入 HTML 文件

在进行静态页面模板导入时，可以先将所有创建的 HTML 文件复制到 www\templets\default 文件夹下。需要注意的是，前面制作的 HTML 页面都是以扩展名.html 结尾的，当添加到织梦目录下时，需要更改一下扩展名，将.html 改成.htm。文件存放位置如图 9-14 所示。

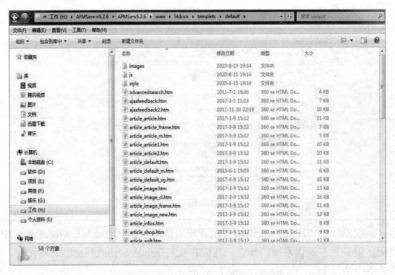

图9-14　HTML文件保存位置

2．导入图片文件

将静态页面所用到的图片另存到织梦安装的根目录下 www\templets\default\images 文件夹中。图片文件保存位置如图 9-15 所示。

图9-15　图片文件保存位置

3．导入 CSS 样式文件

将静态页面所用到的 CSS 样式文件放在 www\templets\default\style 文件夹下，该文件夹下既可以存放系统的 CSS 样式文件，也可以存放用户自定义的 CSS 样式文件，保存位置如图 9-16 所示。

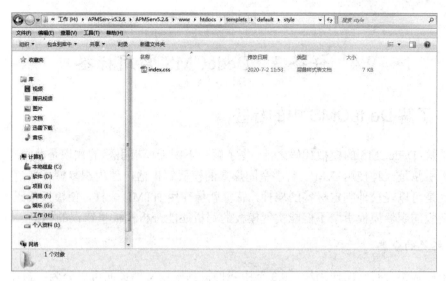

图9-16 CSS文件保存位置

📖 注意：如果将静态页面用到 JS 文件，则可将所用到的 JS 特效文件放在 www\templets\default\js 文件夹下，这个文件夹中不但存放有系统本身自带的脚本文件，还可以存放用户自定义的脚本。

操作执行到此，所有静态页面模板文件已经导入 DedeCMS 环境了，接下来的工作就是开始调用织梦标记，将 DedeCMS 与静态页面相结合，实现网站的动态化。

9.3.3 模板的相关概念

1. 主页模板、栏目（版块）模板

主页模板、栏目（版块）模板指网站主页或比较重要的栏目封面频道使用的模板，一般用"index_识别 ID.htm"命名，此外，用户单独定义的单个页面或自定义标记，也可选是否支持版块模板标记，如果支持，系统会用版块模板标记引擎去解析后才输出内容或生成特定的文件。

2. 列表模板

列表模板指网站某个栏目的所有文章列表的模板，一般用 "list_识别 ID.htm" 命名。

3. 内容模板

内容模板表示文档查看页的模板，如文章模板，一般用 "article_识别 ID.htm" 命名。

4. 其他模板

一般系统常规包含的模板有主页模板、搜索模板、RSS、JS 编译功能模板等，此外用户也可以自定义一个模板。

9.4 任务 3 DedeCMS 常用标签

9.4.1 了解 DedeCMS 中的标签

在了解 DedeCMS 的模板代码之前，先了解一下织梦模板引擎的知识是非常有意义的。织梦模板引擎是一种使用 XML 名字空间形式的模板解析器，使用织梦解析器解析模板的最大好处是可以轻松地制定标签的属性，感觉就像在用 HTML 一样，使模板代码十分直观灵活，新版的织梦模板引擎不但能实现模板的解析还能分析模板里错误的标记。

1. 标签的分类

每个标签都会有它的作用域，9.3 节中我们提到模板文档页面可以分为：封面、列表、内容几个部分，每个页面的模板则会涉及不同的标签，所以标签也有了它的作用域，我们在模板制作过程中主要根据模板的作用域来对模板进行如下划分。

（1）全局标签

全局标签可以在前台文档任意页面使用的模板标记，例如：arclist、channel、sql、loop 等。

（2）列表标签

列表标签仅在模板*_list.htm 中可以使用的标签，例如：list、pagelist。

（3）内容标签

内容标签仅在模板*_.article.htm 中可以使用的模板标记，例如：likearticle、pagebreak 等。

2. 标签样式

织梦模板引擎的代码样式有如下几种形式：

```
{dede:标记名称 属性='值'/}
{dede:标记名称 属性='值'}{/dede:标记名称}
{dede:标记名称 属性='值'}自定义样式模板{Innertext}{/dede:标记名称}
```

其中，类似于 HTML 成对标签的形式更为常用。

9.4.2 DedeCMS 中的常用标签

1. 全局标签

（1）arclist 文档列表标签

这个标签是 DedeCMS 最常用的一个标记，也叫自由列表标记。

功能说明：全局标记，用于获取指定文档列表。

基本语法：

```
{dede:arclist flag='h' typeid=" row=" col=" titlelen=" infolen=" imgwidth=" imgheight=
"listtype=" orderby=" keyword=" limit='0,1'}
  <a href='[field:arcurl/]'>[field:title/]</a>
{/dede:arclist}
```

参数说明：

❖ col=" 分多少列显示（默认为单列）。

❖ row=" 返回文档列表总数。

❖ typeid=" 栏目 ID，在列表模板和内容模板中一般不需要指定，在首页模板中允许用","分开表示多个栏目。

❖ titlelen = " 标题长度。

❖ orderby=" 文档排序方式：orderby='hot' 或 orderby='click' 表示按点击数排列，orderby='sortrank' 或 orderby='pubdate' 按发布时间排列。

❖ orderway='desc' 值为 desc 或 asc ，指定排序方式是降序还是顺向排序，默认为降序。

📖 注意：其他不常用的参数及设置值读者可参考官方帮助文档，在此不再赘述。

（2）arcpagelist 列表分页

功能说明：通过制定 arclist 的 pagesize 及 tagid 属性，配合 arcpagelist 标签进行内容当前分页显示。

基本语法：

```
<ul class="c1 ico2">
{dede:arclist flag='c' titlelen=42 row='16' tagid='dedecms' pagesize='8'}
<li class='dotline'><a href="[field:arcurl/]">[field:title/]</a></li>{/dede:arclist}
</ul>
<div class="c_page">{dede:arcpagelist tagid='dedecms'/}</div>
```

参数说明：

❖ tagid=" 对应 arclist 的标签名称。

❖ pagesize='8 指定每页显示的文章数'。

（3）autochannel 指定栏目

功能说明：用于网站顶部以获取站点栏目信息，方便网站会员分类浏览全站信息。

基本语法：

```
{dede:autochannel partsort='2' typeid=1}
<a href='[field:typelink/]'>[field:typename/]</a>
{/dede:autochannel}
```

参数说明：

❖ partsort = '0' 栏目所在的排序位置。

❖ typeid='0' 获取单个栏目的顶级栏目。

（4）channel 获取栏目列表标签

这个标记是 DedeCMS 常用的一个标记。

功能说明：常用于网站顶部以获取站点栏目信息，可实现导航栏目的自动调用。

基本语法：

```
{dede:channel type='top' row='8' currentstyle="<li><a href='~typelink~' class='thisclass'> ~
typename~</a> </li>"}
<li><a href='[field:typelink/]'>[field:typename/]</a> </li>
{/dede:channel}
```

参数说明：

❖ typeid = '0' 栏目 ID。

❖ reid = '0' 上级栏目 ID。

❖ row = '100' 调用栏目数。

❖ col = '1' 分多少列显示（默认为单列）。

❖ type = 'son | top |self ' son 表示下级栏目，self 表示同级栏目，top 顶级栏目。

❖ currentstyle = '' 应用样式。

> 注意：在没有指定 typeid 的情况下，type 标记与模板的环境有关，如模板生成到栏目一，那么 type='son'就表示栏目一的所有子类。

（5）global 标签

功能说明：表示获取一个外部变量，除了数据库密码之外，能调用系统的任何配置参数。

基本语法：

```
{dede:global name='变量名称'}{/dede:global}
```

或

```
{dede:global name='变量名称'/}
```

如：获取网站的名称等可使用 global 变量。

2. 列表标签

（1）list 列表数据标签

功能说明：获取列表模板中的列表内容。

基本语法：

```
{dede:list col=" titlelen=" infolen=" imgwidth=" imgheight=" orderby=" pagesize="}
{/dede:list}
```

参数说明：

❖ col=1 内容列数。

❖ titlelen=30 标题长度。

❖ infolen=250 内容摘要长度。

❖ imgwidth=120 缩略图宽度。

❖ imgheight=90 缩略图高度。

❖ orderby='default' 排序方式，有效的排序方式有 senddate、pubdate、id、click、lastpost、
   postnum，默认为 sortrank。

❖ pagesize=20 分页大小。

❖ orderway='desc' 排序方式。

（2）pagelist 列表分页标签

功能说明：表示分页页码列表。

基本语法：

```
{dede:pagelist listsize='3' listitem="/}
```

参数说明：

❖ listsize=3 表示 [1][2][3] 这些项的长度×2。

❖ listitem='index,pre,pageno,next,end,option' 表示页码样式，可以把下面的值叠加。

> 📖 注意：pagelist 标签是同 list 一同使用来调用列表数据的。参数中 index：首页、pre：上一页、
>   pageno：页码、next：下一页、end：末页、option：下拉跳转框。

3. 内容标签

（1）adminname 标记

功能说明：获取责任编辑名称。

基本语法：

```
{dede:adminname /}
```

（2）prenext 获取上一篇、下一篇内容

功能说明：获取当前文档上一篇、下一篇内容。

基本语法：

```
{dede:prenext/}
```

参数说明：

❖ get='pre' 上一篇的连接。

❖ get='next' 下一篇的连接。

（3）field 内容变量

功能说明：用于获取特定栏目或者档案的字段值及常用的环境变量值。

基本语法：

{dede:field name='字段名'/} 或者 {dede:field.字段名/}

参数说明：

❖ 文章标题调用标签：{dede:field.title/}。
❖ 文章来源调用标签：{dede:field.source/}。
❖ 文章时间调用标签：{dede:field name='pubdate' function='GetDateMk((@me)'/}。
❖ 文章内容调用标签：{dede:field.body/}。

9.5 任务 4 首页动态化

动态网站指网站内容可根据不同情况动态变更的网站，一般情况下动态网站通过数据库进行架构。而导航、栏目文章的调用等是网站动态化最重要的部分。

9.5.1 网站栏目管理

首页动态化设计之前，我们登录后台先进行栏目的添加。浏览器地址栏中输入:http://localhost/myhz 后进入后台管理页面。而程序员主要设计的功能区就是"核心"栏目这一块，在这一块中主要有常用操作、内容管理、附件管理，频道模型、批量维护和系统帮助这几部分。

（1）栏目添加

网站所用到的所有栏目都是从这里添加的。在常用操作中最重要的一个就是网站栏目管理，对于一个刚导入的模板，首先要做的工作就是进行顶级栏目的添加。进入后台管理页面后，选择左侧的"核心"栏目中的"常用操作"中的"网站栏目管理"，如图 9-17 所示。

根据设计，我们为盟院合作专题网站添加以下一级栏目：通知公告、政策法规、合作概况、盟院要闻、盟院资讯、史笔春秋、联系我们、盟院讲堂、盟院快讯、友情链接、动图广告，其中，盟院讲堂、盟院快讯、友情链接、动图广告不需要在导航栏显示，可以设置为隐藏栏目，如图 9-18 所示。

图9-17 "核心"栏目

图9-18　栏目添加

栏目添加完成后如图 9-19 所示。

图9-19　网站栏目

（2）栏目编辑

单击每个栏目右侧"更改"可对栏目进行更改。

文件保存目录：可以指定保存的目录，也可以用拼音，指定为拼音时系统会自动生成栏目拼音的目录，文件保存目录一般用拼音即可。

目录相对位置：有上级目录、CMS 目录与站点根目录。实际上指的都是网站的根目录，按默认为上级目录即可。

栏目列表选项：有链接到默认页，链接到列表第一页与使用动态页。链接到默认页是指访问生成的静态页面。链接到列表第一页是指访问到列表第一页。使用动态页是指非静态页，直接访问 PHP 文件浏览页面。系统默认为链接到默认页，链接到默认页非常有利于 SEO 收录。

默认页的名称：生成栏目静态页面的名称。系统默认为 index.html，可不必更改。

栏目属性：

最终列表栏目：允许在本栏目发布文档，并生成文档列表。

频道封面：栏目本身不允许发布文档。

外部连接：栏目直接链接的网址，需要在"文件保存目录"处填写超链接的网址。

选择栏目"高级选项"，如图 9-20 所示。

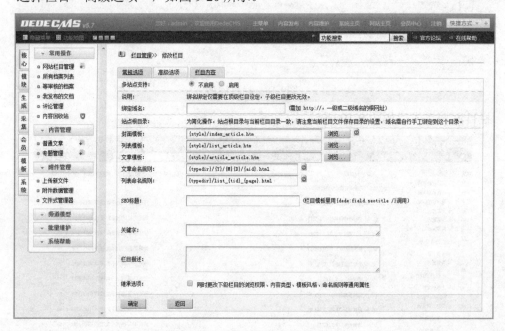

图9-20　网站栏目-高级选项

封面模板：适用于栏目属性为频道封面的栏目。封面模板不允许发文章，所以设置了封面模板后，列表模板与文章模板可不用设置。{style}意为网站的模板风格目录，网站默认模板风格为 default，{style}就表示目录：/templets/default。模板文件放在模板风格目录下，并以 htm 结尾，封面模板一般以 index_模板名称.htm 的方式命名。

列表模板：适用于栏目属性为最终栏目列表的栏目。{style}意为网站的模板风格目录，网站默认模板风格为 default，{style}就表示目录：/templets/default。模板文件放在模板风格目录下，并以 htm 结尾，列表模板一般以 list_模板名称.htm 的方式命名。

文章模板：适用于栏目属性为最终栏目列表的栏目。{style}意为网站的模板风格目录，网站默认模板风格为 default，{style}就表示目录：/templets/default。模板文件放在模板风格目录下，并以 htm 结尾，文章模板一般以 article_模板名称.htm 的方式命名。

文章命名规则：文章命名规则是指此栏目下内容的生成目录规则，{typedir}/{Y}/

{M}{D}/{aid}.html 意为/a/栏目拼音/年/月日/文章 aid.html。我们将以这种规则访问栏目下的内容页面。

列表命名规则：列表命名规则是指此栏目下列表页的生成目录规则，{typedir}/list_{tid}_{page}.html 意为/a/栏目拼音/list_栏目 ID_当前页码.html。我们将以这种规则访问栏目下的列表页面。因为在常规选项的选项卡，默认页的名称中指定了 index.html，所以这里可以直接访问目录，不用再指定 html 静态文件。

关键字：填写栏目关键字，在栏目模板里可用标签调用，一般用在模板的<head></head>之间。

栏目描述：填写栏目描述，在栏目模板里可用标签调用，一般用在模板的<head></head>之间。

选择"栏目内容"选项卡，如图 9-21 所示，可以填写栏目简介。

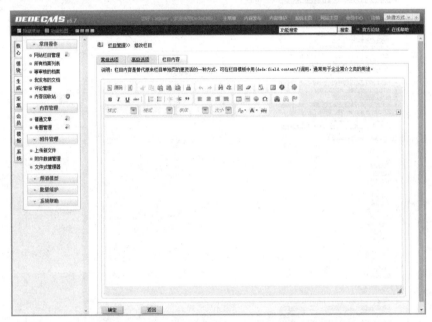

图9-21　网站栏目-栏目内容

9.5.2　首页动态化

在浏览器地址栏输入 http://127.0.0.1，我们看到页面如图 9-22 所示，CSS 样式和图片都没有加载成功。要对首页模板进行修改。

1）首页配置

打开 HBuilder，并将网站根目录作为项目引入。打开 templates\default 中的 index.htm 作为编辑对象，如图 9-23 所示。

盟院合作专题网站
深化合作 办出特色 打造品牌

- 网站首页
- 通知公告
- 政策法规
- 合作概况
- 盟院要闻
- 盟院资讯
- 史笺春秋
- 联系我们

深化合作 办出特色 打造品牌
今日关注 2020-06-17
70年前的今天，张澜在离沪赴京前夜号召全体盟员，"向共产党学习！"
1949年6月18日，张澜、史良、罗隆基等在沪民盟中央领导人，应中共中央之邀启程赴北平参加新政协筹备会。在17日出发前夜，民盟上海市支部假座清华同学会，由支部主委黄文应主持……

学院与河南科技大学开展盟院合作对接

- 盟院快讯
- 合作动态
- 盟院要闻

- 艺术设计系召开盟院合作工作推进会 2019-09-18
- 教育艺术系与郑州师范学院深入洽谈盟院合作工 2019-09-18
- 经济管理系赴河南财经政法大学会计学院进行盟 2019-09-18
- 经济管理系召开会计专业人才培养方案专家论证 2019-09-18
- 艺术设计系"盟院合作"属州行 2019-09-18
- 经济管理系举办盟院合作会计专业对口帮扶研讨 2019-09-18
- 经济管理系举办盟院合作会计专业对口帮扶研讨 2019-09-18

盟院讲堂 / Enterprise Display

- 郑州大学化工与能源学院到我院进行盟院合作考
- 教育艺术系举办第一期盟院讲堂
- 电气工程系举办民盟讲堂
- 郑州大学郭院成教授莅临我院作盟院合作专题报
- 艺术设计系举办第一期"盟院合作艺术讲堂"
- 郑州大学钱辉教授做客鲁班大讲堂
- 郑州航空工业管理学院冯宪章教授莅临我院作盟

- 郑州大学化工与能源学院到我院进行盟院合作考
- 教育艺术系举办第一期盟院讲堂
- 电气工程系举办民盟讲堂
- 郑州大学郭院成教授莅临我院作盟院合作专题报
- 艺术设计系举办第一期"盟院合作艺术讲堂"
- 郑州大学钱辉教授做客鲁班大讲堂
- 郑州航空工业管理学院冯宪章教授莅临我院作盟

信息指南 / Information Guide

- 天气预报
  天气预报
- 铁路查询
  铁路查询
- 万年历
  万年历
- 邮编查询
  邮编查询
- 地图查询
  地图查询
- 北京时间
  北京时间
- 计算器
  计算器
- 在线翻译
  在线翻译
- 单位换算
  单位换算

盟院资讯 / Excellent Project

- 省教育厅统战处处长张水潮一行莅临我院开展盟
  省教育厅统战处处长张水潮一行莅临我院开展盟
- 省教育厅厅长郑邦山听取盟院合作工作汇报
  省教育厅厅长郑邦山听取盟院合作工作汇报
- 副省长、民盟河南省委主委霍金花对盟院合作作出
  副省长、民盟河南省委主委霍金花对盟院合作作出
- 副省长、民盟河南省委主委霍金花对盟院合作作出
  副省长、民盟河南省委主委霍金花对盟院合作作出

友情链接 / links

- 河南省教育厅
- 河南财经政法大学
- 中国民主同盟河南省委员会
- 济源市人民政府

- 通知公告
- 政策法规
- 合作概况
- 盟院要闻
- 盟院资讯
- 盟院讲堂
- 联系我们

二维码
盟院合作专题网站
电话：0391-6621000
传真：0391-6621000
邮箱：admin@admin.com
地址：济源市济源大道88号

图9-22 网站首页原始效果

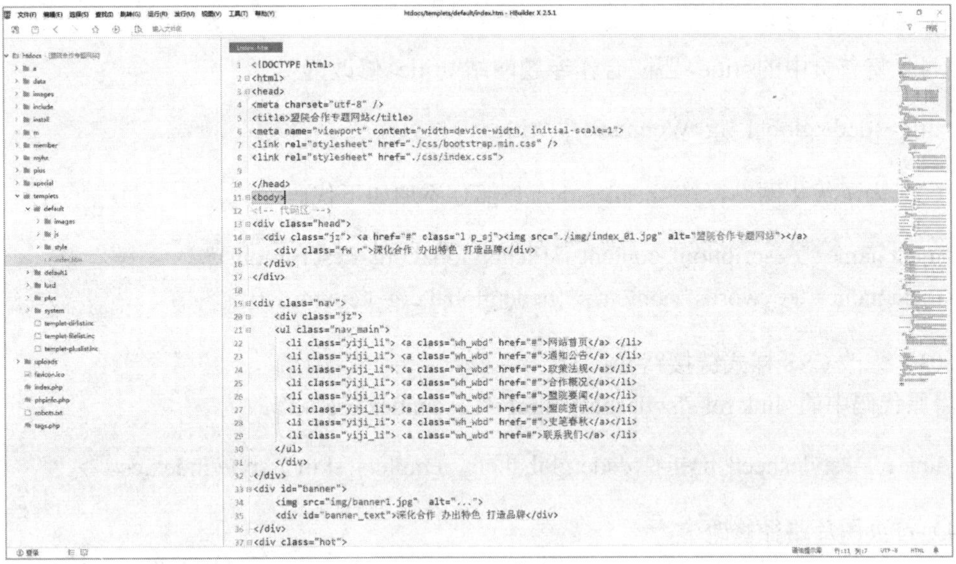

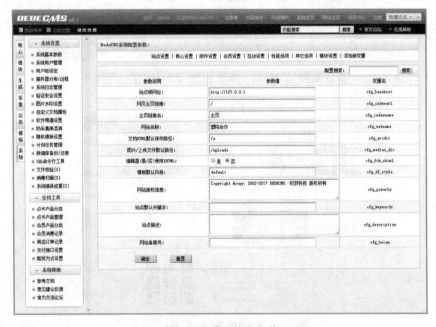

图9-23 编辑首页模板

2）首页中需要用到的部分 global 变量

进入后台，可以选择"系统"栏目、"系统设置"模块、系统基本参数，如图 9-24 所示。

图9-24 系统基本参数

系统基本参数又分为站点设置、核心设置、附件设置等栏目，每个栏目中都有一个列表，分别显示参数说明、参数值、变量名。例如，我们在模板中调用网站名称，可使用 {dede:global.cfg_Webname/}来完成。其中 cfg_Webname 即为列表中的变量名。其他参数调用方法与此类似，在此不再赘述。

3）首页头部修改

（1）将首页中的\<title>盟院合作专题网站\</title>修改为

\<title>{dede:global.cfg_Webname/}\</title>

（2）为了优化网站，在\<head>\</head>部分添加如下代码：

\<meta name="description" content="{dede:global.cfg_description/}" />
\<meta name="keywords" content="{dede:global.cfg_keywords/}" />

（3）修改 CSS 样式链接路径：
将原代码中的\<link rel="stylesheet" href="./css/index.css">修改为

\<link rel="stylesheet" href="{dede:global.cfg_templets_skin/}/style/index.css"/>

4）首页图片路径修改

原网页中的图片都是形如\<img src="../img/index_01.jpg" alt="盟院合作专题网站"/>，放置到 DedeCMS 后，我们将图片都复制到了 templates\default\images 文件夹下。在此，需要对首页的所有图片引用地址进行修改。可使用 Hbuilder 中查找替换功能实现。将\<img src="../img/index_01.jpg" alt="盟院合作专题网站"/>修改为

\<img src="{dede:global.cfg_templets_skin/}/images/index_01.jpg" alt="盟院合作专题网站"/>

图片路径修改完成后首面模块测试，效果如图 9-25 所示。

图9-25　首页模板测试效果

5）导航调用

原导航代码如下：

```
<div class="nav">
  <div class="jz">
    <ul class="nav_main">
      <li class="yiji_li"> <a class="wh_wbd" href="#">网站首页</a> </li>
      <li class="yiji_li"> <a class="wh_wbd" href="#">通知公告</a> </li>
      <li class="yiji_li"> <a class="wh_wbd" href="#">政策法规</a></li>
      <li class="yiji_li"> <a class="wh_wbd" href="#">合作概况</a></li>
      <li class="yiji_li"> <a class="wh_wbd" href="#">盟院要闻</a></li>
      <li class="yiji_li"> <a class="wh_wbd" href="#">盟院资讯</a></li>
      <li class="yiji_li"> <a class="wh_wbd" href="#">史笔春秋</a></li>
      <li class="yiji_li"> <a class="wh_wbd" href=#">联系我们</a> </li>
    </ul>
  </div>
</div>
```

所有的栏目名称、栏目链接均为静态实现，现在我们需要从后台中调用栏目。9.4 节中，我们讲到 channel 标签，在这里修改代码如下：

```
<div class="nav">
    <div class="jz">
    <ul class="nav_main">
      <li class="yiji_li"> <a class="wh_wbd" href="#">网站首页</a> </li>
      {dede:channel type='top' row='7' currentstyle='yiji_li'<li><a href='~typelink~' class=
'thisclass'>~typename~</a> </li>"}
      <li><a href='[field:typelink/]'>[field:typename/]</a> </li>
      {/dede:channel}
    </ul>
</div>
</div>
```

利用 channel 全局标签获取顶级栏目（一级栏目），并以 yiji_li 样式进行显示。

6）盟院快讯动态化

本文以盟院快讯模块的动态化为例讲授文章的调用与显示。

原网页中盟院快讯栏目如图 9-26 所示。新闻内容为静态显示，我们需要实现从后台动态调用。

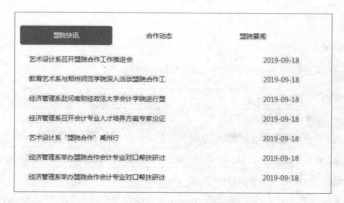

图9-26　盟院快讯栏目

1. 后台添加测试数据

登录后台，选择左侧的"核心"选项卡，然后选择"内容管理"中的"普通文章"。在右侧主界面选择"添加文档"，如图9-27所示。

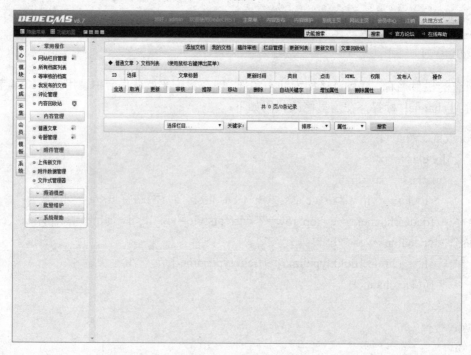

图9-27　添加文档

添加测试文章，效果如图9-28所示。

> 📖注意：在添加文章的过程中可能会出现"模板文件不存在，无法解析文档！"的错误提示，这是因为我们没有设置栏目模板和内容模板，不影响文章添加。

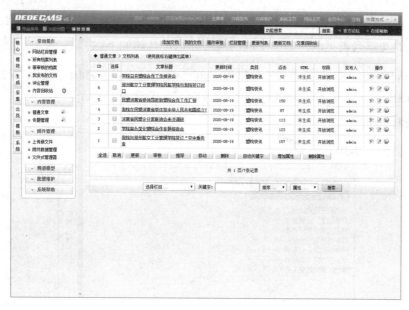

图9-28　添加文章效果

2.　文章列表调用

（1）生成模板调用标记

织梦后台提供了智能标记向导功能，可利用这个功能实现调用标记的自动生成，提高工作效率。进入后台管理页面，选择左侧的"模板"栏目中的"模板管理"，然后在下拉菜单中选择"智能标记向导"。在右侧主界面选择"调用栏目"为"盟院快讯"，"限定频道"为"普通文章"，调用记录条数为"7"，显示列数为"1"，标题长度为"22"，按发布时间排序。单击"生成模板调用标记"，效果如图9-29所示。

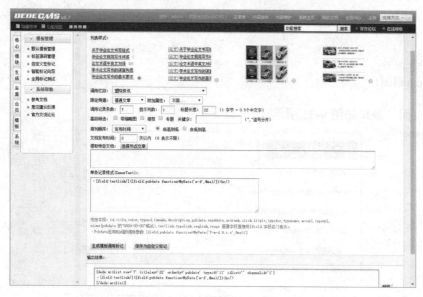

图9-29　生成调用标记效果

311

（2）修改主页代码

将原来的文章列表更改为上面生成的调用标记，具体如下：

```
{dede:arclist row='7' titlelen='22' orderby='pubdate' typeid='11' idlist=" channelid='1'}
[field:textlink/]([field:pubdate function=MyDate('m-d',@me)/])<br/>
{/dede:arclist}
```

显示效果如图 9-30 所示。

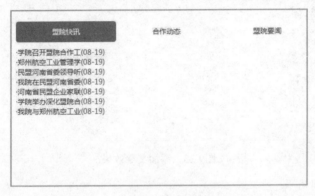

图9-30　主页添加调用标记效果

（3）优化代码

我们可以看到，文章已实现了从后台动态调用，但样式不符合我们设计的要求，对代码做如下调整：

```
{dede:arclist row='7' titlelen='44' orderby='pubdate' typeid='11' idlist=" channelid='1'}
    <li>
    [field:textlink/]<span    class="r">[field:pubdate    function=strftime('%Y-%m-%d',@me)/]</span>
    </li>
{/dede:arclist}
```

测试页面，效果如图 9-31 所示。

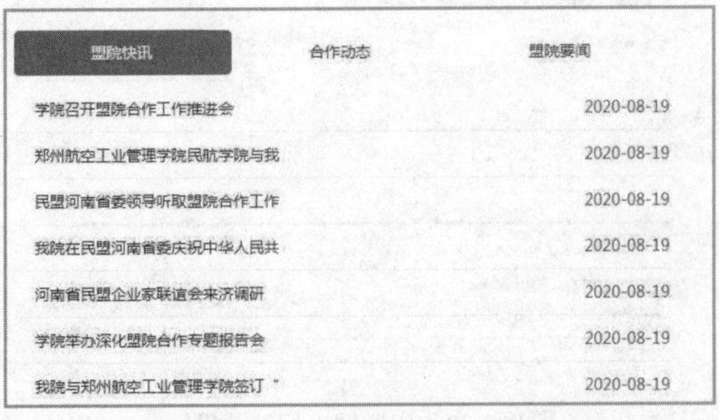

图9-31　优化调用标记

（4）为栏目名称添加链接

将首页中的<li class="active"><a href="#">盟院快讯</a></li>修改为

```
{dede:type typeid='11'}
<li class="active"><a href="[field:typeurl/]">[field:typename /]</a></li>
{/dede:type}
```

9.6 任务 5 其他页面动态化

9.6.1 列表页（栏目页）动态化

创建一个名为 list_article.htm 的列表模板文件，如图 9-32 所示。

图9-32 列表模板文件

（1）左侧栏目名称动态调用

将代码中的<div class="wjssbt">盟院要闻</div>修改为

```
<div class="wjssbt">{dede:type}[field:typename /]{/dede:type}</div>
```

即可实现栏目名称的动态调用。

📖 注意：{dede:type}[field:typename /]{/dede:type}中，如果没有指定 typeid 则获取当前页面下的环境变量。这样就可以实现模板的通用性。

（2）当前位置调用

将代码中的<a href="#">主页</a> &gt; <a href="#">盟院要闻</a> &gt;修改为

```
{dede:field name='position'/}
```

（3）文章列表调用

将代码中的<li><span class="rq">2020-8-19</span>测试测试</li>修改为

```
{dede:list pagesize='5'}
<li><span class="rq">[field:pubdate function=strftime('%Y-%m-%d',@me)/]</span><a href=
"[field:arcurl/]" >[field:title/]</a> </li>
{/dede:list}
```

页面显示效果如图 9-33 所示。

图9-33　列表文章调用

（4）添加列表分页标签

在文章列表</ul>下面，添加分页导航标签。

```
<div class="page">{dede:pagelist listsize='3' listitem='index pre pageno next end option'/}
</div>
```

并添加样式：

```
.page li{
    float:left;
    border:none;
    line-height:80px;
    }
.page li a{
    color:#0055AA;
    }
```

最终列表页模版显示效果如图 9-34 所示。

图9-34　列表页模板显示效果

9.6.2　内容页动态化

创建一个名为 article_article.htm 的列表模板文件，效果如图 9-35 所示。

图9-35　内容页模板效果

内容页其他部分的动态化请参考其他章节完成，本节我们介绍正文部分动态化的实现。

（1）当前位置调用

将代码中的<div class="cont_h">当前位置：主页——盟院要闻</div>修改为

```
<div class="cont_h">{dede:field name='position'/}</div>
```

（2）文章标题动态化

将代码中的<div class="cont_title">学院召开专题会议</div>修改为

```
<div class="cont_title">{dede:field.title/}</div>
```

（3）作者等信息动态化

将代码中的<div class="cont_info">时间：2020-6-8 作者：管理员</div>替换为相应的标签：

```
<div class="cont_info">
<small>时间:</small>{dede:field.pubdate function="MyDate('Y-m-d',@me)"/}
<small>来源:</small>{dede:field.source/}
 <small>作者:</small>{dede:field.writer/}
 </div>
```

（4）文章内容动态化

将原文中包含在<div class="cont_body"></div>中的代码替换为 Dede 标签：

```
{dede:field.body/}
```

（5）责任编辑信息动态化

将代码中的\<p class="author"\>责任编辑：张\</p\>替换为

```
<p class="author">
          责任编辑：{dede:adminname/}
</p>
```

（6）添加内容页 CSS 样式

添加相关的 CSS 样式如下：

```
.cont_main{
    margin-top:10px;
    padding:10px;
    margin-bottom:10px;
    box-shadow: darkgrey 0px 5px 10px;
}
.cont_h{
    width:95%;
    padding: 8px 15px;
    font-size: 14px;
    font-family: "simhei";
    color: #888;
    background-color: #eee;
    margin-top:10px;
    line-height:25px;
}
.cont_h a{
    color:#888;
}
.cont_main .cont_title{
    text-align: center;
    font-size: 24px;
    color: #000!important;
    padding: 33px 0 6px;
    clear: both;
    height: 100%;
    font-weight: normal;
}
.cont_main .cont_info{
```

```
        border-bottom: 2px solid #dcdcdc;
        line-height:20px;
        height:20px;
        text-align:center;
        color:#999;
        font-size:12px;
    }
    .cont_main .cont_body{
        width: 90%;
        margin: 0 auto;
        margin-top: 20px;
    }
    .cont_main .cont_body p{
        text-align: justify;
        line-height: 30px;
        text-indent: 2em;
        margin: 0px 0px 15px;
        letter-spacing: normal;
        font-family: 宋体;
        white-space: normal;
        font-size: 14pt;
        text-decoration: none;
    }
    .cont_main .cont_body img{
        padding: 5px;
        border:1px solid #e5e5e5;
        max-width:600px;
    }
    .cont_main .cont_body .author{
        text-align:right;
        color:#707070;
        font-size:12px;
    }
```

内容页的动态化已基本完成，但我们在测试页面的时候会发现出现错误页面，并提示 404 错误，如图 9-36 所示。

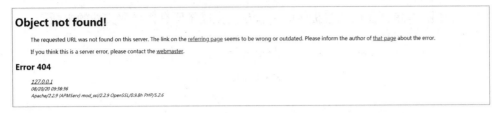

图9-36　错误页面

地址栏上的地址为：http://127.0.0.1/a/mengyuankuaixun/2020/0819/12.html，这个页面是什么页面呢？

我们在前面的章节中，添加栏目时"高级选项"中的"文章命名规则"，默认为：{typedir}/{Y}/{M}{D}/{aid}.html，我们测试时这个页面便是自动生成的文件。那么这个文件怎么出现呢？这需要我们用到 9.7 节的知识。

9.7　任务6　生成静态页面

一般的 CMS 都带有静态化的功能，动态页面静态化是通过动态网站静态化将动态网页以静态的形式进行展现。那么为什么又要静态化呢？这基于以下几个原因。

（1）便于收录，所谓网站 SEO，就是对网站代码、内容、结构以及页面静态化进行相应的优化，让网站页面被搜索引擎大量的收录，从而让网站内容大量的曝光，吸引大量的用户关注。

（2）提高程序性能。现在有很多大型网站页面看上去都很复杂，但在打开速度方面并不慢，除了其他必要因素外，网站页面静态化也是重要的因素之一。网页访问脱离数据库，减轻了数据库的访问压力。

打开网站后台，选择左侧的"生成"栏目中的"一键更新网站"，因为我们是第一次生成静态页面，所以选中"更新所有"单选按钮，单击"开始更新"按钮，效果如图 9-37 所示。

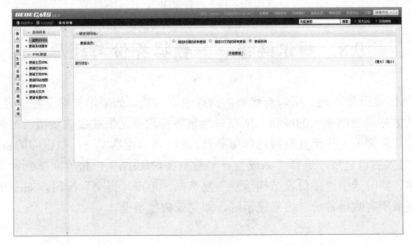

图9-37　生成静态页面

当出现如图 9-38 所示的信息提示时，就已经完成了所有栏目和文件的更新。

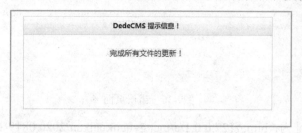

图9-38　完成更新信息提示

测试网站：单击盟院快讯中的一条新闻，测试结果如图 9-39 所示。

图9-39　内容页面

9.8　知识链接——数据备份与还原

DedeCMS 是开源代码，所以有优势的同时也有劣势，如果维护得不好很容易被挂马，那么网站的数据将面临很大的威胁，所以说经常备份数据是很必要的事情。另外，我们在本地测试完成后需要上传至互联网远程服务器，这时我们也需要进行数据库的备份及还原。

（1）进入后台之后，选择"系统"→"数据备份/还原"，将界面拖到最下面选择数据库的版本，同时选中"备份表结构信息"复选框，单击"提交"按钮，如图 9-40 所示。当出现"完成所有数据备份"信息提示时，即完成数据备份。

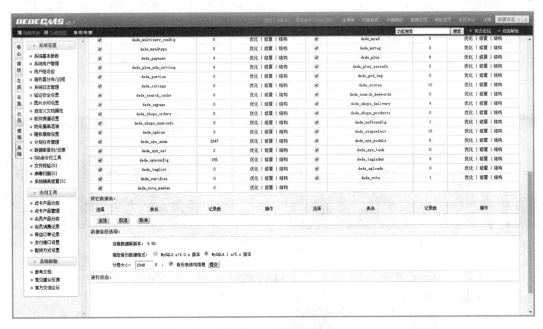

图9-40　数据备份

（2）数据还原。Dede 系统的数据还原。选择"系统"→"数据备份/还原"，单击右上角的"数据还原"，如图 9-41 所示。根据提示完成还原即可。

图9-41　数据还原

实训

完成首页页面的动态化，效果如图 9-42 所示。

图9-42 网站首页

项 **10** 目

响应式 Web 设计

 知识目标

➤ 了解响应式 Web 设计的概念。

➤ 了解视口的概念。

➤ CSS3 中的媒体查询。

➤ 了解栅格系统。

➤ 掌握 Bootstrap 制作响应式网站。

 技能目标

➤ 响应式网站框架的使用。

10.1　项目描述及分析

随着移动互联网时代的到来和智能设备的兴起，人们不再仅仅是通过个人计算机来访问网页，而是使用智能手机或者平板电脑等多个终端来访问网站。响应式布局是 Ethan Marcotte（玛卡特）在 2010 年 5 月提出的一个概念，指的是一个网站能够兼容多个终端——而不是为每个终端做一个特定的版本。那么如何实现网页的响应式呢？

本项目将继续以项目 9 中的盟院合作专题网站为例介绍如何将网站进行响应式布局，以适应不同的访问终端。

网站名称
盟院合作专题网站
项目描述
使用 Bootstrap 为网站进行响应式布局。

项目分析

❖ 用户常用的终端有计算机、PAD、手机。对于一个网站来说，针对不同的终端开发不同的网站工作量较大。

❖ 响应式网站可以实现一次开发，兼容多个终端，在不同在终端呈现不同的效果。

❖ 选择一个轻量级的响应式框架，对原有网站进行优化，即可实现网站的响应式布局。

❖ 本项目将在项目 9 的基础上，以首页的设计为例，介绍如何使用 Bootstrap，实现网站的响应式布局。

项目实施过程

❖ 在项目中引入 Bootstrap，对首页的 LOGO、导航、banner、重点关注、主体部分、页脚进行响应式布局的修改和优化。

项目最终效果

项目的最终效果如图 10-1 所示。

图10-1 网站首页在中等屏幕以下的最终效果

10.2　任务 1　认识响应式布局

越来越多的人使用小屏幕设备上网，针对不同屏幕的设备进行网页制作成本非常大，这时响应式 Web 设计应运而生。响应式 Web 设计（Responsive Web Design）是由 Ethan Marcotte 在 2010 年提出的，他将媒体查询、栅格布局和弹性图片合并称为响应式 Web 设计。

10.2.1　设计理念

1．一个网页，多个设备使用

随着移动产品的日益丰富，出现了各种屏幕尺寸的手机、Pad 等移动设备，而针对每一种尺寸的设备都独立开发一个网站，成本会非常高，如果要找一个成本、设计、性能的平衡点，响应式设计是最好的选择。它可以做到一处设计，响应多种屏幕。如图 10-2 所示为浏览器显示界面，图 10-3 为手机显示界面。

图10-2　浏览器显示页面

2．移动优先

以前的网站开发大多数是先开发 PC 端，再根据 PC 端的网页及功能设计开发移动端。然而，随着互联网行业的发展，使用移动端上网的用户群已经赶超 PC 端。由于移动端设备的屏幕小、计算资源低，如果我们先开发移动端，再开发 PC 端，可以迫使开发人员在更小、计算资源更低的设备中设计产品功能。这样做有两个好处，一是可以使产品功能更加核心和简洁；二是有助于设计出性能更高的程序。

图10-3　手机显示页面

3．显示机制

响应式与传统的开发多套网站的自适应式设计是不同的。响应式开发一套界面，通过检测视口分辨率，针对不同客户端在客户端做代码处理，来展现不同的布局和内容；自适应需要开发多套界面，通过检测视口分辨率，来判断当前访问的设备是 PC 端、平板、手机，从而请求服务层，返回不同的页面。

10.2.2　响应式的实现

1．响应式设计的工作原理

为了应用响应式 Web 设计，我们需要创建一个包含适应各种设备尺寸样式的 CSS。一旦页面在特定的设备上加载，该页面会先检测设备的视口大小，根据媒体查询（Media Queries）或其他样式，然后加载特定于该设备的样式。

2．响应式布局的实现过程

（1）HTML5+CSS3 基本网页设计。

（2）HTML5 中的 Viewport：配置视口属性。

（3）CSS3 媒体查询：识别媒体的类型、特征（终端屏幕宽度、像素比等）。

（4）栅格系统：根据不同的屏幕尺寸调整布局。

（5）流式布局及图片：根据屏幕大小自动调整显示效果。

10.3　任务 2　响应式布局基础知识

10.3.1　响应式设计相关概念

1. 视口基础

视口在响应式设计中是一个非常重要的概念。视口实际上指的是浏览器的可视区域，其宽度和浏览器窗口的宽度保持一致。在移动端浏览器中存在以下三种视口。

（1）布局视口

移动设备上的浏览器首先保证的是能让所有的网站都正常显示，包括那些不是为移动设备设计的网站。如果以浏览器的可视区域作为视口的话，因为移动设备的屏幕都不是很宽，所以那些为桌面浏览器设计的网站放到移动设备上显示时，必然会因为移动设备的视口太窄，页面中的内容就会挤成一团，惨不忍睹。所以移动设备不会拿浏览器的可视区域作为视口，而是在默认情况下给了视口一个比较宽的值，目的就是那些为桌面电脑端设计的网站也能在移动设备上正常显示。这个视口就叫作布局视口 layout view-port，宽度可以通过 document.documentElement.clientWidth 来获取。iOS, Android 基本都将这个视口分辨率设置为 980px；所以 PC 上的网页基本能在手机上呈现，只不过元素看上去很小，一般默认可以通过手动缩放网页。

（2）视觉视口

视觉视口（visual viewport）是用户当前看到的区域，用户可以通过缩放操作视觉视口，同时不会影响布局视口。布局视口的宽度是大于浏览器可视区域的宽度的，所以我们还需要一个视口来代表浏览器可视区域的大小。这个 viewport 视口就叫作视觉视口，宽度可以通过 window.innerWidth 来获取。当用户放大页面时，视觉视口将会变小，CSS 像素将跨越更多的物理像素。

（3）理想视口

上面的两个视口已经满足了开发需求，但就浏览器而言这还不够，因为现在越来越多的网站都会为移动设备进行单独的设计，所以必须还要有一个能完美适配移动设备的视口。所谓的完美适配是指，页面在任何移动端的屏幕上显示都是正常的，内容不会被挤成一团，用户不需要通过缩放或平移来查看页面的内容，即页面打开就能正常浏览，不需要用户做额外的操作。这样的一个视口就是移动设备理想的视口，叫作理想视口（ideal viewport）。理想视口的值其实就是屏幕分辨率的值，它对应的像素叫作 dip（device independent pixel，设备独立像素，也叫设备逻辑像素）。

2. 视口的设置

为了显示更多内容，浏览器会通过视口的默认缩放将网页等比例缩小。但是，为了让用户能够看清楚网页中的内容，通常情况下，并不使用默认的视口进行显示，而是自定义配置视口的属性，使这个缩小比例更加适当。在 HTML5 中，<meta>标签可以用于配置视口属性。

```
<meta name="viewport" content="user-scalable=no, width=device-width,
initial-scale=1.0, maximum-scale=1.0">
```

代码中的参数设置如表 10-1 所示。

表 10-1　视口设置

属　性　名	取　值	描　述
width	正整数或 device-width	定义视口宽度，单位为像素
height	正整数或 device-width	定义视口高度，单位为像素
initial-scale	[0.1-10]	定义初始缩放值
minimum-scale	[0.1-10]	定义缩小最小比例
maximum-scale	[0.1-10]	定义放大最大比例
user-scalable	yes/no	定义中否允许用户手动缩放页面，默认为 yes

注意：一般为了自适应布局，普遍的做法是将 width 设置为 device-width。

3. 通过媒体查询来设置样式

在 CSS3 中，媒体查询可以根据视口宽度、设备方向等差异来改变页面的显示方式。媒体查询由媒体类型和条件表达式组成。以@media 开头来表示这是一条媒体查询语句。@media 后面的是一个或者多个表达式，如果表达式为真，则应用样式如下：

```
@media (max-width: 600px) {
    .body {
        Background-color:green;
    }
}
```

上面的代码在屏幕宽度小于 600px 时，网页背景颜色为绿色。

下面我们通过一个案例来演示一下媒体查询的具体用法，如下 demo1 所示：

```
<!DOCTYPE html>
<html lang="en">
<head>
    <meta charset="UTF-8">
    <meta name="viewport" content="user-scalable=no, width=device-width,initial-scale=
1.0, maximum-scale=1.0">
    <title>媒体查询</title>
    <style type="text/css">
```

```
        body {
            background-color:white;
            }
        @media screen and (min-width:600px) and (max-width:900px){
        body {background-color:black;}
            }
    </style>
</head>
<body>
</body>
</html>
```

用浏览器打开 demo1，效果如图 10-4 和图 10-5 所示。

图10-4　当屏幕宽度大于900px时的效果

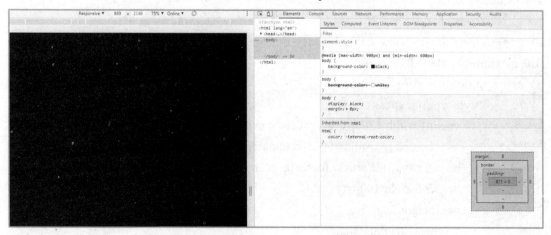

图10-5　当屏幕宽度大于600px小于900px时的效果

4.　媒体查询常见媒体尺寸

@media screen and (min-width:1200px){ … }/* 大型设备（大型台式计算机，1200px 起）*/

@media screen and (min-width:992px){ ··· }/* 中型设备（台式计算机，992px 起） */

@media screen and (min-width:768px) { ··· } /* 小型设备（平板电脑，768px 起） */

@media screen and (min-width:480px){ ··· }/* 超小设备（手机，小于 768px） */

> 注意：在设置时，需要注意先后顺序，不然后面的会覆盖前面的样式。

5. 百分比布局

不要认为只使用媒体查询就能够制作出完美的响应式网站了，由于媒体查询只能针对某几个特定宽度的视口，在捕捉到下一个视口前，页面的布局是不会变化的，这样会影响页面的显示效果。同时也无法兼容日益增多的各种设备。所以，要想做出真正灵活的页面，还需要用百分比布局代替固定布局，并且使用媒体查询限制范围。

width：宽度的百分比是相对于父盒子 width 内容宽的比。没有父盒子就是相对于浏览器的宽。

height：高度的百分比是相对于父盒子 height 内容高的比。

padding、margin:padding 和 margin 不管任何方向百分比都是相对于父盒子 width 内容宽的比。

10.3.2　响应式布局的实现

我们用 div+css 布局一个经典的两列布局页面，代码如下：

```
<!DOCTYPE html>
<html lang="en">
<head>
    <meta charset="utf-8">
    <meta name="viewport" content="user-scalable=no, width=device-width,initial-scale=
1.0, maximum-scale=1.0">
    <title>响应式布局</title>
    <style type="text/css">
        #main{ width:1200px; height:auto; margin:0 auto; margin-top:10px;
            border:1px solid #000; padding:5px;}
        header,nav,aside,article,footer{border:1px solid #000;margin:5px;}
        header{height:100px;}
        nav{height:30px;}
        #contant{height:400px;}
        footer{height:30px;}
        aside{width:300px;float:left;}
        article{ width:870px; margin-left:10px;float:left;}
    </style>
```

```
</head>
<body>
<div id="main">
    <header>头</header>
    <nav>导航</nav>
    <div id="contant">
        <aside>侧边栏</aside>
        <article>文章</article>
    </div>
    <footer>页脚</footer>
</div>
</body>
</html>
```

浏览器显示两列布局效果如图 10-6 所示。

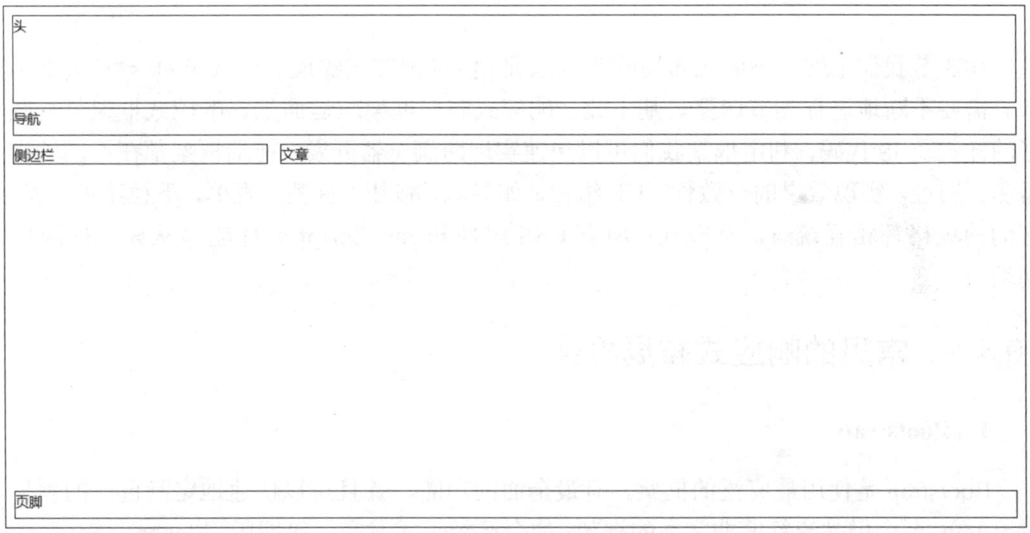

图10-6　两列布局

下面我们通过媒体查询与百分比布局实现如下效果：当屏幕宽度小于 768px 时，只显示文章内容，其他内容隐藏，如图 10-7 所示。

在 CSS 样式部分添加如下代码：

```
@media (max-width:768px) {
        header,nav,aside, footer{display:none;}
        article{ width:100%; margin-left:10px;display:block;}
```

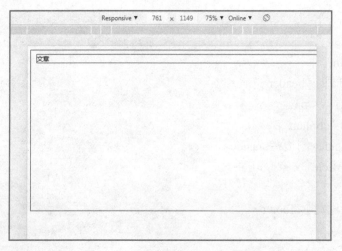

图10-7　屏幕效果

10.4　任务 3　响应式布局框架

10.3 节我们了解了响应式布局的实现原理。但这种方式实现响应式 Web 设计会非常复杂。需要不断地进行细节调整。基于此，响应式布局框架应运而生。响应式框架是一些写好的样式及 JS 代码，利用框架我们可以快速实现跨浏览器开发：前端框架都在不同的浏览器测试通过。实现效果的一致性：UI 组件，如导航，按钮，标签，表单，下拉菜单，表格，它们的风格都相互统一。响应式：所有 CSS 组件和 JavaScript 插件能够从桌面扩展到移动端。

10.4.1　常见的响应式布局框架

1．Bootstrap

Bootstrap 是使用最广泛的框架。有最全面的功能，并且可以快速地定制自己的项目。Bootstrap 至今仍是流行度非常高的框架，如今已经正式发布了第四版。Flexbox，Sass，rem，这些流行趋势 Bootstrap 都一个不落跟进到位。当然，相比于其他框架，Bootstrap 的资源一直十分丰富。

2．Foundation

Foundation 适用于网站和邮箱建设，是许多大型网站的选择，包括 Adobe，Amazon，Ebay，三星，剑桥大学等。易于上手对新手友好是它的一大特色。语义化、移动端优先、用户可定制模块三个特点使其广受欢迎。

3．Pure

Pure 是来自雅虎的一套 CSS 模块，可以将其作为基础用在 Web 项目中。非常轻量级，经过压缩后不过 3.8KB。这是一个特别为移动端考虑的框架，为了压缩大小，每一行代码都经过仔细考量。

4．Milligram

另一个轻量级框架，体量可以与 Skeleton 和 Pure 相比，压缩后的预处理器仅仅 2KB 大小。Milligram 也使用了简约设计，模块几乎与 Skeleton 一致。当然，毫无疑问的是它也采用了基于 Flexbox 的网格系统。

5．Semantic UI

如其名字，Semantic UI 非常语义化，易于使用，同时也能很好的与其他样式甚至框架集成。其模块也相当丰富，包括但不限于弹窗、下拉菜单、网格系统等。

6．Amaze UI

以移动优先（Mobile first）为理念，从小屏逐步扩展到大屏，最终实现所有屏幕适配，相比国外框架，Amaze UI 关注中文排版，根据用户代理调整字体，实现更好的中文排版效果；兼顾国内主流浏览器及 App 内置浏览器兼容支持。

10.4.2　Bootstrap 简介

Bootstrap 是由 Twitter 公司（全球最大的微博）的两名技术工程师研发的一个基于 HTML、CSS、JavaScript 的开源框架。该框架代码简洁、视觉优美，可用于快速、简单地构建响应式 Web 页面。

1．Bootstrap

（1）基本结构：Bootstrap 提供了一个带有网格系统、链接样式、背景的基本结构。

（2）CSS：Bootstrap 自带全局的 CSS 设置、定义基本的 HTML 元素样式、可扩展的 class 及一个先进的栅格系统。

（3）组件：Bootstrap 包含了十几个可重用的组件，用于创建图像、下拉菜单、导航框、弹出框等。

（4）JavaScript 插件：　Bootstrap 包含了十几个自定义的 jQuery 插件。

Bootstrap 之所以受到广大前端开发人员的欢迎，是因为使用 Bootstrap 可以快速构建出非常优雅的前端界面，而且占用资源非常小。另外，主流浏览器都支持 Bootstrap，包括 IE、Firefox、chrome、Safari 等。

2．Bootstrap 的下载

可以打开官网 http://getbootstrap.com 下载 Bootstrap，如图 10-8 所示。最新版为 v4.5 版，本书使用 4.4.1 版。也可以打开 Bootstrap 中文网 http://www.bootcss.com 进行下载，如图 10-9 所示。

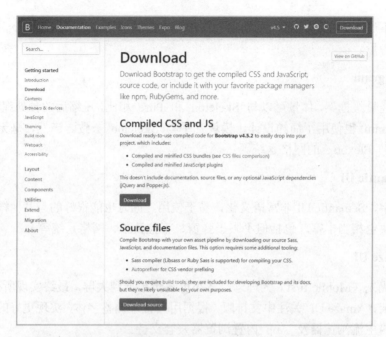

图10-8　Bootstrap官网

图10-9　Bootstrap中文网

下载时有三个选项。我们可以下载预编译的 CSS、JavaScript（bootstrap.*），以及预编译的压缩版（bootstrap.*.map），这些预编译文件可以直接应用到 Web 项目中。

下载解压后，Bootstrap 文件目录结构如图 10-10 所示。

```
bootstrap/
├── css/
│   ├── bootstrap-grid.css
│   ├── bootstrap-grid.css.map
│   ├── bootstrap-grid.min.css
│   ├── bootstrap-grid.min.css.map
│   ├── bootstrap-reboot.css
│   ├── bootstrap-reboot.css.map
│   ├── bootstrap-reboot.min.css
│   ├── bootstrap-reboot.min.css.map
│   ├── bootstrap.css
│   ├── bootstrap.css.map
│   ├── bootstrap.min.css
│   └── bootstrap.min.css.map
└── js/
    ├── bootstrap.bundle.js
    ├── bootstrap.bundle.js.map
    ├── bootstrap.bundle.min.js
    ├── bootstrap.bundle.min.js.map
    ├── bootstrap.js
    ├── bootstrap.js.map
    ├── bootstrap.min.js
    └── bootstrap.min.js.map
```

图10-10　Bootstrap文件目录结构

3．环境安装

（1）将 Bootstrap 引入项目中

将 CSS 文件夹中的所有文件复制到项目 9 的 templates\default\style 文件夹下。

将 JS 文件夹中的所有文件复制到项目 9 的 templates\default\js 文件夹下。

下载 jQuery（官网地址：https://jquery.com/）。因为所有的 JavaScript 插件都依赖于 jQuery，因此 jQuery 必须在 Bootstrap 之前引入，即 jQuery.js 必须在 bootstrap.js 文件之前引入。

一个引入了 Bootstrap 的基本 HTML 模板如下：

```html
<!DOCTYPE html>
<html lang="zh-cn"><head>
    <meta charset="utf-8">
    <title>Bootstrap 概述</title>
    <link rel="stylesheet" href="./css/bootstrap.min.css">
    <meta name="viewport" content="width=device-width, initial-scale=1.0, maximum-scale=1.0, user-scalable=yes"/>
```

```
    </head>
    <body>
        <button class="btn btn-info">Bootstrap</button>
        <script src="./js/jquery-3.4.1.min.js"></script>
        <script src="./js/bootstrap.min.js"></script>
    </body>
    </html>
```

在模板中，为了测试效果我们添加了一行代码：<button class="btn btn-info"> Bootstrap </button>，在浏览器中打开 demo3-1.html，效果如图 10-11 所示。

图10-11　基础模板

这就表示，Bootstrap 成功安装。

（2）首页中引入 Bootstrap

打开首页模板，在<head></head>标签间添加如下代码：

```
<link rel="stylesheet" href="{dede:global.cfg_templets_skin/}/style/bootstrap.min.css">
```

在页面底部</body>结束标记之前，添加如下代码：

```
<script src="{dede:global.cfg_templets_skin/}/js/jquery-3.4.1.min.js"></script>
<script src="{dede:global.cfg_templets_skin/}/js/bootstrap.min.js"></script>
```

在首页 logo 前添加<button class="btn btn-info">Bootstrap</button>进行测试。出现如图 10-12 所示页面，表示引入成功。

图10-12　首页中引入Bootstrap

10.5　任务 4　认识 Bootstrap

10.5.1　相关概念

1. 布局容器

使用 Bootstrap 时需要为页面内容和栅格系统包裹一个布局容器。Bootstrap 为我们提供了.container 类和.container_fluid 类两个布局容器类。.container 类就一个响应式的、固定宽度的容器，.container_fluid 类用于设置 100%宽度。

（1）.container 类出现内边距和外边距，.container-fluid 类没有。

（2）.container 类左右内边距一直是 15px，屏幕小于或等于 767px 时没有 margin 值，屏幕大于 767px 时开始有左右 margin 值，屏幕宽度为 768px 和 1000px 时，margin 值相对最小，分别是 9px 和 15px，其他时候 margin 值随着屏幕的增大而增大。.container-fluid 类宽度不管屏幕宽度大小，一直是 100%。

2. 栅格系统

在网页制作中，栅格系统（网格系统）就是用固定格子进行网页布局。栅格系统最早用于印刷媒体上，后来被应用于网页布局中。Bootstrap 提供了一套响应式、移动设备优先的流式栅格系统。

（1）栅格系统是使用一系列的"行"和"列"来实现复杂的响应式布局。默认情况下栅格系统会将一行的内容等分为 12 份，然后我们可以通过绑定类名的方式指定这一行中的每一列占用多少份。

（2）一行数据（row）必须包含在.container（固定宽度）或.container-fluid（100%宽度）中，以便为其赋予合适的对齐方式和内边距。

（3）通过"行"（row）在水平方向创建一组"列"（column）。页面内容应当放置于"列"内，并且只有"列"可以作为"行"的直接子元素。

（4）类似.row（行）和 .col-md-4（占 4 列宽度）这样的样式类，可以用来快速创建栅格布局。

（5）栅格系统中的列通过指定 1~12 的值来表示其跨越的范围。例如，3 个等宽的列可以使用 3 个 col-4 来创建。

（6）如果一"行"中包含的"列"大于 12，多余的"列"所在的元素将被作为一个整体另起一行排列。

具体代码如下：

```
<!DOCTYPE html>
<html lang="zh-cn"><head>
    <meta charset="UTF-8">
```

```
    <title>Bootstrap 概述</title>
    <link rel="stylesheet" href="./css/bootstrap.min.css">
    <meta name="viewport" content="width=device-width, initial-scale=1.0, maximum-
scale=1.0, user-scalable=yes"/>
  </head>
  <body>
    <div class="container" >
    <div class="jumbotron top">
        盟院合作
    </div>
    <div class="row">
        <div class="col-4 bg-primary">
            边栏
        </div>
        <div class="col-8 bg-success">
            主要内容
        </div>
    </div>
    </div>
    <script src="./js/jquery-3.4.1.min.js"></script>
    <script src="./js/bootstrap.min.js"></script>
  </body>
</html>
```

运行效果如图 10-13 所示，例 demo3-2 我们可以看到，类.clo-4、.clo-8，两个 div 将一行分成了两列，比例为 1：2，不需要添加任何 CSS 样式便实现了两列布局。

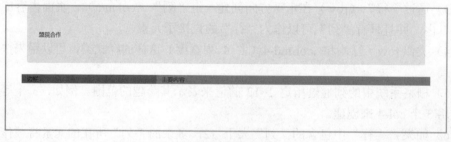

图10-13　栅格系统

（7）其中 clo-*为列，表示占了*号列的宽度。clo-4 表示该列占了 12 列中四列。为了实现响应式布局，我可以添加不同屏幕列的前缀。如 clo-md-为中等屏幕列的前缀。以此类推，col-xs-为超小屏幕（手机）列的前缀，col-sm-为小屏幕（平板电脑）列的前缀，col-l-为大屏幕（大型台式计算机）列的前缀，具体如表 10-2 所示。

表 10-2 栅格系统表

	超小屏幕手机 （<768px）	小屏幕平板电脑 （≥768px）	中等屏幕台式 计算机（≥992px）	大屏幕台式计算机 （≥1200px）
网格行为	一直是水平的	以折叠开始，断点 以上是水平的	以折叠开始，断点 以上是水平的	以折叠开始，断点 以上是水平的
最大容器宽度	None (auto)	750px	970px	1170px
Class 前缀	**.col-xs-**	**.col-sm-**	**.col-md-**	**.col-lg-**
列数量和	12	12	12	12
最大列宽	Auto	60px	78px	95px
间隙宽度	30px （一个列的每边 分别 15px）	30px （一个列的每边分 别 15px）	30px （一个列的每边分 别 15px）	30px （一个列的每边分 别 15px）
可嵌套	Yes	Yes	Yes	Yes
偏移量	Yes	Yes	Yes	Yes
列排序	Yes	Yes	Yes	Yes

📖 注意：关于表 10-2 中的间隙宽度、偏移量、列排序等大家可参考官方文档，在此不再赘述。

10.5.2 CSS 布局

Bootstrap 为 HTML 各元素提供了 CSS 布局样式，包括标题、段落等基础文本排版样式及列表、代码、表格、按钮、图片、辅助类等样式。

1. 排版

（1）标题

Bootstrap 可以使用 HTML 中的<h1>～<h6>这六个标题标签。也可使用.h1～.h6 六个样式类。当一个标题内含有小标题时，还可以嵌套 small 标签或者使用.small 类。

❖ 使用标签<h1>～<h6>

```
<h1>一级标题</h1>
```

❖ 使用样式类.h1~.h6

```
<div class="h1">标题 1</div>
```

（2）mark 标签

用于需要突出显示的文本。

（3）文本对齐方式

Bootstrap 提供了.text-left、.text-right、.text-center、.text-justify、.text-nowrap 这几个文本对齐类，可以简单方便对文字进行对齐，代码如下：

```
<p class="text-left">左对齐文本</p>
```

```
<p class="text-center">居中文本</p>
<p class="text-right">右对齐文本</p>
<p class="text-justify">两端对齐文本</p>
<p class="text-nowrap">不换行文本</p>
```

2. 代码

Bootstrap 显示代码有以下两种方式。

❖ <code>标签。

如果你想要内联显示代码，使用<code>标签。

❖ <pre>标签。如果代码需要被显示为一个独立的块元素或者代码有多行，使用<pre>标签。

3. 列表

通过给列表<ul>或<ol>元素应用样式类.list-unstyled，可以移除默认的 list-style 样式。

4. 表格

通过给<table>元素应用样式类.table 可以为其赋予基本表格样式，表现为少量的内边距（padding）和水平方向的分隔线。具体代码如下：

```
<table class="table">
   <caption>基本的表格布局</caption>
   <thead>
     <tr>
        <th>省份</th>
        <th>省会</th>
     </tr>
   </thead>
   <tbody>
     <tr>
        <td>河南</td>
        <td>郑州</td>
     </tr>
     <tr>
        <td>广东</td>
        <td>广州</td>
     </tr>
   </tbody>
</table>
```

运行效果如图 10-14 所示。

省份	省会
河南	郑州
广东	广州
基本的表格布局	

图10-14　基本表格

5. 图片

通过给图片<img>元素应用样式类.img-fluid 可以让图片支持响应式布局。给图片应用.img-thumbnail 类添加一些内边距（padding）和一个灰色的边框。

6. 辅助类（公共样式）

Bootstrap 中提供了一些有用的辅助类。其中颜色类是比较常用的辅助类。用.text-*来表示文本颜色，用.bg-*来表示背景颜色。表 10-3 展示了 Bootstrap 中的背景颜色类样式。

表 10-3　背景颜色类样式

类	背景色（十六进制）
.bg-primary	#007bff
.bg-secondary	#6c757d
.bg-success	#28a745
.bg-danger	#dc3545
.bg-warning	#ffc107
.bg-info	#17a2b8
.bg-light	#f8f9fa
.bg-dark	#343a40
.bg-white	#fff
.bg-transparent	transparent

注意：本部分内容与 HTML 标签的使用类似，我们只介绍了部分重要的 CSS 布局，大家可参考素材中的 demo4 及官方文档进行练习。CSS 布局除了介绍的 4 部分内容外还包含了表单、按钮、辅助类、响应式实用工具等。

10.5.3　组件

Bootstrap 提供了无数可重用的组件，包括下拉菜单、导航、弹出框、轮播图、表单、导航栏等。官方文档中的组件有 24 个，基本满足了我们对于 Web 开发的需求。下面我们介绍几个有代表性的组件。

1. 导航栏（Navbar）组件

Bootstrap 提供了一组导航栏组件，用于实现 Web 页面导航的响应式布局。从图 10-2 和图 10-3 可以看出，当用手机浏览时，导航栏自动隐藏，这个效果就是用导航栏组件完成的。

导航栏需要使用.navbar 来定义，并使用 .navbar-expand{-sm|-md|-lg|-xl} 用于响应式布局以及使用配色方案。

导航栏默认内容是流式的，使用 containers 容器来限制它们的水平宽度。

Navbars 导航栏默认支持响应式，在修改上也很容易。具体代码如下：

```
<div class="container">
    <nav class="navbar navbar-expand-lg navbar-light bg-primary text-white">
        <button class="navbar-toggler" type="button" data-toggle="collapse" data-target="#navbarSupportedContent"aria-controls="navbarSupportedContent" aria-expanded= "false" aria-label="Toggle navigation">
            <span class="navbar-toggler-icon"></span>
        </button>
        <div class="collapse navbar-collapse" id="navbarSupportedContent">
            <ul class="navbar-nav mr-auto">
                <li class="nav-item active">
                    <a class="nav-link text-white" href="#">网站首页<span class="sr-only">(current)</span></a>
                </li>
                <li class="nav-item">
                    <a class="nav-link text-white" href="#">通知公告</a>
                </li>
                <li class="nav-item">
                    <a class="nav-link text-white" href="#">政策法规</a>
                </li>
                <li class="nav-item">
                    <a class="nav-link text-white" href="#">合作概况</a>
                </li>
                <li class="nav-item">
                    <a class="nav-link text-white" href="#">盟院要闻</a>
                </li>
                <li class="nav-item">
                    <a class="nav-link text-white" href="#">盟院资讯</a>
                </li>
                <li class="nav-item">
```

```
                <a class="nav-link text-white" href="#">史笔春秋</a>
            </li>
        </ul>
    </div>
  </nav>
</div>
```

以上代码为从官方文档复制出后，修改了导航栏目。在浏览器上浏览可以发现，在中等屏幕及以上时正常显示导航，如图 10-15 所示。当屏幕宽度小于 992px 时，导航自动折叠为一个图标，如图 10-16 所示。

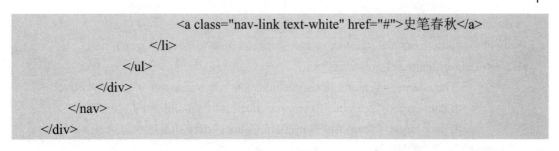

图10-15　中等屏幕及以上导航状态

图10-16　中等屏幕以下导航状态

2．轮播效果（Carousel）组件

轮播效果组件是一个幻灯片效果，组件使用 CSS 3D 变形转换和一些 JavaScript 构建一内容循环播放。官方提供了经典幻灯片效果、带控制器的效果（添加了上一个/下一个控制器）；包含姿态指示器（添加了当前所在幻灯片状态）；包含字幕的轮播。例如，在小米网站的首页中，使用的就是"包含姿态指示器"的轮播，效果如图 10-17 所示。

图10-17　轮播效果

demo5 中的实例实现了轮播图。从官方下载代码，替换图片路径后即可实现轮播效果，如图 10-18 所示。

343

```html
<div class="container">
<div id="carouselExampleIndicators" class="carousel slide" data-ride="carousel">
    <ol class="carousel-indicators">
        <li data-target="#carouselExampleIndicators" data-slide-to="0" class= "active"></li>
        <li data-target="#carouselExampleIndicators" data-slide-to="1"></li>
        <li data-target="#carouselExampleIndicators" data-slide-to="2"></li>
    </ol>
    <div class="carousel-inner">
        <div class="carousel-item active">
            <img src="./img/m1.jpg" class="d-block w-100" alt="...">
        </div>
        <div class="carousel-item">
            <img src="../img/m2.jpg" class="d-block w-100" alt="...">
        </div>
        <div class="carousel-item">
            <img src="../img/m3.jpg" class="d-block w-100" alt="...">
        </div>
    </div>
    <a class="carousel-control-prev" href="#carouselExampleIndicators" role= "button" data-slide="prev">
        <span class="carousel-control-prev-icon" aria-hidden="true"></span>
        <span class="sr-only">Previous</span>
    </a>
    <a class="carousel-control-next" href="#carouselExampleIndicators" role="button" data-slide="next">
        <span class="carousel-control-next-icon" aria-hidden="true"></span>
        <span class="sr-only">Next</span>
    </a>
</div>
</div>
```

图10-18 轮播组件效果

3. 导航/滑动门（nav）组件

Bootstrap 提供了一组导航/滑动门（nav）组件，使原来制作起来非常复杂的滑动门变得容易、轻松。

从官方文档中拷贝一组代码，并对进行简单修改，具体如下：

```html
<div class="row">
    <div class="col-4"></div>
    <div class="col-8">
        <ul class="nav bg-light nav-pills mb-3" id="pills-tab" role="tablist">
            <li class="nav-item col-4">
                <a class="nav-link active text-center" id="pills-home-tab" data-toggle="pill" href="#pills-home" role="tab" aria-controls="pills-home" aria-selected="true">盟院快讯</a>
            </li>
            <li class="nav-item col-4">
                <a class="nav-link text-center" id="pills-profile-tab" data-toggle="pill" href="#pills-profile" role="tab" aria-controls="pills-profile" aria-selected="false">合作动态</a>
            </li>
            <li class="nav-item col-4">
                <a class="nav-link text-center" id="pills-contact-tab" data-toggle="pill" href="#pills-contact" role="tab" aria-controls="pills-contact" aria-selected="false">盟院要闻</a>
            </li>
        </ul>
        <div class="tab-content" id="pills-tabContent">
            <div class="tab-pane fade show active" id="pills-home" role="tabpanel" aria-labelledby="pills-home-tab">
                <ul>
                    <li> <a href="#" class="text-dark">盟院快讯内容 1</a> <span class="float-right">2019-09-18</span> </li>
                    <li> <a href="#" class="text-dark">盟院快讯内容 2</a> <span class="float-right">2019-09-18</span> </li>
                </ul>
            </div>
            <div class="tab-pane fade" id="pills-profile" role="tabpanel" aria-labelledby="pills-profile-tab">
                <ul>
                    <li> <a href="#" class="text-dark">合作动态内容 1</a> <span class="float-right">2019-09-18</span> </li>
```

```
                    <li> <a href="#" class="text-dark">合作动态内容 2</a> <span class=
"float-right">2019-09-18</span> </li>
                    </ul>
                </div>
                <div class="tab-pane fade" id="pills-contact" role="tabpanel" aria-labelledby=
"pills-contact-tab">
                    <ul>
                    <li> <a href="#" class="text-dark">盟院要闻内容 1</a> <span
class="float-right">2019-09-18</span> </li>
                    <li> <a href="#" class="text-dark">盟院要闻内容 2</a> <span
class="float-right">2019-09-18</span> </li>
                    </ul>
            </div>
        </div>
```

浏览器运行效果如图 10-19 所示。

图10-19 滑动门组件

官方提供的组件非常丰富，如表单、列表组、分页、按钮、折叠面板等。有兴趣的读者可参考文档自行实验。

10.6 任务 5 页面响应式布局

本节我们对盟院合作专题网站的首页进行响应式改造。

10.6.1 项目需求

1. 头部响应式布局

头部响应式布局如图 10-20 所示。

（1）第一行在中等屏幕（<767px）以下时，不再显示。

（2）第二行导航栏进行响应式布局。当屏幕宽度小于 992px 时，进行折叠。

（3）第三行轮播图进行响应式布局。

图10-20 头部响应式布局

2. 主体部分响应式布局

主体部分响应式布局如图 10-21 所示。

图10-21 主体部分响应式布局

（1）第一行"今日关注"中等屏幕（<992px）以下时，不再显示。

（2）第二行左侧轮播图屏幕在中等屏幕（<767px）以下时不再显示。右侧盟院快讯、合作动态、盟院要闻整行显示。

（3）第三行在中等屏幕（<767px）以下时盟院讲堂整行显示，信息指南不再显示。

（4）第四行盟院资讯在中等屏幕（<767px）以下时整行显示。

（5）第五行友情链接在中等屏幕（<767px）以下时不再显示。

3．页脚部分

页脚部分如图 10-22 所示。

图10-22　页脚部分

（1）第一行导航链接部分在中等屏幕（<767px）以下时，不再显示。

（2）第二行左侧二维码在中等屏幕（<767px）以下时不再显示。

10.6.2　头部响应式布局

1．第一行在中等屏幕（<767px）以下时，不再显示

将代码中的 <div class="head">修改为

```
<div class="head container d-none d-md-block">
```

将当前内容放置到 container 容器中，d-none 表示不再显示当前内容，附加 d-md-block 类，表示在中等屏幕以上正常显示。

2．导航栏进行响应式布局。当屏幕宽度小于 992px 时，进行折叠

将代码中的导航部分代码替换为

```
<div class="nav container-fluid">
    <div class="jz">
<nav class="navbar navbar-expand-lg navbar-light text-white p-0">
            <button class="navbar-toggler" type="button" data-toggle="collapse" data-target="#navbarSupportedContent" aria-controls="navbarSupportedContent" aria-expanded= "false" aria-label="Toggle navigation">
                <span class="navbar-toggler-icon"></span>
            </button>
```

```
        <div class="collapse navbar-collapse" id="navbarSupportedContent">
            <ul class="navbar-nav mr-auto nav_main">
                <li class="nav-item yiji_li">
                    <a class="wh_wbd" href="#">网站首页 <span class= "sr-only">
(current)</span></a>
                </li>
                {dede:channel type='top' row='7' currentstyle='yiji_li'<li><a href=
    '~typelink~' class='thisclass'>~typename~</a> </li>"}
                <li class="nav-item yiji_li"><a href='[field:typelink/]'>[field:typename/]
</a> </li>
                {/dede:channel}
            </ul>
        </div>
    </nav>
  </div>
</div>
```

3．第三行轮播图进行响应式布局

将原网页轮播图位置的图片替换为如下代码：

```
<div id="banner" class="container-fluid m-0 p-0">
    <div id="carouselExampleIndicators" class="carousel slide" data-ride="carousel">
        <ol class="carousel-indicators">
            <li data-target="#carouselExampleIndicators" data-slide-to="0" class=
"active"></li>
            <li data-target="#carouselExampleIndicators" data-slide-to="1"></li>
            <li data-target="#carouselExampleIndicators" data-slide-to="2"></li>
        </ol>
        <div class="carousel-inner">
            <div class="carousel-item active">
                <img
src="{dede:global.cfg_templets_skin/}/images/banner1.jpg" class="d-block w-100" alt="...">
            </div>
            <div class="carousel-item">
                <img
src="{dede:global.cfg_templets_skin/}/images/banner2.jpg" class="d-block w-100" alt="...">
            </div>
            <div class="carousel-item">
```

```
                              <img src="{dede:global.cfg_templets_skin/}/images/ banner3.jpg"
class="d-block w-100" alt="...">
                              </div>
                         </div>
                         <a class="carousel-control-prev" href="#carouselExampleIndicators" role=
"button" data-slide="prev">
                              <span class="carousel-control-prev-icon" aria-hidden="true"></span>
                              <span class="sr-only">Previous</span>
                         </a>
                         <a class="carousel-control-next" href="#carouselExampleIndicators" role=
"button" data-slide="next">
                              <span class="carousel-control-next-icon" aria-hidden="true"></span>
                              <span class="sr-only">Next</span>
                         </a>
                    </div>
               </div>
```

并修改#banner CSS 样式：max-height:350px;。

10.6.3 主体部分响应式布局

（1）第一行"今日关注"大屏幕（<992px）以下时，不再显示。

将原文中<div class="hot">代码替换为

```
<div class="hot container-fluid d-none d-lg-block">
```

（2）第二行左侧轮播图屏幕在中等屏幕（<767px）以下时不再显示。右侧盟院快讯、合作动态、盟院要闻整行显示。

① 运用栅格系统对原代码进行改良。左侧轮播图添加 col-5 样式类，右侧添加 col-6 样式类。

② 对右侧添加滑动门组件，代码如下：

```
<div class="c_bkb r col-6 ">
    <ul class="nav bg-light nav-pills mb-3" id="pills-tab" role="tablist">
        <li class="nav-item col-4">
            <a class="nav-link active text-center" id="pills-home-tab" data-toggle="pill"
href="#pills-home" role="tab" aria-controls="pills-home" aria-selected="true">盟院快讯</a>
        </li>
        <li class="nav-item col-4">
            <a class="nav-link text-center" id="pills-profile-tab" data-toggle="pill" href=
```

"#pills-profile" role="tab" aria-controls="pills-profile" aria-selected="false">合作动态</a>
            </li>
                <li class="nav-item col-4">
                    <a class="nav-link text-center" id="pills-contact-tab" data-toggle="pill" href=
"#pills-contact" role="tab" aria-controls="pills-contact" aria-selected="false">盟院要闻</a>
                </li>
        </ul>
                <div class="tab-content " id="pills-tabContent">
                    <div class="tab-pane fade c_bk_t show active" id="pills-home" role=
"tabpanel" aria-labelledby="pills-home-tab">
                        <ul>
                            {dede:arclist row='6' titlelen='44' orderby='pubdate' typeid='11' idlist="
channelid='1'}
                                <li>[field:textlink/]<span class="r">[field:pubdate function=strftime
('%Y-%m-%d',@me)/]</span></li>
                            {/dede:arclist}
                        </ul>
                    </div>
                    <div class="tab-pane fade c_bk_t" id="pills-profile" role="tabpanel" aria-
labelledby="pills-profile-tab">
                        <ul>
                            {dede:arclist row='6' titlelen='44' orderby='pubdate' typeid='3'
idlist=" channelid='1'}
                                <li>[field:textlink/]<span class="r">[field:pubdate function=strftime
('%Y-%m-%d',@me)/]</span></li>
                            {/dede:arclist}
                        </ul>
                    </div>
                    <div class="tab-pane fade c_bk_t" id="pills-contact" role="tabpanel" aria-
labelledby="pills-contact-tab">
                        <ul>
                        {dede:arclist row='6' titlelen='44' orderby='pubdate' typeid='4' idlist="
channelid='1'}
                            <li>[field:textlink/]<span class="r">[field:pubdate function=strftime ('%Y-
%m-%d',@me)/]</span></li>
                        {/dede:arclist}
                        </ul>
                    </div>

```
        </div>
    </div>
```

③ 修改<div class="c_bka l col-5">为

```
<div class="c_bka l col-lg-5 d-none d-lg-block">
```

④ 修改<div class="c_bkb r col-6">为

```
<div class="c_bkb r col-lg-6">
```

（3）第三行在中等屏幕（<767px）以下时盟院讲堂整行显示，信息指南不再显示。
给原代码中的<div class="jz">添加.row 类，代码如下：

```
<div class="jz row">
```

给第一列盟院讲堂添加代码，整行显示，给将原代码中的<div class="c_bkc l">添
加.clo-lg-8 类：

```
<div class="c_bkc l col-lg-8">
```

给第二列信息指南添加类，使其在中等屏幕以下不再显示。给原代码中的<div
class="c_bkd r">添加.clo-lg-4 类、.d-none 和.d-lg-block 类：

```
<div class="c_bkd r col-lg-4 d-none d-lg-block">
```

（4）第四行盟院资讯在中等屏幕（<767px）以下时整行显示。
给原代码中的<div class="jz">添加.container 类：

```
<div class="jz row">
```

为了使图片整行显示，需要对原 CSS 中的相关宽度设置进行清除，读者可自行实验。
给原代码中的 <ul>添加.row 类，修改为

```
<ul class="myzx row">
```

给原代码中的<li>添加.col-lg-3 类.w-100 类：

```
<li class="col-lg-3 w-100">
```

（5）第五行友情链接在中等屏幕（<767px）以下时不再显示。
给代码中的<div class="jz">添加.d-none、.d-lg-block 类：

```
<div class="jz d-none d-lg-block ">
```

10.6.4　页脚部分响应式布局

（1）第一行导航链接部分在中等屏幕（<767px）以下时，不再显示。

首先将页脚部分放置到 container-fluid 容器中，将原代码中的<div class="foot ">修改为

```
<div class="foot container-fluid">
```

给第一行添加.d-none、.d-lg-block 类，将原代码中的 <div class="foot_1">修改为

```
<div class="foot_1 d-none d-lg-block">
```

（2）第二行左侧二维码在中等屏幕（<767px）以下时不再显示。

将第二行放置到.row 中，将代码<div class="ewm"> 修改为

```
<div class="ewm row">
```

原代码中左侧没有用 div 放置图片，所以需要对原代码进行修改，修改过程不再赘述。修改完成后，给左侧 div 添加样式类.col-lg-3、.d-none 和.d-lg-block，右侧文字添加样式类.col-lg-9。

10.6.5　测试页面

在浏览器中测试页面，大屏幕显示效果如图 10-23 所示。中等屏幕以下显示效果如图 10-24 所示。

图10-23　大屏幕显示效果

353

图10-24　中等屏幕以下显示效果

10.7　知识链接——Bootstrap中的其他组件

10.7.1　表单

表单的基本格式如下：

```
<form>
<div class="form-group">
<label>电子邮件</label>
<input type="email" class="form-control" placeholder="请输入您的电子邮件">
</div>
<div class="form-group">
<label>密码</label>
<input type="password" class="form-control" placeholder="请输入您的密码">
</div>
</form>
```

运行代码，显示效果如图 10-25 所示。

电子邮件

请输入您的电子邮件

密码

请输入您的密码

图10-25　表单显示效果

10.7.2　复选框和单选按钮

复选框和单选按钮的示例代码如下：

```
<div class="checkbox">
<label>
<input type="checkbox">体育
</label>
</div>
<div class="checkbox">
<label>
<input type="checkbox">音乐
</label>
</div>
<div class="checkbox disabled">
<label>
<input type="checkbox" disabled>音乐
</label>
</div>
```

```
<label class="checkbox-inline">
<input type="checkbox">体育
</label>
<label class="checkbox-inline disabled">
<input type="checkbox" disabled>音乐
</label>
<div class="radio">
<label>
<input type="radio" name="sex">男
</label>
<label>
<input type="radio" name="sex">女
</label>
</div>
```

运行代码，显示效果如图 10-26 所示。

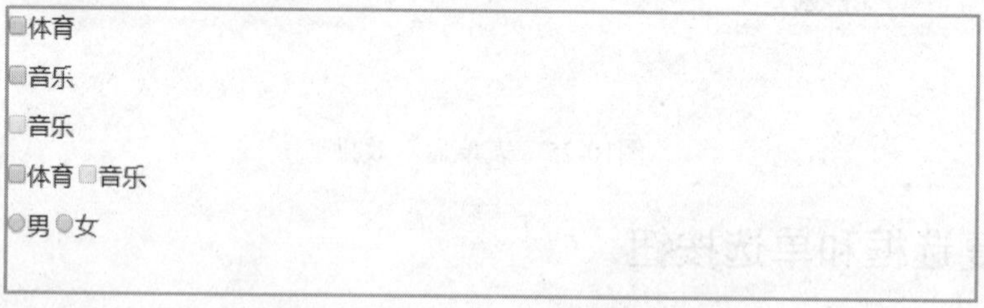

图10-26　复选框和单选按钮显示效果

10.7.3　卡片

卡片组件是 BootStrap 4 新增的一组重要样式，可以实现图文的不同排版。

卡片的示例代码如下：

```
<div class="card" style="width: 18rem;">
    <img class="card-img-top" src="./img/1.jpg" alt="Card image cap">
        <div class="card-body">
        <h5 class="card-title">美景如画</h5>
        <p class="card-text">荡漾在山水之间，我们还有诗和远方。</p>
        <a href="#" class="btn btn-primary">查看详情</a>
    </div>
</div>
```

运行代码，显示效果如图 10-27 所示。

图10-27　卡片显示效果

实训

完成列表页和内容页的响应式布局。

参 考 文 献

[1] 蜗牛学院，邓强. Web 前端开发实战教程[M]. 北京：人民邮电出版社，2017.

[2] 王德永，张长龙. PHP+CMS+Dreamweaver 网站设计实例教程[M]. 北京：人民邮电出版社，2013.

[3] 刘敏娜，弋改珍. Web 前端开发——HTML5+CSS3+JavaScript+ jQuery +Dreamweaver[M]. 北京：清华大学出版社，2020.

[4] 黑马程序员. 网页设计与制作（HTML5+CSS3+JavaScript）[M]. 北京：中国铁道出版社，2018.

[5] 车云月. Bootstrap 响应式网站开发实战[M]. 北京：清华大学出版社，2018.

[6] 赵丙秀，张松慧. Bootstrap 基础教程[M]. 北京：人民邮电出版社，2018.